活性可食膜

王立娟　马倩云　梁铁强　曹乐乐　著

U0263286

科学出版社

北京

内 容 简 介

近年来，包装带来了"白色污染"和食品安全隐患，而且，食品新鲜度监测存在专业化程度高、过程复杂等问题，因此安全无毒的活性可食性材料成为广泛关注的热点。本书是在总结著者课题组多年来的研究成果并参考大量国内外前沿文献的基础上撰写而成。本书介绍了天然多糖和蛋白质的特点和独特属性，以及大豆分离蛋白、决明子胶、沙蒿胶、塔拉胶及卡拉胶等一系列可食的抗氧化油脂包覆膜和智能膜材料的低碳环保的制备方法；采用先进的测试和表征手段对活性可食性材料进行了分析表征，解析了成膜机制；通过具体的肉制品、海鲜等应用测试评估了其在食品领域的实际应用效果和商业化价值。本书在内容上紧密结合食品包装领域的发展前沿，同时总结了活性可食膜在未来生产和生活中的广阔应用前景。

本书可供生物质材料、食品科学、包装学等行业的生产人员与科研单位的技术人员阅读和参考。

图书在版编目（CIP）数据

活性可食膜/王立娟等著. —北京：科学出版社，2021.12
ISBN 978-7-03-070295-1

Ⅰ. ①活… Ⅱ. ①王… Ⅲ. ①可食膜-研究 Ⅳ. ①TS206.4

中国版本图书馆 CIP 数据核字（2021）第 219896 号

责任编辑：张淑晓　付林林　李丽娇 / 责任校对：杜子昂
责任印制：吴兆东 / 封面设计：东方人华

科 学 出 版 社 出版
北京东黄城根北街 16 号
邮政编码：100717
http://www.sciencep.com
北京九州迅驰传媒文化有限公司 印刷
科学出版社发行　各地新华书店经销

*

2021 年 12 月第 一 版　开本：720×1000　B5
2022 年 1 月第二次印刷　印张：20 1/2
字数：410 000

定价：138.00 元
（如有印装质量问题，我社负责调换）

前　言

　　可食膜(edible film)是以天然生物质材料(蛋白质、多糖或脂类等)为原料，通过添加对人体及环境无危害的增塑剂、交联剂等，利用分子间的相互作用制备出的一种无毒无害且可食用的膜材料。一般可食膜的原材料以蛋白质、多糖、脂类以及它们的混合物为主，通过加入增塑剂和其他助剂来提高其物理性能并赋予其特定的功能特性。可食膜作为绿色包装材料，具有来源广、可生物降解、污染小且本身无毒的优点。另外，功能型助剂的添加，使可食膜能够满足不同产品的特定要求，如抗氧化性、抗菌性、指示性等，因而具有巨大的研究潜力和应用前景。作者团队针对具有良好成膜性的天然多糖和蛋白质的特点和独特属性开发出大豆分离蛋白、决明子胶、沙蒿胶、塔拉胶及卡拉胶等系列可食的抗氧化及智能膜材料。进一步将天然活性提取物添加到可食膜中开发出活性膜和智能膜，天然活性提取物不仅能防止食品氧化变质、监测食品实时新鲜度信息，而且能够与天然多糖及蛋白质发生相互作用，提高膜材料的机械性能和阻隔性能，拓宽其实际应用范围。因此，以天然多糖及蛋白质为成膜基质、利用天然活性提取物的生物活性开发功能型可食活性膜具有广阔的发展前景，是解决"白色污染"危害的有力手段。

　　作者多年来一直从事可食膜的开发和天然产物化学研究与开发，以及林产化工的教学、科研工作，在多年积累的基础上撰写了此书。本书从可食活性膜的角度，以植物多糖和蛋白质为对象，进行了相关内容的论述。本书共分六章：第 1 章绪论，主要介绍了塑料包装膜和可食膜的特性，重点介绍了可食膜的研究现状和成膜机理；第 2 章天然多糖，介绍了天然多糖的结构特性和功能特性，并详细介绍了常用天然多糖的物化性质；第 3 章蛋白质，介绍了蛋白质的结构、分类和性质，并详细介绍了常见蛋白质的特性；第 4 章包装膜材料的性能测试方法及表征手段，介绍了可食膜的结构与性能的测试方法和相关原理；第 5 章大豆分离蛋白可食膜，其开发是本书的核心内容之一，介绍了大豆分离蛋白可食膜的最新制备及表征技术，包括纳米 SiO_2、纳米纤维素、甘草提取物、黄柏提取物对大豆分离蛋白可食膜的物化性能的影响；第 6 章植物多糖胶基活性膜，其开发也是本书的核心内容之一，介绍了植物多糖胶基可食膜的最新制备及表征技术，包括以决明子胶、沙蒿胶、塔拉胶和卡拉胶为成膜基质的活性膜的开发、表征及应用。

　　本书的第 1 章、第 2 章由王立娟、马倩云撰写，第 3 章、第 5 章由王立娟、梁铁强撰写，第 4 章由王立娟、曹乐乐撰写，第 6 章由王立娟、马倩云、梁铁强、曹乐乐撰写，最终由四人共同校改。书中有部分研究工作由韩莹莹、梁淑敏和孙国厚三位硕士研究生完成，在此表示诚挚的谢意！

　　本书是在国家自然科学基金(31770618、31470612)的资助下完成的，在此表示感谢！

　　鉴于学识有限，疏漏和不当之处在所难免，敬请广大读者不吝指正。

作　者

2021 年 3 月于哈尔滨

目　　录

1 绪 论

1.1 食品包装概述

在现代商品社会中，包装对商品贸易和流通发挥着不可替代的作用。我国国家标准(GB/T 4122.1—2008)中明确规定了包装的定义：包装是为在流通过程中保护产品，方便储运，促进销售，按一定技术方法而采用的容器、材料及辅助物等的总体名称。也指为了达到上述目的而在采用容器、材料和辅助物的过程中施加一定方法等的操作活动。从定义中可以判断，包装最重要的作用是保护商品，避免其在流通过程中遭受一些化学因素、生物因素及物理因素的破坏，同时为供应链环节中商品的运输和消费提供便利。此外，包装的外观也直接影响其商品价值。包装被誉为"无声的销售员"[1]，其美观程度直接影响了人们对食品的购买欲望。因此，包装既是一门科学，又是一门艺术。

包装的起源可以追溯至原始社会。从人类祖先狩猎开始，一片树叶、一块果壳、一枚贝壳和一块兽皮揭开了食品包装的历史序幕。随着生产的发展，剩余果实的增多，人类开始摸索编织篮子、筐、篓、袋，以及制作皮囊、竹筒等。而我国的古代发明——陶制艺术和造纸术为食品包装的发展画上了浓墨重彩的一笔。直至今日，陶器依然在现代社会发挥着其独特的魅力。而造纸术为 18 世纪末和 19 世纪初纸质包装的发展奠定了基础。19 世纪后期，罐藏、人工干燥和冷冻技术迅速发展，出现了马口铁罐和玻璃罐，从而刺激了食品包装材料的发展。包装材料从原始包装逐渐过渡到近代包装。随着科学技术和产业革命的发展，塑料出现了，它与纸、金属和玻璃成为现代包装的四大支柱，极大地推动了现代包装行业的高速发展。包装是随着人类的进化、社会的前进、生产的发展而逐步发展起来的，经过不断的改革、提高、完善，发展到今天，包装已经成为人类的物质生产、生活不可分割的部分。

工业和信息化部联合商务部发布的《关于加快我国包装产业转型发展的指导意见》及中国包装联合会发布的《中国包装工业发展规划(2016—2020 年)》中指出："十二五"期间，我国包装工业配套服务能力不断增强，累计为 110 万亿元国内商品和 9.98 万亿美元出口商品提供了配套服务，配套商品附加值达10%以上，完成进出口总额 498 亿美元。因此，我国包装产业在国民经济中的贡献能力不断提升。据统计，包装主要用于医药、化妆、食品、机械等各行各业。其中，仅用于食品的包装其比例高达 40%[2]，由此可见，食品行业对于包装的巨大需求。

食品是人类生存和社会发展的物质基础。2020 年中国食品制造业营业收入达 1.96 万亿元，2019 年达 16508.7 亿元，较 2018 年增加了 769.52 亿元。总体来看，食品行业仍继续保持较快的扩张速度。而食品包装是食品加工的最后一道工序，发挥着防止食品原始营养成分流失，保护食品质量和卫生，延长货架期和方便储运销售的重要作用[3]。随着消费者对健康和食品新鲜度的要求日益提高，食品包装已成为食品加工过程中必不可少的环节。因此，我国食品行业的快速稳定增长，势必将带动食品包装行业的相关增长。

食品包装材料是研究食品包装的基础。食品材料不同于其他包装材料，除了探究材料的机械性能、阻隔性能及稳定性能等，由于直接接触食品，材料的安全性是不容忽视的问题，其直接影响消费者的健康。因此，随着消费者安全意识的提高，食品包装材料不断改革、提高、创新和完善。下面针对目前研究较为广泛的食品类包装材料进行详细分析与讨论。

1.2 塑料包装膜

塑料是可塑性高分子材料的简称，主要以高分子树脂(聚乙烯、聚丙烯、聚苯乙烯等)为基料，加入一些提高其性能的助剂(乳化剂、稳定剂、润滑剂、除泡剂等)制成的高分子材料。凭借其良好的物理机械性能、阻断性、耐化学药品性和加工适应性，成为食品包装的四大支柱(纸、塑料、金属和玻璃)之一，仅次于纸类包装材料，占世界包装总产值的 31%左右[4]。塑料在食品包装中主要加工形式为薄膜，又称软包装。塑料包装膜是目前最为方便的食品包装材料。

树脂是塑料最基本、最主要的组成部分，不仅决定了塑料的类型(热塑性或热固性)，而且影响着塑料的主要性质。助剂是为改善塑料的使用性能或加工性能而添加的物质，也称塑料添加剂，在塑料制品中起着十分重要的作用，有时甚至是决定塑料材料使用价值的关键。助剂不仅能赋予塑料制品外观形态、色泽，而且能改善加工性能，提高使用性能，延长使用寿命，降低制品成本。

1.2.1 食品包装中常用的塑料树脂

1.2.1.1 聚乙烯

聚乙烯(polyethylene，PE)是使用量最大的塑料制品之一，是由乙烯经加成聚合而成的一种热塑性高分子化合物，无臭、无毒、乳白色的蜡状固体。均聚聚乙烯大部分是由乙烯单体聚合而成，同时，乙烯也可与一些小分子烯烃或某些极性官能团共聚，如乙酸乙烯、丙烯酸、乙烯醇等发生共聚反应。通常而言，聚乙烯化学稳定性好，能耐大多数酸碱的侵蚀(不耐具有氧化性质的酸，如硝酸)，常温下不溶于一般溶剂，吸水性小，电绝缘性能优良，而且聚乙烯塑料的成型温度为140～220℃，所以相对而言耐高温，但耐热老化性较差[5]。

聚乙烯的产品品种很多，在使用中通常将聚乙烯按照密度和结构的不同分为低密度聚乙烯(LDPE)、中密度聚乙烯(MDPE)、高密度聚乙烯(HDPE)和线型低密度聚乙烯(LLDPE)等。具体性质如表1-1所示。

表 1-1 聚乙烯的基本性能

性能	相对密度	拉伸强度/MPa	断裂伸长率/%	透氧值/[cm³·mm/(m²·d·atm)]	连续耐热温度/℃	主要用途
LDPE	0.91～0.94	7～16.1	90～800	187	80～100	轻量小食品包装
HDPE	0.94～0.97	30	600	42.7	102	瓶罐包装
LLDPE	0.92	14.5	950		105	冷冻肉类等
参考文献	[6]	[6]	[6]	[7]	[6]	[8]

1.2.1.2 聚丙烯

聚丙烯是以丙烯单体进行聚合的热塑性聚合物，外观与聚乙烯相似，但聚丙烯的相对密度为 0.90～0.91，是目前常用塑料中最轻的一种，主要包括均聚聚丙烯和无规共聚聚丙烯两类。与低密度聚乙烯及高密度聚乙烯相比，均聚聚丙烯密度低、熔点高；聚丙烯的机械性能好，拉伸强度、屈服强度及硬度等都优于聚乙烯，尤其是具有较好刚性和抗弯曲性；耐化学性极好，并能耐沸水煮，能经受高温消毒；此外，阻气性能也优于聚乙烯，但耐低温性能远不如聚乙烯[6]。无规共聚聚丙烯相对均聚聚丙烯较轻，其密度为 0.89～0.90 g/cm³，具有更好的耐低温冲击强度。聚丙烯材料主要制备成薄膜类材料包装食品，吸油率是聚乙烯的1/5，故适宜包装含油食品[9]。

1.2.1.3 聚苯乙烯

聚苯乙烯由苯乙烯单体加聚而成，因大分子主链上带有苯环侧基，结构不规整、不易结晶，柔顺性很低，属于线型无定形聚合物。聚苯乙烯的阻气、阻湿性能低于聚乙烯，机械性能好，具有较好的刚性，但脆性大；不受一般酸、碱、盐等物质腐蚀，但易受有机溶剂如烃类、酯类等腐蚀。聚苯乙烯塑料主要制备成水果盘、食品盒等，发泡聚苯乙烯主要用作快餐盒及鲜鱼的活体包装等[10]。

1.2.1.4　聚氯乙烯和聚偏二氯乙烯

聚氯乙烯塑料以聚氯乙烯树脂为主体，加入增塑剂、稳定剂等添加剂混合组成。其分子结构中 C—Cl 键有较强极性，大分子间结合力强，故聚氯乙烯塑料柔顺性差且不易结晶。聚氯乙烯树脂热稳定性差，在空气中超过 150℃会降解而释放出 HCl，长期处于 10℃下也会降解，在成型加工时也会发生热分解，这些因素限制了聚氯乙烯的使用温度。聚氯乙烯的阻气、阻油性优于聚乙烯塑料，但阻湿性比聚乙烯差。化学稳定性优良，透明度、光泽性比聚乙烯优良；机械性能优异，有很好的拉伸强度和刚性。聚氯乙烯树脂本身无毒，但其中的残留单体氯乙烯有麻醉和致畸致癌作用，对人体的安全限量为每千克体重 1 mg，故聚氯乙烯用作食品包装材料时应严格控制材料中的氯乙烯残留[11]。

聚偏二氯乙烯由聚氯乙烯树脂、少量增塑剂和稳定剂制成，用于食品包装具有许多优异的包装性能，如化学稳定性很好，不易受酸、碱和普通有机溶剂的侵蚀，阻隔性很高，且受环境温度的影响较小，耐高低温性良好，适用于高温杀菌和低温冷藏。

1.2.1.5　聚乙烯醇

聚乙烯醇由聚乙酸乙烯酯经碱性醇液醇解而得，是一种分子极性较强且有高度结晶的高分子化合物。聚乙烯醇通常制成薄膜用于包装食品，具有如下特点：阻气性能很好，特别是对有机溶剂蒸气、惰性气体及芳香气体；但因其为亲水性物质，阻湿性差，易吸水溶胀，且随吸湿量的增加而使其阻气性能急剧降低。聚乙烯醇可直接用于包装含油食品和风味食品，吸湿性强使其不能用于防潮包装，但通过与其他材料复合可避免易吸潮的缺点，充分发挥其优良的阻气性能而广泛用于肉类制品如香肠烤肉、切片火腿等包装，也可用于黄油、干酪及快餐食品包装。由于聚乙烯醇无色、无毒易降解，且与亲水性纤维的结合能力较强，利用聚乙烯醇与纤维材料复合制备塑料包装膜的研究日益增多。

1.2.2　塑料包装膜的隐患

1.2.2.1　白色污染

在我国日常社会材料需求中，塑料材料的需求占其中很大一部分。塑料产业在 20 世纪初生产总量增长了将近一倍，在 2010 年达到 31.5 万 t[12]。虽然塑料产品为我们的工作、生活提供了诸多的便利，但是其本身存在着很多缺点。例如，塑料使用后在自然环境中不易被微生物分解，从而对环境造成"白色污染"。众所周知，丢弃在环境中的废旧包装塑料，不仅影响市容和自然景观，产生"视觉污染"，而且难以降解，对生态环境还会造成潜在危害，例如，混在土壤中，影响农作物吸收养分和水分，导致农作物减产；增塑剂和添加剂的渗出会导致地下水污染；混入城市垃圾一同焚烧会产生有害气体，污染空气，损害人体健康。

此外，据环球塑化网统计，每年约有 800 万 t 塑料垃圾进入海洋，全部加起来可以绕地球 420 圈，海洋垃圾中的 80%～85% 为塑料垃圾。从滤食性的牡蛎、贻贝，到鱼类、海龟甚至抹香鲸体内都发现有塑料垃圾的影子！摄食尺寸较大的塑料垃圾通常会造成海洋生物的肠道穿孔、胃破裂，严重的甚至会导致海洋生物死亡。而纳米级别的塑料微粒则能够穿过细胞膜，残留在海洋生物体内，逐渐影响其生物代谢功能。据报道，探险团队在马里亚纳海沟潜水至 10927 m 处的海沟底部，也发现了塑料垃圾。长此以往，塑料制品就会对自然界造成灾难性的破坏。

1.2.2.2 能源危机

塑料的原材料来源于不可再生资源——原油。据不完全统计，每年约有 $1.625×10^9$ L 原油用于塑料的生产[12]，造成严重的资源浪费。因此，全世界都强调在使用包装材料包装制品时，要考虑 4R1D，即 reduce(减少包装材料)，reuse(重复利用)，recycle(可回收循环利用)，recover(资源再生)和 degradable(可降解)，简而言之，既要确保包装材料的性能，又要降低成本，循环利用，减少因包装带来的环境污染。

1.2.2.3 食品安全

在发展中国家，塑料主要应用于保鲜膜和包装膜等[13]。而塑料制品在其工业生产阶段，需要添加大量的化学制剂(烷基酚、双酚 A、己二酸二酯、邻苯二甲酸酯等低分子化合物，低聚物和单体等)，这些化学物质容易迁移到被包装食品上，进而进入人体，干扰身体的分泌系统，从而发生病变，影响身体健康。此外，食品塑料包装材料中可能存在增白剂、阻光剂、增塑剂、光亮剂、胶黏剂、重金属和色素等对人体健康有害的化学改性添加剂等[14]。这些食品塑料包装材料与食品接触会发生物质迁移至人体，造成潜在威胁。

我国目前也对食品包装材料中的一些风险物质做出了限量规定，如《食品安全国家标准 食品接触材料及制品用添加剂使用标准》(GB 9685—2016)中规定了食品容器、包装材料添加剂的使用原则。《食品安全国家标准 食品接触材料及制品生产通用卫生规范》(GB 31603—2015)规范了食品包装材料的生产过程。但是多数添加剂没有相应的检测方法，对于市场监管是一大缺陷和难题。而这些物质正是包装材料中的安全隐患。因此，研究者们一方面积极借鉴先进国家的塑料包装材料评估体系和技术；另一方面寻找新型、环保、健康的替代材料，这些都具有重要意义。

1.2.3 应对措施

自 2008 年 6 月 1 日起，我国在所有超市、商场、集贸市场等商品零售场所实行塑料购物袋有偿使用制度，一律不得免费提供塑料购物袋。应该说，这些年的"白色污染"治理取得了一定成效，但离公众期许还有差距。特别是随着"互联网+"的兴起，外卖领域逐渐成为塑料袋使用"大户"，成为"限塑令"的"新盲区"和"重灾区"[15]。

国家发展和改革委员会、生态环境部 2020 年 1 月 16 日印发了《关于进一步加强塑料污染治理的意见》(以下简称《意见》)，该《意见》提出，到 2020 年底，直辖市、省会城市、计划单列市城市建成区的商场、超市、药店、书店等场所以及餐饮打包外卖服务和各类展会活动，禁止使用不可降解塑料袋，集贸市场规范和限制使用不可降解塑料袋；到 2022 年底，实施范围扩大至全部地级以上城市建成区和沿海地区县城建成区。到 2025 年底，上述区域的集贸市场禁止使用不可降解塑料袋。

为积极落实好新版"限塑令"，必须建立长效机制。国家应加快替代产品研发应用，推广环保布袋、纸袋等非塑品包装替代物，制定完善财政补贴、税费减免、产业基金等政策手段，严格落实企业在生产、流通、销售中的主体责任，杜绝各类违规产品流入市场。

我国是农产品资源大国，农产品生产过程中的剩余物和副产物数量巨大且种类繁多，根据 2016 年国务院办公厅发布的《关于进一步促进农产品加工业发展的意见》(国办发〔2016〕93 号)及 2017 年农业部办公厅发布的《关于宣传推介全国农产品及加工副产物综合利用典型模式的通知》(农办加〔2017〕8 号)重要文件的号召，以农作物剩余物及副产物为原料开发出可食膜，不仅顺应国际环保发展趋势及我国国情的需要，也为我国农副产品的高性能加工利用提供了新的方向。

1.3 可 食 膜

可食膜是由天然的生物聚合物作为成膜物质，并添加如增塑剂、交联剂等助剂，通过组分间的相互作用而制成结构均一的薄膜。成膜物质可以是蛋白质、多糖、脂类以及它们的混合物；增塑剂和其他的助剂则主要用来提高可食膜的物理性能以及赋予其特定的功能性等。可食膜用于食品包装有着悠久的历史，这种食品包装的方法最早可追溯到 12 世纪的中国，人们将蜡涂布到柑橘表面来防止水分的流失。然而直到 20 世纪 80 年代开始，可食膜才逐步商业化生产和销售，并被应用于食品包装领域。在我国最早的商业化可食膜是东北糖葫芦外包的糯米纸，如图 1-1 所示。

可食膜作为绿色包装材料，具有来源广、可生物降解、污染小且本身无毒的优点，而功能型助剂的添加，使可食膜能够满足不同产品的特定要求，如抗氧化性、抗菌性等，因而具有巨大的研究潜力和应用前景。常用的生物质材料有多糖、蛋白质、油脂等，如表 1-2 所示。

图 1-1 糖葫芦外包的可食糯米纸[16]

表 1-2 用于制备生物质膜材料的主要原料

分类	举例
多糖	纤维素及其衍生物[17]、壳聚糖[18]、淀粉[19]、半乳甘露聚糖[20]、海藻酸钠[21]、果胶[22]、卡拉胶[23]、普罗兰[23]
蛋白质	明胶[24]、大豆蛋白[25]、玉米蛋白[25]、角蛋白[26]、小麦蛋白[27]、酪蛋白[28]、乳清蛋白[29]、胶原蛋白[30]
油脂	蜡[31]、石蜡[32]、棕榈蜡[33]、蜂蜡[34]、虫胶树脂[35]

(1) 多糖类生物质膜材料是以植物或动物多糖为成膜基质制备的膜材料。其主要包括植物胶、动物胶、纤维素、淀粉、壳聚糖及改性纤维素膜等。多糖多具有良好的水溶性、成膜性，分子链较长，并呈特殊的螺旋状结构。该结构使其化学性质稳定，便于长期储存于各种环境。

(2) 蛋白质类生物质膜材料是以植物或动物蛋白为成膜材料。通过将二硫键还原裂解成巯基，并在溶剂中扩散开，从而降低多肽分子量。蛋白质分子又被空气中的氧气氧化，重新形成二硫键，进而形成新的立体网络交织结构，从而得到具有一定阻隔性能、拉伸强度和柔韧性的膜材料。

(3) 油脂类生物质膜材料是利用脂肪组织纤维的紧密性而制成的包装材料。根据脂肪来源的不同，可以将油脂类生物质膜材料分为蜡质型薄膜、动物脂型薄膜及植物油型薄膜三类[23]。目前常用的安全、可食的脂质化合物有米糠蜡、聚乙二醇、脂肪酸、脂肪酸甲酯、脂肪酸乙酯、蔗糖脂肪酸酯、司盘 60 等。这些脂质化合物既可以作为主要的成膜物质，又可以作为乳化剂或增塑剂等加入到成膜溶液中以改善膜材料的性能。因为脂质化合物的极性很弱，容易形成致密的网状结构，因此可将其作为疏水剂、增塑剂添加到包装膜材料中。

(4) 可食膜的共混改性，是指利用多糖、蛋白质、油脂等不同的高分子化合物进行共混改性，发挥各自的优点，提高聚合物的综合性能，以达到优势互补，降低成本的目的，从而获得新性能。共混改性主要包括物理共混、化学共混、物理/化学共混手段。

为响应可持续发展战略，进一步推广可食性膜的应用，各国科研工作者不断开发新的可食膜原料及生产工艺。一般而言，可食膜是一种将成膜溶液涂覆到水果表面从而达到减少水果的水分损失、微生物的侵染及水果的呼吸作用的涂覆膜材料。但该方法操作复杂且耗时耗工。为此，各国科研工作者进行了深入研究，Xu 等[36]以大豆分离蛋白与普鲁兰多糖为成膜基质，甘油为增塑剂，硬脂酸为添加剂共混成膜，并对猕猴桃进行应用实验，发现该膜包覆的猕猴桃的货架期在室温条件下较未包覆的延长了 3 倍。Diab 等[37]以普鲁兰多糖为成膜基质，蔗糖脂肪酸酯为添加剂制备成膜，并将其用于草莓的保鲜，研究发现，该膜增大了包装内部的 CO_2 浓度，延长了草莓的货架期。

1.3.1　可食性活性膜

活性包装是为响应消费者需求和市场趋势的持续变化而推出的创新食品概念之一。该技术基于将某些组分结合到包装系统中，通过系统释放或吸收包装食品或周围环境中的物质，从而延长货架期，并维持食品质量、安全和感官特性。20 世纪 70 年代，活性包装首先被引入日本市场，并在日本迅速发展。近年来，活性包装在国际市场备受重视，如氧气吸附包装，二氧化碳吸附/释放包装，抗菌、抗氧化包装等。食品腐败和氧化是导致食品变质的主要原因。为保证食品安全与延长货架期，各种新型活性包装材料越来越受到人们的青睐。添加抗氧化剂或抗菌剂的活性包装材料可以持续地向食品表面释放活性因子，从而抑制食品的腐败与氧化，进而延长食品的保质期。从食品腐败变质的原因考虑——微生物繁殖及食品的氧化，活性包装主要分为抗氧化型、抗菌型及复合型。

1.3.1.1　可食性抗氧化膜

氧气是食品腐败变质的一个重要影响因素，大部分食品对氧气非常敏感，可与其发生不同程度的氧化反应致使食品变味、变色、酸败等。因此，脱氧型或抗氧化型涂料[38]逐渐问世。人工合成的抗氧化剂[39]已被广泛应用于降低氧气引起的食品降解。但其对人们的身体健康存在潜在威胁并对生态环境造成一定的破坏。因此，天然抗氧化剂用于延长食品的货架期已经成为研究热点。而添加到可食膜中的抗氧化剂必须满足抗氧化剂自身无毒且分解的产物也无毒的要求，并且与可食膜有良好的相容性。抗氧化剂主要分为人工合成和天然提取两大类。丁基羟基茴香醚(BHA)、二丁基羟基甲苯(BHT)、叔丁基对苯二酚(TBHQ)等人工合成抗氧化剂已广泛用于防止或延缓食品的氧化，从而提高食品的稳定性和延长保质期。虽然人工合成抗氧化剂能有效地作用于食品表面，并且有较好的稳定性和较低的费用，但是其毒理学效应及对人体的危害一直是人们担心的问题。而天然抗氧化剂则不需要担心毒性问题。天然抗氧化剂主要有酚类抗氧化剂(含黄酮类化合物)，这类物质可以从橄榄油、芒果种仁、茶叶、蔷薇果、蔬菜、迷迭香中提取得到；磷酸酯类，如磷脂酰丝氨酸等，还有不饱和脂肪酸类；其他类，例如与叶绿素有关的抗氧化物(如脱镁叶绿素)[40]。

将天然抗氧化剂添加到可食膜中，一方面抗氧化剂能够从可食膜中迁移释放到食品中防止食品氧化变质，另一方面天然抗氧化剂还能够与可食膜相互作用，提高薄膜的机械性能和阻隔性能。因此利用天然抗氧化剂的生物活性开发功能型可食性抗氧化膜具有良好的研究前景和发展空间。多酚是最常用的天然抗氧化剂(图 1-2)，是一种普遍存在于植物体内的具有多样的生物活性的次生代谢产物。多酚类物质无毒安全，来源丰富。具有抗氧化性的天然多酚有益于人体健康，因此可作为功能型助剂添加到可食膜中，从而扩大其在食品包装领域的应用空间。天然多酚的分子结构中含有活性的酚羟基，因而具有抗氧化活性，能够释放氢离子，阻断氧化链式反应；其次部分多酚自身具有一定的还原能力，能够降低包装产品内氧的含量，防止食品氧化变质。

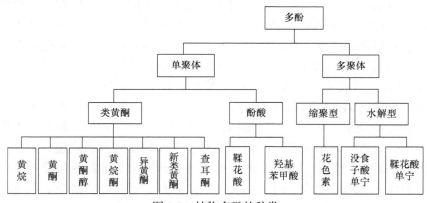

图 1-2　植物多酚的种类

Talón 等[41]以壳聚糖和淀粉为成膜基质，百里香酚提取物为抗氧化剂制备成膜，发现该膜具有良好的抗氧化活性，并且壳聚糖对百里香酚提取物的抗氧化能力具有保护作用。Aparicio-Fernández 等[42]分别将花椒皮粉和花椒皮提取物溶液与羧甲基纤维素(CMC)共混成膜，通过研究得出：花椒皮粉对膜的力学性能影响较大，而提取液对膜的力学性能影响较小；通过响应面法得出同时添加花椒皮粉及提取液含量分别为 1.7%及 3.3%时，膜的抗氧化性能最好。Zhang 等[43]将蓝莓多酚提取物与大豆分离蛋白共混成膜，并将其用于猪油的储存。研究发现，添加蓝莓多酚提取物的膜其抗氧化能力优于添加维生素 E(VE)的膜，并且该膜延缓了所包猪油的氧化和水解反应，因此该膜能够用于保持猪油的质量。

1.3.1.2　可食性抗菌膜

微生物的生长及繁殖是导致食品腐败的主要因素之一[44]。尤其对于生鲜肉来讲，在动物的屠宰过程中肉表面被腐败细菌污染，生鲜肉营养物丰富，蛋白质及脂质含量高，可为微生物的生长及繁殖提供便利条件，引起肉制品腐败变质的菌类主要为好氧微生物及部分嗜冷菌[45]。为解决以上问题，抗菌纸[46]、抗菌包装膜[47]等逐渐创生。常用的抗菌剂主要有三类：人工合成抗菌剂、天然生物抗菌剂、金属及其氧化物。抗菌物质主要通过直接抗菌与间接抗菌两种方式发挥作用：前者是包装材料与所包被的食品直接接触，抗菌剂通过直接作用于食品而达到抗菌目的[48]；后者是包装材料中的抗菌剂向食品迁移，当其与微生物接触时，可渗透微生物细胞壁，扰乱其正常功能直至死亡[49]。人工合成的抗菌剂、金属及其氧化物已被广泛应用于商业化的抗菌膜材料中[50]，然而，潜在的健康风险与这些合成化合物有关的严格规定限制了其在食品领域中的使用[51]，因此开发和使用天然抗菌剂引起了广大学者的研究热情与兴趣。

天然抗菌膜中的抗菌剂主要来自大自然中，人们由大自然现象得到启发从而提炼出天然动物、植物、矿物中的某些有效抗菌成分。动物抗菌剂大体上有壳聚糖、片球菌素、溶菌酶、果胶及其他物质。植物抗菌剂主要包括天然植物香料(桂皮、丁香、百里香等)、天然植物中草药(板蓝根、五倍子、金银花、艾草等)、具有抗菌成分的其他天然植物(茶叶、甘草、银杏叶、芦荟、野蔷薇等)提取物。天然抗菌剂能阻碍细胞自由活动，破坏其内部成分，使 DNA 合成受阻，从而抑制及杀灭细菌，实现抗菌包装的意义。Srikandace 等[52]以细菌纤维素及羧甲基纤维素为成膜基质，柑橘精油为天然抑菌剂制备成膜，研究发现，当柑橘精油的添加量为 2%时，该膜即可对大肠杆菌及金黄色葡萄球菌产生良好的抑制效果。Matan[53]将不同含量的 7 种精油(肉桂油、丁香油、茴香油、姜黄油、番石榴叶油、肉豆蔻油和石灰油)添加到乳清蛋白中成膜，并将其用于抑制蓝圆鲹鱼干腐败中生长的霉菌、青霉菌、曲霉菌和金黄色葡萄球菌，研究发现，添加 4%茴香油的膜可在 30℃下使蓝圆鲹鱼干储存 28 d，证明该膜可延长蓝圆鲹鱼干的保质期。

与传统食品包装材料相比，抗菌食品包装膜不仅能满足食品包装所需要的条件，而且能有效地抑制细菌的繁殖生长或者直接杀灭细菌，更好地保证食品的质量安全。另外，抗菌食品包装膜使用起来更方便，简化了食品生产工艺过程，保持了食品原有的风味，提高了抗菌包装的性能。

1.3.1.3 双功能型活性膜

双功能型活性膜是指同时具有抗氧化、抗菌双功能的包装材料。Du 等[54]以魔芋胶和结冷胶为成膜基质，以没食子酸为天然抗菌、抗氧化剂制备了复合抗菌抗氧化膜，研究发现，当没食子酸添加量固定为 100 mg 时，复合膜的抗菌性随魔芋胶与结冷胶配比的增大而逐渐显著，当两者比例为 7∶3 时，抑菌性能最好，这是因为魔芋胶的吸水性更有利于没食子酸的释放；而抗氧化性却不随成膜基质配比的改变而变化，对 1-二苯基-2-三硝基苯肼(DPPH)的清除率稳定在 90.78%～93.55%。Genskowsky 等[55]将马奇果提取物与壳聚糖共混成膜，发现该活性膜对 8 种细菌均具有良好的抑制效果，同时，对 DPPH 也具有较强的清除能力。Ge 等 [56]将迷迭香酸添加到 B 型牛皮明胶膜中，发现该膜的抗菌及抗氧化性能可维持 3 个月之久。因此，双功能型活性膜相比于单一活性膜在延长货架期方面具有更大的潜力。

1.3.2 可食性智能膜

智能包装是指："包装系统可以感知、传达和监测包装食品的状况，提供有关食品质量、安全性和产品在运输和储存过程中历史的信息"[57]。这也充分体现了智能包装的六大功能：监测、检测、传感、记录、跟踪和通信。目前，智能包装主要有两种系统：第一种是基于对包装外部条件的测量，而第二种是直接测量包装内部食品的质量，并可能直接与食品接触，因此需要对包装食品进行额外的安全和质量控制[58]。目前，智能包装材料主要分为四类：时间-度指示型、泄漏指示型、pH 指示型和新鲜度指示型。

智能包装膜材料与活性包装膜材料的主要区别在于信息的传递，如图 1-3 所

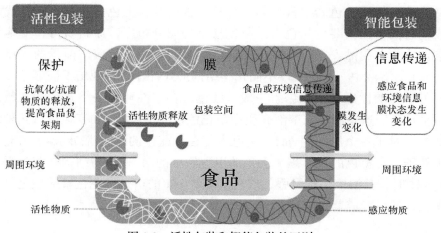

图 1-3 活性包装和智能包装的区别

示。智能包装是能够监控食品质量和安全,并向消费者或任何供应链成员提供产品信息的智能标签或智能包装膜的统称。智能包装材料应用于多方面,如监测食品新鲜度、病原体的存在、包装完整性、二氧化碳和氧气含量、pH,储存时间和/或温度。该技术还有助于通过食品供应链中的关键点追踪产品的历史,这通常被认为是提高食品安全性的关键。

1.3.2.1 pH 敏感型可食智能膜

pH 敏感型可食智能膜主要是针对环境中的 pH 变化做出响应的一类智能材料。该智能膜材料通常含有对 pH 敏感的基团,该基团可以对环境的变化产生直观的颜色变化。由于食品的腐败通常伴随着 pH 的变化,例如,海鲜的新鲜度指标基于总挥发性碱性氮(TVBN)的含量,即挥发性胺。其主要为碱性气体,碱性气体浓度的增加会导致环境中 pH 的增大。如牛奶、泡菜等食品的变质会导致环境 pH 降低等,因此食品的质量和安全可以直接与 pH 的变化关联。由于消费者难以检测产品中 pH 的变化,因此使用 pH 敏感型智能包装材料可以为制造商和消费者提供额外的安全性。消费者无须打开包装,便可以通过 pH 敏感材料的颜色指示了解产品信息。视觉 pH 敏感指示剂一般由 pH 敏感染料和固定 pH 染料的固体基质组成,如溴酚蓝和氯酚红等化学试剂[59]。但对于食品的应用,由于有机合成色素存在致癌、致畸特性,应该尽量避免使用有机色素。因此,加入以天然植物提取物(如花色素、叶绿素、黄酮类化合物等)为基础活性成分制备智能响应膜具有发展前景。

花色苷化学结构如图 1-4 所示,常见花色素结构如表 1-3 所示。花色素广泛存在于植物中(图 1-5),是一种天然色素,属于类黄酮类化合物。由于其具有良好的溶解性、色彩丰富艳丽、容易与食品结合上色等特点,是替代人工合成色素的一类重要食品色素。花色素类物质分布广,原料易得,受地域等因素影响小,制品安全、稳定、保健价值高,具有广阔应用前景的优点。在不同 pH 的溶液中,花色素以不同化学结构形式存在,呈现出不同颜色。通常情况下,在酸性环境中花色素一般呈红色;在中性环境中呈紫色;在碱性环境中呈蓝色。这是由于在溶液介质中,花色素会随溶液 pH 变化进行几种结构的变换。对于一个给定的 pH,花色素存在着蓝色的醌式(脱水)碱、红色的锌盐正离子、黄橙色的查耳酮、无色的甲醇假碱的 4 种平衡结构。花色素在较低的 pH 时,其溶液呈现最强的红色。随着 pH 的增加,花色素的颜色逐渐变为无色,然后变成紫色或蓝色。

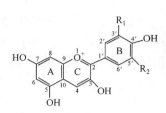

图 1-4 花色苷的化学结构 图 1-5* 富含花色素的食品实例

表 1-3 常见花色素结构

花色素	R_1	R_2
矢车菊素(cyanidin)	H	OH
飞燕草素(delphinidin)	OH	OH
芍药色素(peonidin)	OCH_3	H
锦葵色素(malvidin)	OCH_3	OCH_3
天竺葵素(pelargonidin)	H	H

1.3.2.2 气体敏感型可食智能膜

气体敏感型智能膜是利用气体响应物质检测包装内部气体的成分及浓度变化，从而确定食物是否新鲜，以此来给消费者提供所包装的食物的新鲜程度、完整性及安全性。例如，包装内 O_2 的存在会使食物被污染从而发生腐败。Vu 等[59]以硫堇(thionine)复合染料为指示剂，海藻酸钠为成膜基质，制备出新一代的智能食品包装膜材料，研究发现，硫堇复合染料与海藻酸钠通过静电反应结合，使其被固定到膜中，使得该智能膜能够与食物接触。此外，该智能膜对 O_2 具有显著的指示作用。然而有机染料仍具有一定的毒性，即使被锁定在膜材料中，但对环境仍存在一定的污染。为了解决此问题，Won 等[60]以复合天然成分：漆酶、愈创木酚及半胱氨酸为原料，制备出一种天然的 O_2 指示剂，研究表明，该指示剂可用于可食性智能食品包装。Smolander 等[61]以肌红蛋白为天然指示剂，琼脂糖

---

* 扫描封底二维码可查看本书彩图。

为成膜基质，制备出一种完全可食的智能包装膜，通过研究发现，该智能膜对 H_2S 气体具有良好的响应效果。

1.3.3 影响可食膜性能的因素

1.3.3.1 成膜材料

可食膜的性质会受到成膜材料的分子量、极性、亲/疏水基团的比例等因素的影响。通常情况下，分子间的交联程度会随着成膜材料的分子量和成膜溶液浓度的增大而增加，使得膜形成更加致密的网络结构，机械性能和阻隔性能增强。

1.3.3.2 成膜溶液浓度

可食膜的性能还受膜液浓度的影响，成膜溶液的浓度太大会削弱膜的阻水性能。这可能是因为在高浓度下，成膜溶液中组分之间容易发生聚集现象，分子链间产生无规则的交联，膜的微观网络结构变松散(图 1-6)，进而使得膜的阻水性能减弱。因此，成膜溶液的浓度直接影响分子的网络结构进而影响膜材料的基本性能。

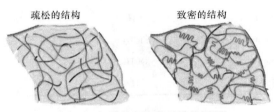

疏松的结构　　　　　　　致密的结构

图 1-6　成膜溶液的微观结构图[62]

1.3.3.3 成膜溶液溶剂

可食膜的性能会因成膜溶液中溶剂不同而有所差异。Park 等[63]研究了 4 种有机酸溶剂(乙酸、苹果酸、乳酸、柠檬酸)对壳聚糖膜机械性能、阻湿和阻氧性能的影响，发现以乙酸为溶剂所制的膜拉伸强度最大，以柠檬酸为溶剂所制的膜的断裂伸长率最大，而以苹果酸为溶剂所制的膜的阻隔氧气性能最好。

1.3.3.4 增塑剂

大多数由天然高聚物制成的可食薄膜，分子之间的大量相互作用导致其具有脆而硬的结构。通常使用增塑剂来克服这一挑战。可食膜结构中通常使用的增塑剂是无毒、非挥发性小分子。它们穿插于高聚物之间，降低了高聚物之间的内聚力，有效地降低了薄膜的脆性和玻璃化温度，具有灵活性、可扩展性、可加工性。然而，由于相邻聚合物链之间的分子间作用力减弱，形成较不紧密的分子堆积(即分子间距离 d 增加, 图 1-6), 加入增塑剂可能削弱薄膜对水分、气体的阻挡能力。多元醇(如山梨醇、甘油和聚乙二醇)和糖(如葡萄糖、果糖和蔗糖)是不同类型的食品级增塑剂。其中, 甘油是最常见的增塑剂。不同的增塑剂所产生的效果有所不同。Talja 等[64]研究表明甘油对马铃薯淀粉膜的物理和机械性能的影响最大, 木糖醇的影响次之, 山梨醇的影响最小。此外, 一些天然的抗氧化剂和抗菌剂小分子除了赋予可食膜材料活性功能, 在实际应用中也发挥了一定的增塑剂作用。

1.3.3.5 成膜组分及比例

聚合共混物中, 组分之间的复配比例往往会对共混体系的性能产生重要影响, 其主要原因是复配比例会影响共混体系中各组分之间的相容性, 而相容性对膜材料的宏观结构与性能产生直接影响。一般而言, 相容性越好, 共混体系的性能越好。

1.3.3.6 成膜溶液的 pH

成膜溶液的 pH 对蛋白质类、壳聚糖可食膜及 pH 智能膜的性能影响非常明显。例如, 大豆分离蛋白膜在碱性条件下的机械性能和阻隔性能均优于在酸性条件下; 而溶液的 pH 对 pH 智能膜的机械性能、阻隔性能及变色性能具有重要影响, 详见本书第 4 章。

1.3.3.7 溶胶温度和时间

溶胶温度和时间主要是指成膜基质溶解时所需要的温度和加热时间等。一般而言, 溶解度随着温度的升高会发生明显变化, 进而影响分子之间的作用力, 从而影响成膜材料的均一性、机械性能和阻隔性能。

1.3.3.8 干燥温度和时间

干燥温度直接影响膜材料中吸附水分含量, 适宜的干燥温度有利于节约成本和时间, 同时有利于提高膜材料的性能。但是, 较高的温度虽然可以缩短干燥时间, 但是制成的膜又硬且不可延展, 同时易导致膜材料的厚度不均匀。

1.3.3.9 处理工艺

不同的处理工艺(搅拌、均质、乳化、微波处理、超声处理、高压处理、热处理等)对膜性能影响很大。这些处理能提高膜溶液分散性, 使所制备的膜材料的结构致密、质地均匀。一般这些处理工艺对含有脂类物质的膜的制备十分重要, 这是因为脂质属于疏水性物质, 而乳化、均质等工艺处理, 容易乳化、分散聚集的小液滴。微波和超声波均能加剧分子间的相互作用，使膜形成致密的网状结构，进而影响膜材料的阻隔性能和机械性能等。

1.3.3.10　储存条件

通常膜的水蒸气透过系数和透气(氧气、二氧化碳)性能随着相对湿度的增大而增大，而膜材料的柔韧性略有增强。此外，膜的性能可能因成膜材料在储藏期间发生一些物化变化而有所改变，如蛋白质的巯基可能会被氧化，淀粉会发生重结晶，膜中的增塑剂(如甘油)也会发生结晶或转移的现象等[21]。

1.3.4　可食膜的成膜机制

1.3.4.1　溶剂蒸发成膜

对于多糖、蛋白质及油脂为主要成膜材料的可食膜，主要是通过溶剂蒸发和交联这两种方式成膜[65]，且主要以水、乙醇或者少量酸为溶剂。对于溶剂蒸发型主要分为以下三种情况。

(1) 单种或者多种水溶性大分子(这些水溶性大分子之间不存在强离子键或者化学键)溶解在水中形成均相溶液。在干燥成膜过程中，随着溶液中溶剂的蒸发，水溶性大分子链接触越来越紧密，分子间和分子内的氢键或者疏水键形成，当大部分的水溶剂蒸发后，水溶性大分子之间形成一定的三维网状结构，最后形成致密的薄膜。目前很多类型的多糖可食膜都是以这种方式成膜。

(2) 两种水溶性分子带有相反的电荷，可以在水溶液中相互作用形成聚合物复合体，然后随着溶剂的蒸发，聚合物复合体积累、沉淀成膜。例如，Dutkiewicz等[66]研究了果胶/壳聚糖和海藻酸钠/壳聚糖共混膜，由于果胶和海藻酸钠中的羧基和壳聚糖中的氨基具有相反电荷而通过静电吸引作用形成了聚合物复合体而成膜。

(3) 一些大分子物质(如蛋白质)在加热或者改变 pH 条件下发生变性，形成凝胶后制备可食膜，如大豆蛋白；或者一些具有成胶性能的大分子多糖(如结冷胶等)溶液冷却形成凝胶，通过干燥而获得可食膜[65]。

脱气和消泡是溶剂挥发成膜的重要步骤，目的是去除空气微气泡，微气泡的存在导致膜材料在加工过程中形成气泡或孔洞结构缺陷。大多数研究者使用真空脱气和超声除泡，其强度和时间随基体材料的黏度而变化。

1.3.4.2　交联成膜

交联成膜法一般包括：化学交联、物理交联及酶法交联。化学交联主要是通过化学交联剂(如戊二醛、甘油醛、甲醛及乙二醛等)对蛋白质进行交联[67]。然而由于这些化学交联剂不能直接食用，因此化学交联的方法在可食膜成膜中几乎没有应用。一般来说，在可食膜成膜方法中使用较多的是物理交联成膜和酶法交联成膜。

(1) 物理交联成膜。

使用紫外光和辐射对可食用成膜溶液或者膜进行处理。Gennadios 等使用紫外光处理大豆蛋白可食膜溶液，让大豆蛋白产生一定的交联作用，从而使得可食膜的拉伸强度提高，断裂伸长率降低[68]。

(2) 酶法交联成膜。

酶法交联的方法具有可食用、安全性能高的特点。在可食膜酶法交联中使用的酶介质主要有谷氨酰胺转氨酶、酪氨酸酶等[69]。Chen 等[70]研究发现，使用酪氨酸酶可以催化明胶/壳聚糖混合膜液中凝胶的形成，可能是由于酶催化促进明胶接枝到壳聚糖链段上的原因。

1.3.4.3　挤压成型

挤压成型法是指强力挤压可塑性泥料使其通过孔模成型的方法。在塑料加工中又称为挤塑，在非橡胶挤出机加工中利用液压机压力于模具本身的挤出称压出。挤压成型是指物料通过挤出机料筒和螺杆间的作用，边受热塑化，边被螺杆向前推送，连续通过机头而制成各种截面制品或半制品的一种加工方法。

综上所述方法，均在可食膜的加工中有所应用，具体如表 1-4 所示。

表1-4　可食膜的常用制备方法及应用举例

成膜基质	应用食品	成膜方法	参考文献
玉米淀粉	芒果	挤塑	[71]
壳聚糖-香蕉提取物	苹果	溶剂蒸发	[72]
乙酰化木薯淀粉-豌豆蛋白提取物	豆油	挤塑	[73]
壳聚糖	草莓	溶剂蒸发	[74]
海藻酸钠	草莓	交联	[75]
大豆蛋白	牛油	溶剂蒸发	[76]

1.4　小　　结

全世界都在逐渐限制使用塑料制品，并且都在积极应对"限塑"难题。"用什么来替代塑料"是根源性问题。泰国超市用香蕉叶代替塑料包装，墨西哥科学家研究出以芒果皮为原料的塑料替代品，印度尼西亚正在研究用海藻替代塑料制品的可行性。由此看出，绿色、天然的原料是科学家的首要选择。

活性可食膜是一种极具潜力的包装材料，其最大特点是可食、绿色、安全，而且缓慢释放功能性添加剂到食品表面，有利于延长食品的货架期，减少食品的浪费。这类可食用薄膜可以作为多种食品添加剂的载体，包括抗菌剂、抗氧化剂等。但是，这些材料的活性及性能还需要进一步开发。特别是抗拉性能、阻隔性能和缓释性能等还有待改进。总的来说，以天然高分子为基础的可食用薄膜在水中可溶性很高，这种高水溶性在某些情况下是可取的，如当薄膜在烹饪或与热的食物成分接触时易熔化/溶解。在这种情况下，水溶性避免了感觉上的变化。另外，作为食品保护屏障的薄膜可能会存在耐水性差的问题，但水溶性薄膜仍然适用于高脂肪食品。在机械性能和阻隔性能方面，可通过化学改性、加入纳米材料等进行改善。通过深入研究可食膜工艺、可食膜材料的性质及应用等，"无塑料生活"及"可食膜"的应用或许能成为现实。未来，将有越来越多的可食包装膜走进我们的生活。

参 考 文 献

[1] 刘文生. 食品包装. 哈尔滨: 黑龙江科学技术出版社, 1988.

[2] 欧建昌. 食品包装与材料. 北京: 中国轻工业出版社, 1989.

[3] 陆刚. 轻质绿色化塑料包装的优势凸显将赢得市场. 塑料包装, 2016, 26(3): 24-28.

[4] 陆海涛. 塑料包装材料新工艺及应用. 北京: 化学工业出版社, 2011.

[5] 涂志刚, 张晨, 伍秋涛. 塑料软包装材料. 北京: 文化发展出版社, 2018.

[6] 王建清. 包装材料学. 北京: 中国轻工业出版社, 2009.

[7] Miller K S, Krochta J M. Oxygen and aroma barrier properties of edible films: A review. Trends in Food Science & Technology, 1997, 8(7): 228-237.

[8] 任发政. 食品包装学. 北京: 中国农业大学出版社, 2009.

[9] 姚姗姗. 聚烯烃(聚丙烯, 聚乙烯)共混改性的研究. 青岛: 青岛科技大学, 2006.

[10] 黄加瑞. 可替代一次性发泡塑料餐具理想产品的探索与发展. 中国包装, 2000(1):18-20.

[11] 骆光临, 卢立新. 包装材料学. 北京: 印刷工业出版社, 2019.

[12] Adrados A, De Marco I, Caballero B M, et al. Pyrolysis of plastic packaging waste: A comparison of plastic residuals from material recovery facilities with simulated plastic waste. Waste Management, 2012, 32: 826-832.

[13] Richard G M, Mario M, Javier T, et al. Optimization of the recovery of plastics for recycling by density media separation cyclones. Resources Conservation & Recycling, 2011, 55(4): 472-482.

[14] 周万维. 食品塑料包装材料安全性的探讨. 食品安全导刊, 2020(18): 37,39.

[15] 纪玉蕊. 海洋微塑料污染研究进展. 天津职业院校联合学报, 2019, 21(10): 104-109.

[16] 王翠娟. 可食性包装材料: 食品包装新趋向. 印刷工业, 2014, 9(12): 80-81.

[17] Martelli S M, Motta C, Caon T, et al. Edible carboxymethyl cellulose films containing natural antioxidant and surfactants: α-tocopherol stability, *in vitro* release and film properties. LWT-Food Science and Technology, 2017, 77: 21-29.

[18] 贾伟建, 李真真, 丁珊, 等. 基于京尼平交联的壳聚糖膜的制备及性能研究. 功能材料,

2017, 48(5): 5070-5076.

[19] 李大军, 李逸, 徐亚杰. 载体材料对玉米淀粉膜制膜成膜效果的影响. 吉林农业大学学报, 2016, 38(3): 369-373.

[20] Kurt A, Kahyaoglu T. Characterization of a new biodegradable edible film made from salep glucomannan. Carbohydrate Polymers, 2014, 104: 50-58.

[21] 张云. 海藻酸钠-羧甲基纤维素钠-刺槐豆胶三元共混膜的制备及性能研究. 杭州: 浙江大学, 2017.

[22] Eghbal N, Degraeve P, Oulahal N, et al. Low methoxyl pectin/sodium caseinate interactions and composite film formation at neutral pH. Food Hydrocolloids, 2017, 69: 132-140.

[23] Chen C T, Chen K I, Chang H H, et al. Improvement on physical properties of pullulan films by novel cross-linking strategy. Journal of Food Science, 2017, 82(1): 108-117.

[24] 刘永, 赖文锋, 李妍. 黄秋葵多糖/明胶膜的制备与特性. 食品与发酵工业, 2017, 43(4): 160-163.

[25] 石云娇, 张华江, 章智华, 等. 大豆蛋白基明胶复合膜组分对机械性能的影响. 中国食品学报, 2017, 17(4): 123-131.

[26] Ramakrishnan N, Sharma S, Gupta A, et al. Keratin based bioplastic film from chicken feathers and its characterization. International Journal of Biological Macromolecules, 2018, 111: 352-358.

[27] Zuo G J, Song X Y, Chen F S, et al. Physical and structural characterization of edible bilayer films made with zein and corn-wheat starch. Journal of the Saudi Society of Agricultural Sciences, 2017, 18(3): 324-331.

[28] 张巧苑. 可食性酪蛋白膜在食品保鲜中的应用. 现代食品, 2017, (19): 34-35.

[29] Sukyai P, Anongjanya P, Bunyahwuthakul N, et al. Effect of cellulose nanocrystals from sugarcane bagasse on whey protein isolate-based films. Food Research International, 2018, 107: 528-535.

[30] Ding C C, Zhang M, Li G Y. Preparation and characterization of collagen/hydroxypropyl methylcellulose (HPMC) blend film. Carbohydrate Polymers, 2015, 119: 194-201.

[31] Janjarasskul T, Rauch D J, McCarthy K L, et al. Barrier and tensile properties of whey protein-candelilla wax film/sheet. LWT-Food Science and Technology, 2014, 56(2): 377-382.

[32] Copic D, Hart A J. Corrugated paraffin nanocomposite films as large stroke thermal actuators and self-activating thermal interfaces. ACS Applied Materials & Interfaces, 2015, 7(15): 8218-8224.

[33] Santos T M, Pinto A M B, De Oliveira A V, et al. Physical properties of cassava starch-carnauba wax emulsion films as affected by component proportions. International Journal of Food Science & Technology, 2014, 49(9): 2045-2051.

[34] 赖明耀, 林好, 汪秀妹, 等. 葡甘聚糖/蜂蜡复合膜工艺优化研究. 食品与机械, 2013, 29(6): 137-142.

[35] Al-Gousous J, Penning M, Langguth P. Molecular insights into shellac film coats from different aqueous shellac salt solutions and effect on disintegration of enteric-coated soft gelatin capsules. International Journal of Pharmaceutics, 2015, 484(1/2): 283-291.

[36] Xu S Y, Chen X F, Sun D W, et al. Preservation of kiwifruit coated with an edible film at ambient temperature. Journal of Food Engineering, 2001, 50(4): 211-216.

[37] Diab T, Biliaderis C G, Gerasopoulos D, et al. Physicochemical properties and application of

pullulan edible films and coatings in fruit preservation. Journal of the Science of Food and Agriculture, 2001, 81(10): 988-1000.

[38] Guerrero P, Arana P, O'Grady M N, et al. Valorization of industrial by-products: Development of active coatings to reduce food losses. Journal of Cleaner Production, 2015, 100: 179-184.

[39] Kerry J P, O'Grady M N, Hogan S A. Past, current and potential utilisation of active and intelligent packaging systems for meat and muscle-based products: A review. Meat Science, 2006, 74(1): 113-130.

[40] Podsędek A. Natural antioxidants and antioxidant capacity of Brassica vegetables: A review. LWT-Food Science and Technology, 2007, 40(1): 1-11.

[41] Talón E, Trifkovic K T, Nedovic V A, et al. Antioxidant edible films based on chitosan and starch containing polyphenols from thyme extracts. Carbohydrate Polymers, 2017, 157: 1153-1161.

[42] Aparicio-Fernández X, Vega-Ahuatzin A, Ochoa-Velasco C E, et al. Physical and antioxidant characterization of edible films added with red prickly pear (*Opuntia ficus-indica* L.) cv. San Martín peel and/or its aqueous extracts. Food and Bioprocess Technology, 2017, 11(2): 368-379.

[43] Zhang C, Guo K, Ma Y, et al. Incorporations of blueberry extracts into soybean-protein-isolate film preserve qualities of packaged lard. International Journal of Food Science & Technology, 2010, 45(9): 1801-1806.

[44] Vo L T T, Široká B, Manian A P, et al. All-cellulose composites from woven fabrics. Composites Science and Technology, 2013, 78: 30-40.

[45] Jie X M, Cao Y M, Lin B. Gas permeation performance of cellulose hollow fiber membranes made from the cellulose/N-methylmorpholine-N-oxide/H_2O system. Journal of Applied Polymer Science, 2004, 91(3): 1873-1880.

[46] Lim D B K, Gong H. Highly stretchable and transparent films based on cellulose. Carbohydrate Polymers, 2018, 201: 446-453.

[47] Klemm D, Heublein B, Fink H, et al. Cellulose: Fascinating biopolymer and sustainable raw material. Angewandte Chemie International Edition, 2005, 44(22): 3358-3393.

[48] Rosenau T, Potthast A, Sixta H, et al. The chemistry of side reactions and byproduct formation in the system NMMO/cellulose (lyocell process). Progress in Polymer Science, 2001, 26(9): 1763-1837.

[49] 杨彦菊, 汤云潞, 张慧慧, 等. 纤维素在 NMMO 水溶液中的溶胀过程及影响因素分析. 合成纤维, 2019, 48(1): 8-11.

[50] Cheng P F, Wang J Q, Ren W M. Study of the structure and oxygen permeability of cellulose packaging films from NMMO-solutions. Advanced Materials Research, 2011, 380: 148-151.

[51] Yang Q L, Qi H S, Ang L E, et al. Role of sodium zincate on cellulose dissolution in NaOH/urea aqueous solution at low temperature. Carbohydrate Polymers, 2011, 83(3): 1185-1191.

[52] Srikandace Y, Indrarti L, Sancoyorini M K. Antibacterial activity of bacterial cellulose-based edible film incorporated with *Citrus* spp essential oil. IOP Conference Series: Earth and Environmental Science, 2018, 160(1): 012004.

[53] Matan N. Antimicrobial activity of edible film incorporated with essential oils to preserve dried fish (*Decapterus maruadsi*). International Food Research Journal, 2012, 19(4): 1733-1738.

[54] Du Y, Sun J S, Wang L, et al. Development of antimicrobial packaging materials by incorporation of gallic acid into Ca²⁺ crosslinking konjac glucomannan/gellan gum films. International Journal of Biological Macromolecules, 2019, 137: 1076-1085.

[55] Genskowsky E, Puente L A, Pérez-Álvarez J A, et al. Assessment of antibacterial and antioxidant properties of chitosan edible films incorporated with maqui berry (*Aristotelia chilensis*). LWT-Food Science and Technology, 2015, 64(2): 1057-1062.

[56] Ge L M, Zhu M J, Li X Y, et al. Development of active rosmarinic acid-gelatin biodegradable films with antioxidant and long-term antibacterial activities. Food Hydrocolloids, 2018, 83: 308-316.

[57] Jang N Y, Won K. New pressure-activated compartmented oxygen indicator for intelligent food packaging. International Journal of Food Science & Technology, 2014, 49(2): 650-654.

[58] Dainelli D, Gontard N, Spyropoulos D, et al. Active and intelligent food packaging: Legal aspects and safety concerns. Trends in Food Science & Technology, 2008, 19: 103-112.

[59] Vu C H T, Won K. Novel water-resistant UV-activated oxygen indicator for intelligent food packaging. Food Chemistry, 2013, 140(1/2): 52-56.

[60] Won K, Jang N Y, Jeon J. A natural component-based oxygen indicator with in-pack activation for intelligent food packaging. Journal of Agricultural and Food Chemistry, 2016, 64(51): 9675-9679.

[61] Smolander M, Hurme E, Latva-Kala K, et al. Myoglobin-based indicators for the evaluation of freshness of unmarinated broiler cuts. Innovative Food Science & Emerging Technologies, 2002, 3(3): 279-288.

[62] Wu J J, Liang S M, Dai H J, et al. Structure and properties of cellulose/chitin blended hydrogel membranes fabricated via a solution pre-gelation technique. Carbohydrate Polymers, 2010, 79(3): 677-684.

[63] Park S Y, Marsh K S, Rhim J W. Characteristics of different molecular weight chitosan films affected by the type of organic solvents. Journal of Food Science, 2002, 67(1): 194-197.

[64] Talja R A, Helén H, Roos Y H, et al. Effect of various polyols and polyol contents on physical and mechanical properties of potato starch-based films. Carbohydrate Polymers, 2007, 67(3): 288-295.

[65] 肖茜. 多糖基可食用膜成膜机理及水分子对膜的影响. 无锡: 江南大学, 2012.

[66] Dutkiewicz J, Tuora M, Judkiewicz L, et al. New forms of chitosan polyelectrolyte complexes// Brine C J, Sanford P A, Zikakis J P. Advances in Chitin and Chitosan. London: Elsevier, 1992.

[67] Hernández-Muñoz P, Villalobos R, Chiralt A. Effect of cross-linking using aldehydes on properties of glutenin-rich films. Food Hydrocolloids, 2004, 18: 403-411.

[68] Gennadios A, Rhim J W, Handa A, et al. Ultraviolet radiation affects physical and molecular properties of soy protein films. Journal of Food Science, 1998, 63(2): 225-228.

[69] Porta R, Mariniello L, Di Pierro P, et al. Transglutaminase crosslinked pectin- and chitosan-based edible films: A review. Critical Reviews in Food Science and Nutrition, 2011, 51(3): 223-238.

[70] Chen T H, Embree H D, Wu L Q, et al. *In vitro* protein-polysaccharide conjugation: Tyrosinase catalyzed conjugation of gelatin and chitosan. Biopolymers, 2002, (64): 292-302.

[71] Calderón-Castro A, Vega-García M, Zazueta-Morales J, et al. Effect of extrusion process on the functional properties of high amylose corn starch edible films and its application in mango (*Mangifera indica* L.) cv. Tommy Atkins. Journal Food Science & Technology, 2018, 55(3): 905-

914.

[72] Zhang W L, Li X X, Jiang W B. Development of antioxidant chitosan film with banana peels extract and its application as coating in maintaining the storage quality of apple. International Journal of Biological Macromolecules, 2020, 154: 1205-1214.

[73] Huntrakul K, Yoksan R, Sane A, et al. Effects of pea protein on properties of cassava starch edible films produced by blown-film extrusion for oil packaging. Food Packaging and Shelf Life, 2020, 24: 100480.

[74] Pavinatto A, De Almeida Mattos A V, Malpass A C G, et al. Coating with chitosan-based edible films for mechanical/biological protection of strawberries. International Journal of Biological Macromolecules, 2020, 151: 1004-1011.

[75] Li J W, Ma J W, Chen S J, et al. Characterization of calcium alginate/deacetylated konjac glucomannan blend films prepared by Ca^{2+} crosslinking and deacetylation. Food Hydrocolloids, 2018, 82: 363-369.

[76] Ma Q Y, Liang S M, Xu S Y, et al. Characterization of antioxidant properties of soy bean protein-based films with Cortex Phellodendri extract in extending the shelf life of lipid. Food Packaging and Shelf Life, 2019, 22: 100413.

2 天 然 多 糖

多糖是除蛋白质、核酸之外的一类天然高分子化合物，普遍存在于自然界中，包括淀粉、纤维素、多聚糖、果胶等。自然界中多糖来源极其丰富，人类对于多糖的研究不再局限于揭示其生物活性及参与生理机能，对多糖资源的深度开发及利用的研究也日益增多。多糖有着复杂的化学结构、分子构象和功能性，流变性能、乳化特性、凝胶特性等一直是多糖相关研究的主要内容。基于多糖良好的凝胶特性、生物相容性及成膜性能，以多糖为基质的可食膜材料日益增多。研究发现多糖类膜材料具有优异的阻隔性能和化学稳定性能。

多糖是可食膜的重要成膜材料，其成膜性质会因原料的来源、提取方式、加工方式等的不同而有所不同。只有清楚地了解其功能特性、适用范围和添加量，才能选择出合适的成膜材料，制得性能优良的可食膜。本章有选择性地重点论述了几类典型的、不同来源的重要多糖的结构、性能、改性和应用，涉及的多糖主要有淀粉、壳聚糖、纤维素及其衍生物、果胶、海藻酸盐等。这些多糖有的是近些年开发的，有的则已被人类应用了数千年。多糖类的包装材料不仅具有较好的力学性能和透明度，同时还可以作为活性物质的载体，赋予膜抗菌性、氧化性和保鲜性等优良的包装性能。

2.1　天然多糖的结构与性质

2.1.1　结构特性

多糖(polysaccharide)是由糖苷键结合的糖链，由 10 个以上单糖组成的聚合糖高分子碳水化合物，可用通式$(C_6H_{10}O_5)_n$表示。由相同的单糖组成的多糖称为同多糖，如淀粉、纤维素和糖原；以不同的单糖组成的多糖称为杂多糖，如阿拉伯胶由戊糖和半乳糖等组成。多糖不是一种化合物，而是聚合程度不同的物质的混合物。多糖类一般不溶于水、无甜味，不能形成结晶，无还原性和变旋现象。多糖也是糖苷，所以可以水解，在水解过程中，往往产生一系列的中间产物，最终完全水解得到单糖。

2.1.2　功能特性

植物多糖可以通过增大巨噬细胞体积来提高机体免疫力。植物多糖对巨噬细胞吞噬活性的影响与其浓度有一定关系，在适当的浓度范围内能促进巨噬细胞的吞噬作用。植物多糖可以通过调节巨噬细胞细胞因子的分泌量来调节巨噬细胞功能。植物多糖可以通过调节巨噬细胞内酶的活性进而影响巨噬细胞的功能。

多糖具有较大的分子量，通常以主链伴以侧链的形式存在，这种结构决定了它具有其他物质所不具有的加工特性和流变性质。同时它具有多羟基结构和空间的折叠，会具有良好的亲水性及一定的乳化能力，在水中容易形成凝胶，具有较高的黏度。在饮料中添加多糖可以增加饮料的黏度和稳定性，同时也会赋予饮料新鲜的口感；在面制品加工中，多糖可以增强面筋持水能力、提高面筋弹性；在肉制品中添加一定量的多糖还可以有效地提高肉制品的持水性，改善肉制品的质构(如弹性、切片性等)。同时多糖还具有抗衰老、抗氧化、抗溃疡及调节身体免疫力等多种作用。

2.1.3 流变性能

多糖水溶液的流变性能容易受多种因素的影响。对于组分单一的多糖溶液，一般都会受其分子量、聚合度、分子组成及化学结构等因素的影响。国内外对影响多糖流变性能的因素进行了较为深入的研究，发现多糖的浓度、环境的温度、环境的 pH、离子强度、疏水基团、氢键和静电作用的存在都会影响多糖溶液的流变性能。多糖的流变性能主要取决于多糖本身的浓度，当浓度较低时，溶液被认为是"胀塑性流体"，随着剪切速率的增加黏度逐渐升高；当浓度较高时，溶液黏度会随着剪切速率的增加而降低，表现出剪切稀化现象，表现为"假塑性流体"。温度一般会影响多糖分子的分子运动，当温度越高时，分子运动越剧烈，多糖的高级结构很可能被破坏，因此温度对多糖结构的影响较大。多糖溶液的流变性能、触变特性及黏弹性是反映制得的多糖可食膜性能优良的关键指标。研究多糖溶液的流变性能就变得尤为重要，多糖的流变学研究不仅在科学上具有重要的意义，而且在食品、医药、化妆品等相关行业也有重要意义。

2.2 纤维素及其衍生物

2.2.1 纤维素的来源

纤维素是自然界中分布最广、含量最高的多糖，是植物细胞壁的主要成分。纤维素主要以图 2-1 所示的形式在电子显微镜下看到，这种框架由一层层纤维素微丝(简称微纤丝)组成，每一层微纤丝基本上是平行排列，每添加一层，微纤丝排列的方位就不同。因此，层与层之间微纤丝的排列交错成网。微纤丝之间的空间通常被其他物质填充，常由果胶、半纤维素、细胞壁蛋白填充，是公认的自然界中最丰富的可再生有机资源。生产原料来源于木材、棉花、棉短绒、麦草、稻草、芦苇、麻、桑皮、楮皮和甘蔗渣等。我国由于森林资源不足，纤维素的原料有 70%来源于非木材资源。我国针叶材、阔叶材的纤维素平均含量 43%～45%；草类茎秆的纤维素平均含量在 40%左右。蔬菜和粗加工的谷类亦富含纤维素(即膳食纤维)，对人类的健康具有重要作用。

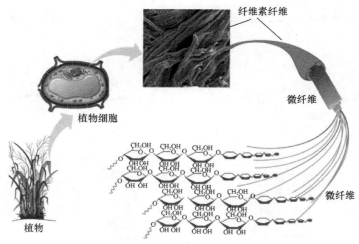

图 2-1　纤维素微观结构图

纤维素是世界上蕴藏量最丰富的天然高分子化合物，其工业制法是用亚硫酸盐溶液或碱溶液蒸煮植物原料，主要是除去木素，分别称为亚硫酸盐法和碱法，得到的物料称为亚硫酸盐浆和碱法浆。然后经过漂白进一步除去残留木素，所得漂白浆可用于造纸。再进一步除去半纤维素，就可用作纤维素衍生物的原料。

纤维素是自然界中来源最广、储量最丰富的一种可食用、可吸收、可降解的多糖。因其具有抗氧化、透气(CO_2、O_2 等)、抗湿及保湿等特性，常作为果蔬、肉类等食品的活性包装材料。纤维素类可食膜通常是将结构紧密、不溶于普通溶剂的天然纤维素经化学改性处理之后制得的，所制膜具有良好的力学性能、阻油性能和高的透明度。

2.2.2　纤维素的结构与性质

1838 年，Payeii 首次用硝酸、氢氧化钠溶液交替处理木材后，分离出一种均匀的化合物，并将其命名为纤维素。1842 年，Payen 首次发现纤维素是长链状的 β-(1,4)-D-脱水葡萄糖结构，其分子结构式为$(C_6H_{10}O_5)_n$。图 2-2 为纤维素的部分结构特性图。纤维素分子结构中含有 C2、C3、C6 位羟基，其中 C2、C3 位为伯醇羟基，C6 位为仲醇羟基。当所处介质发生改变时，不同位置上羟基的化学反应能力存在差异性。在碱性环境下，羟基反应活性 C2＞C3＞C6；在酸性环境下，羟基反应活性 C2＜C3＜C6；通常处于 C6 位上的羟基往往其空间位阻较小，更容易与大分子发生反应。因此，可以通过一定的化学反应在纤维素的分子结构中接枝上不同的功能基团。

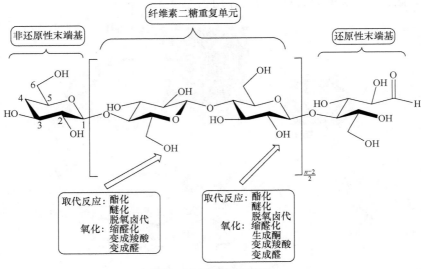

图 2-2　纤维素结构图

纤维素分子羟基上的 H 原子与相邻羟基上的 O 原子之间可以形成氢键，分为分子内氢键和分子间氢键。纤维素是由结晶区和非晶区交替排列而成的，前者区域内的分子链段排列有序、紧密，氢键多；而后者区域内的分子链间结合力最弱，氢键少。介于纤维素本身所固有的结构方面的特征，其不仅拥有大量的分子间、分子内氢键，还有结晶区及非晶区同时存在的特殊形态。因此，采用不同的方式充分利用纤维素本身的功能特性，通过一系列的改性手段，扩大纤维素在不同材料领域的应用范围显得非常有必要。

此外，纤维素具有良好的亲水性能，即对水有大的亲和能力，可以吸引水分子。这类分子形成的固体材料的表面，易被水所润湿，同时在可食膜包装中具有良好的锁水性能，保护食品表面的水分子不被蒸发，可以隔绝氧气，防止水果褐变[1]。如图 2-3 所示，被纤维素膜包裹的苹果在储存 10 d 之后仍没有缩水

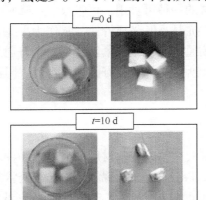

图 2-3　纤维素可食膜在苹果中的保鲜[1]

左边为被纤维素包裹的苹果，右边为未被纤维素包裹的苹果

及褐变，说明纤维素膜材料在食品保鲜中的潜在应用价值。

2.2.3 纤维素的聚集态结构

纤维素的聚集态结构是研究纤维素分子间的相互排列情况(结晶区和非晶区、晶胞大小及形式、分子链在晶胞内的堆砌形式、微晶的大小)和取向结构(分子链和微晶的取向)等。天然纤维素和再生纤维素都存在结晶的原纤结构，由原先结构及其特性可部分地推知纤维素的性质，所以为了解释以纤维素为基质的材料的结构与性能关系，寻找制备纤维素衍生物的更有效方法，研究纤维素合成的机理、了解纤维素的聚集态结构，在理论研究和实际应用方面都有重要的意义。

纤维素存在Ⅰ、Ⅱ、Ⅲ、Ⅳ和X型5种结晶变体，其中Ⅰ型为天然纤维，其他四类为人造纤维，目前对纤维素的研究主要集中在Ⅰ型和Ⅱ型。Ⅰ型结构纤维素的晶胞由平行的分子链组成，分子链间存在大量氢键，但是晶胞与晶胞之间没有氢键连接。Ⅱ型结构纤维素晶胞由反平行分子链组成，不仅分子链间存在大量氢键，晶胞与晶胞之间也存在氢键。这也是Ⅱ型结构纤维素基本上不能转变成Ⅰ型结构纤维素的原因之一，但是Ⅰ型纤维素经过再生(碱/尿素体系等)过程可以生成Ⅱ型结构纤维素。Ⅱ型结构纤维素生成的反平行链的晶胞，在热力学上比Ⅰ型结构纤维素稳定，具有更好的热稳定性。因此，通过人为改变纤维素晶型结构，可以改善纤维素热稳定性能。

2.2.4 纤维素衍生物概述

天然纤维素作为一种自然界中来源丰富的绿色资源，将其功能化并应用于多个领域，不仅能促进功能材料的应用与发展，也能避免天然可再生资源的浪费。目前，主要利用改性的手段赋予纤维素特殊的性能，主要包括改性前的预处理、物理改性、化学改性及生物改性。一方面，天然纤维素的原料中不仅含有纤维素还含有其他成分，需要通过预处理手段提纯处理来得到纯的纤维素；另一方面，纤维素分子的结晶度普遍较高，因此需要通过预处理手段来改善其可反应性，增强改性反应的程度。

物理改性方法一般包括打浆、研磨、爆破、超声波、微波、溶剂交换、润胀等，化学改性方法又称纤维素衍生化，大致分为氧化、酯化、醚化、交联、接枝共聚、点击化学等。纤维素衍生化改性大体上是利用其结构上具有一定反应性的羟基与其他功能基团发生所期望的反应，赋予纤维素特定功能性，并将改性纤维素作为功能材料应用于食品以及医药等材料领域。

2.2.4.1 微晶纤维素

天然纤维素经稀酸水解至极限聚合度(15～375)的可自由流动的细微的短棒

或粉末状多孔颗粒，颜色为白色或近白色，无臭、无味，颗粒大小一般为 20～80 μm，主要由以纤维素为主体的有机物(约 99.95%)和微晶无机物(约 0.05%，如灰分)组成。灰分的主要成分为 Ca、Si、Mg、Al、Fe 及其他极微量的金属元素。不溶于水、稀酸、有机溶剂和油脂，在稀碱溶液中部分溶解、润胀，在羧甲基化、乙酰化、酯化过程中具有较高的反应活性。由于具有较低聚合度和较大的比表面积等特殊性质，微晶纤维素被广泛应用于医药、食品、化妆品等行业。

在食品工业中，微晶纤维素作为一种食用纤维和理想的保健食品添加剂，可以保持乳化和泡沫的稳定性，保持在高温下的稳定性，提高液体的稳定性，得到了联合国粮农组织和世界卫生组织所属的食品添加剂联合鉴定委员会的认证和批准，相应的纤维商品也随之出现，并在乳制品、冷冻食品、肉制品等中得到广泛应用。微晶纤维素可作为抗结剂、乳化剂、分散剂、黏合剂。我国《食品安全国家标准 食品添加剂使用标准》(GB 2760—2014)规定：微晶纤维素根据生产工艺适量添加于调制乳、风味发酵乳、稀奶油以及干酪等食品中。此外，微晶纤维素溶液的凝胶特性有利于其在食品包装膜中的应用。

2.2.4.2　羧甲基纤维素

羧甲基纤维素(CMC)是最具代表性的离子性纤维素醚，通常使用的是它的钠盐。羧甲基纤维素钠通常是由天然的纤维素和苛性碱及氯乙酸反应后而制得的一种阴离子型高分子化合物。纯净的 CMC 是白色或乳白色纤维状粉末或颗粒，无嗅无味，不溶于酸和甲醇、乙醇、乙醚、丙酮、氯仿及苯等有机溶剂，而溶于水。CMC 的黏度通常在 25～50 Pa·s 之间，取代度在 0.3 左右。CMC 具有吸湿性，其平衡水分随着空气湿度的升高而增加，随温度的升高而减少。

CMC 在食品中具有增稠、乳化、分散性、化学稳定性、悬浮、保水性、增强韧性、成膜性、膨化、防腐保鲜、耐酸、代谢惰性和保健等多种功能，可以替代瓜尔胶、明胶、琼脂、海藻酸钠和果胶等在食品生产中的作用，它的这些性质是其他增稠剂所不能比拟的。CMC 在低浓度下可获得高黏度，同时赋予食品细腻润滑的口感；能有效降低食品的脱水收缩作用，延长食品货架期；能较好地控制冷冻食品中的结晶体大小，防止油水分层；在酸性体系中，耐酸型产品具有良好的悬浮稳定性，能有效提高乳液稳定性和蛋白质的阻抗能力；能与其他稳定剂、乳化剂复配使用，起到优势互补、协同增效的作用，同时降低生产成本。羧甲基纤维素钠已被广泛应用于现代食品工业，如乳酸杆菌饮料、水果奶、冰淇淋、果子露、胶质、软糖、果冻、面包、馅料、煎饼、冷制品、固体饮料、调味品、饼干、方便面、肉制品、糊、饼干、面包等。

CMC 能够在食品表面形成一层膜，可以对果蔬起到一定的保护作用，膜的存在使膜和果蔬之间形成了一个低氧气、高二氧化碳的气体环境，从而降低了气体的交换速率、物质的交换速率，可用于延长果蔬的保质期。此外，CMC 为阴离子纤维素，在一定条件下通过交联反应或络合反应应用于食品包装膜材料中。

2.2.4.3 羟丙基甲基纤维素

羟丙基甲基纤维素(HPMC)属于非离子型纤维素混合醚中的一个品种，具有冷水溶性和热水不溶性的特征，但由于含有羟丙基，使它在热水中的凝胶化温度较甲基纤维素大大提高，在有机溶剂中较甲基纤维素溶解性良好，能溶于丙酮、异丙醇等有机溶剂中。它的黏度在温度升高时开始下降，但至一定温度时黏度突然上升而发生凝胶化。它是一种半合成的、不活跃的、黏弹性的聚合物，常于眼科用作润滑剂，又或在口服药物中充当辅料或赋型剂，常见于各种不同种类的商品中。作为食品添加剂，羟丙基甲基纤维素可用作乳化剂、增稠剂、悬浮剂及动物明胶的替代品。

纯 HPMC 膜的透明度较高，由于可食膜的透明度也影响着膜的应用水平，消费者一般要求高透明度，那样可以更真切地看到实物的外观。因此，从该角度而言，纯 HPMC 符合应用要求。但是，纯 HPMC 膜对水的敏感性是其工业化应用的最大障碍，为此，学者们主要分析了怎样改善 HPMC 对水的敏感性。研究发现，使 HPMC 与柠檬酸形成交错连接物可以显著提高 HPMC 可食膜的亲水性和溶水性[2]。

2.2.4.4 纳米纤维素

纳米纤维素是指粒径大小在 1～100 nm 之间的纤维素晶体，在水溶液中能够分散形成稳定的胶体。一般通过物理研磨、酸水解、碱水解、酶催化等方法降低纤维素的尺度，得到纳米纤维素。其中硫酸水解法利用强酸的水解作用去除纤维素中部分非晶区，然后利用超声处理降低纤维素的尺度，如图 2-4 所示。此外，2,2,6,6-四甲基哌啶-1-氧化物自由基(TEMPO)氧化法也常用于制备纳米纤维素。利用 TEMPO 对 C6 位羟基的选择性氧化作用，在 TEMPO/NaBr/NaClO 体系中得到透明且具有一定黏度的分散体。此方法直接在纤维素分子中引入羧酸盐，对后续应用改性有重要意义。

纳米纤维素的形态主要有棒状、颗粒状和网络状三种，不同形态的纳米纤维素具有不同的特性。棒状纳米纤维素长径比最大；颗粒状纳米纤维素长径比最小，但比表面积最大，反应活性最高；而网络状纳米纤维素则具有较强的亲和力。与天然纤维素相比，纳米纤维素的结晶结构没有发生改变，仍然保持纤维素 I 型结构，但结晶度有明显提高。由于纳米纤维素制备过程中，破坏了大部分的纤维素链，形成了很多断裂点和小分子纤维素链段，因此它们很容易吸热分解，从而导致纳米纤维素的热稳定性比纤维素差。纳米纤维素具有高结晶度、高杨氏模量、高强度和高透明性，广泛应用于光学、电子设备、包装、医药等领域。因此，纳米材料有望改善食品包装的机械性能和阻隔性能，以及为智能应用开发提供帮助。

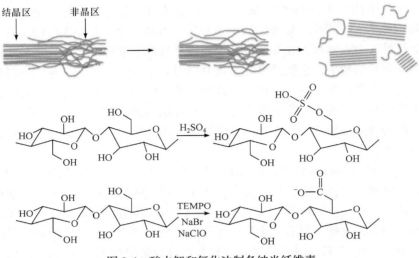

图 2-4　酸水解和氧化法制备纳米纤维素

研究者已经对纳米纤维素在食品领域中的应用展开了广泛研究。有研究探讨了纳米纤维素在冰淇淋中的应用，以膨胀率、抗融性和感官评价为指标，分析了纳米纤维素作为稳定剂对冰淇淋品质的影响并得到了最佳添加量，结论为纳米纤维素能明显提高冰淇淋的抗融性，改善冰淇淋的品质，使其口感更细腻；纳米纤维素最佳添加量为 0.3%～0.4%。还有研究表明采用纳米纤维素与虫胶结合作为疏水层能提高纸和纸板的阻隔性能，可以应用到食品包装中[3]。

2.2.4.5　其他纤维素衍生物

甲基纤维素(MC)和乙基纤维素属于纤维素醚，用作混合材料膜制备包衣缓释制剂、缓释微丸，用作包囊辅料制备缓释微囊，还可作为载体材料广泛用于制备固体分散体。氧化纤维素是纤维素衍生物的一种，医用可作为吸收止血纱布。它的另一大潜在用途是：由于在纤维素葡萄糖基环中引入了羧基这一活性基团，它可用作纤维素进一步改性的中间产物，尤其是选择性氧化所得氧化纤维素，利用高分子化学反应，其分子中的醛基可以方便地转变为其他官能团，来获得具有新功能和新用途的纤维素衍生物。

2.3 壳 聚 糖

2.3.1 壳聚糖的来源

壳聚糖(chitosan)是甲壳素经过脱乙酰化处理后的产物,即脱乙酰基甲壳素,学名聚氨基葡萄糖,又名可溶性甲壳质,是甲壳素最基本的、最重要的衍生物。甲壳素广泛存在于低等植物菌类、藻类的细胞中,节肢动物虾和昆虫的外壳,贝类、软体动物的外壳和软骨,高等植物的细胞壁等[4]。

壳聚糖由于具有无毒副作用、可经微生物降解、良好的生物可溶性和成膜性等优良特性,在轻工业、食品、医药卫生、环保、生物工程、农业等诸多领域得到了应用,随着各国对壳聚糖认识的不断提高和应用研究的进一步加深,壳聚糖也受到越来越多的关注。

2.3.2 壳聚糖的结构与性质

壳聚糖为白色片状或粉状固体,常温下能稳定存在,其化学结构如图 2-5 所示。其分子结构中有两个羟基(C3 和 C6)和一个氨基(—NH$_2$)。在壳聚糖大分子链上,有许多反应基团,同时分布着亲水基和疏水基,分子和分子间通过氢键形成了大量的二级结构,晶体结构紧密。壳聚糖分子的活性基团为氨基而不是乙酰基,因而化学性质和溶解性较甲壳素有所改善,可溶于稀酸,如甲酸、乙酸,但也不溶于水和绝大多数有机溶剂。

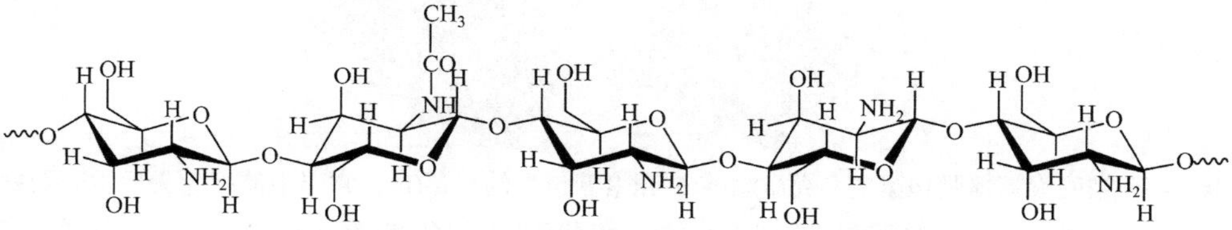

图 2-5 壳聚糖的化学结构

壳聚糖的制备工艺条件和需求的不同,其脱乙酰度为 60%～100%不等。脱乙酰度和平均分子量是壳聚糖的两项主要性能指标。另外一项重要的质量指标是黏度,不同黏度的产品有不同的用途。目前国内外根据产品黏度不同分为三大类:高黏度壳聚糖(1%壳聚糖溶于 1%乙酸水溶液中,黏度大于 1000 mPa·s)、中黏度壳聚糖(1%壳聚糖溶于 1%乙酸水溶液中,黏度为 100～500 mPa·s)、低黏度壳聚糖(2%壳聚糖溶于 2%乙酸水溶液中,黏度为 25～50 mPa·s[5])。

壳聚糖含有游离氨基,能与稀酸结合生成胺盐而溶于稀酸。壳聚糖分子中 C2 位上的氨基反应活性大于羟基,易发生化学反应,使壳聚糖其可在较温和的条件下进行多种化学修饰，形成不同结构和不同性能的衍生物。通过酰化、羟基化、氰化、醚化、烷基化、酯化、酰亚胺化、叠氮化、成盐、螯合、水解、氧化、卤化、接枝与交联等反应，可制备壳聚糖衍生物。

　　壳聚糖具有优异的抗菌性能，食涂膜实验已经用于柑橘、猕猴桃、苹果、梨、紫茄、草莓、青椒、鸡蛋等多种食品的保鲜。壳聚糖的抗微生物活性主要有以下两种机理：一种是壳聚糖通过吸附于细菌表面，形成一层高分子膜，阻止营养物质向细胞内的运输，从而阻碍细胞对营养物质的吸收，起到抑菌杀菌作用；另一种机理是壳聚糖通过渗透进入细胞内部，吸附细胞体内带有阴离子的细胞质，并发生絮凝作用，扰乱细胞正常的生理活动，从而杀灭细菌。故不同分子量的壳聚糖，其抗菌机理不同。此外，由于壳聚糖具有良好的相容性能，常与其他天然高分子材料制备抗氧化性可食膜材料，在储存实验中表现优异，如图 2-6 所示。从图中可以看出，被壳聚糖包裹的草莓[图 2-6(c)]储存七天后与未被壳聚糖包裹壳聚糖的草莓相比[图 2-6(d)]，其表观特性差异性明显。

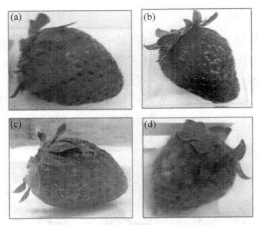

图 2-6　被壳聚糖薄膜包裹的草莓(a)和未被壳聚糖包裹的草莓(b)；常温下储存七天后被壳聚糖薄膜包裹的草莓(c)和未被壳聚糖包裹的草莓(d)[6]

2.4　淀　　粉

2.4.1　淀粉的来源

　　淀粉是一种具有易获得、成本低、可生物降解等特性的亲水性多糖，主要存在于植物体的某些器官(果实、种子、根等)，以壳斗科、禾本科、廖科、百合科、天南星科和旋花科为主。

　　淀粉呈白色粉末状，在显微镜下观察是一些形状和大小都不同的透明小颗粒，其基本结构为 D-葡萄糖。葡萄糖脱去水分子后经由糖苷键连接在一起所形成的共价聚合物就是淀粉分子。淀粉是由 α-D-葡萄糖组成的多糖高分子化合物，游离葡萄糖分子式为 $C_6H_{10}O_5$，因此，淀粉分子式可写成 $(C_6H_{10}O_5)_n$。由于淀粉主要有直链和支链两种结构，分别称为直链淀粉和支链淀粉，不同来源和种类的淀粉中，两种分子的含量和比例不同。

直链淀粉是一种线型多聚物[图 2-7(a)]，脱水葡萄糖单元间经 α-1,4-糖苷键连接而成的链状分子。支链淀粉属于高分支化形态分子[图 2-7(b)]，分支点 α-1,6-糖苷键占 5%～6%连接，主链及分子链皆为 α-1,4-糖苷键，支链淀粉分子中的侧链分布并不均匀，有的很近，只相隔一个到几个葡萄糖的单位，有的较远，相隔 40 个葡萄糖单位以上。支链淀粉和直链淀粉在若干性质方面存在着很大差别。直链淀粉与碘液能形成螺旋络合物结构，呈现蓝色，常用碘液鉴定检测淀粉，便是利用这种性质；支链淀粉与碘液呈现红紫色。直链淀粉与碘呈现颜色与其分子链长度有关。直链淀粉在高温下形成极不稳定的溶液，冷却时形成沉淀或凝结成不可逆的凝胶体，支链淀粉在水中形成的溶液，黏度高，稳定性大，经久不发生凝沉，也不凝聚成凝胶体。因此，含直链成分多的淀粉凝胶力强、黏度较低；含支链成分多的淀粉凝胶力弱、黏度较高。

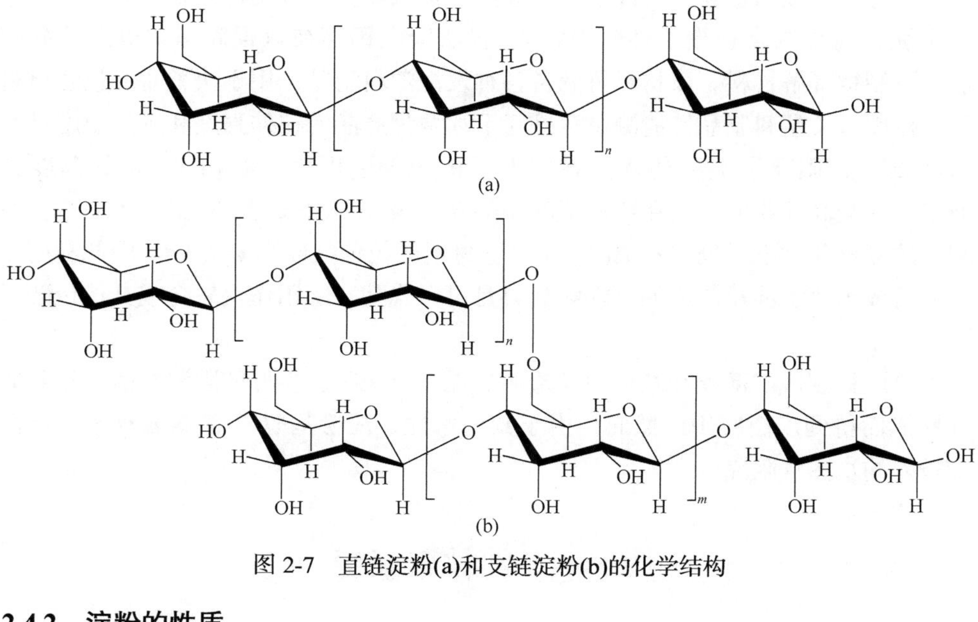

图 2-7 直链淀粉(a)和支链淀粉(b)的化学结构

2.4.2 淀粉的性质

淀粉颗粒不溶于冷水，受损伤的淀粉或经过化学改性的淀粉可溶于冷水，但该溶解不可逆。随着温度的上升，淀粉的膨胀度增加，溶解度加大。将淀粉悬浮液进行加热，淀粉颗粒开始吸水膨胀，达到一定温度后，淀粉颗粒突然迅速膨胀，继续升温，体积可达原来的几十倍甚至数百倍，悬浮液变成半透明的黏稠状胶体溶液，这种现象称为淀粉的糊化。淀粉发生糊化现象的温度称为糊化温度。即使同一品种的淀粉，因为存在颗粒大小的差异，因此糊化难易程度也各不相同，所需糊化温度也不是一个固定值[7]。

淀粉的许多化学性质与葡萄糖相似，但由于它是葡萄糖的聚合体，又有自身独特的性质，生产中应用化学改性改变淀粉分子可以获得两大类重要的淀粉深加工产品。第一大类是淀粉的水解产品，它是利用淀粉的水解性质将淀粉分子进行降解所得到不同聚合度(DP)的产品。淀粉在酸或酶等催化剂的作用下，α-1,4-糖苷键和 α-1,6-糖苷键被水解，可生成糊精、低聚糖、麦芽糖、葡萄糖等多种产品。第二大类产品是改性淀粉，它是利用淀粉与某些化学试剂发生化学反应而生成的。淀粉分子中葡萄糖残基中的 C2、C3 和 C6 位醇羟基在一定条件下能发生氧化、酯化、醚化、烷基化、交联等化学反应，生成各种淀粉衍生物。在米面制品中主要利用改性淀粉良好的增稠性、成膜性、稳定性、糊化特性。

糊化玉米淀粉在碱性条件下与环氧丙烷季铵盐反应可制得阳离子淀粉。将阳离子淀粉与纤维素、聚乙烯醇(PVA)、轻质碳酸钙等在双辊筒炼塑机上共混塑炼，可制得降解材料。该材料可制备各种发泡塑料制品，用于快餐盒、包装材料等。按照有关塑料制品性能测试标准对上述两种产品的拉伸强度和耐热温度进行了测试。含阳离子淀粉的产品在室温下的拉伸强度为 58 MPa，耐热温度为98℃；含交联淀粉的产品在室温下的拉伸强度为 70 MPa，耐热温度为 98℃。在相同的测试条件下，聚苯乙烯(PS)快餐盒材料的拉伸强度为48 MPa。因此利用交联淀粉或阳离子淀粉制成的可降解塑料是可以代替 PS 用作快餐盒或其他包装材料的[8]。

由淀粉制成的薄膜和涂料因其透明、无臭、无味及良好的阻隔二氧化碳和氧气性能而得到广泛应用。然而，由于其亲水性，淀粉基薄膜/涂料表现出水溶性和较差的水蒸气阻隔。

2.5　半乳甘露聚糖

2.5.1　半乳甘露聚糖的结构及分类

半乳甘露聚糖是由 β-(1, 4)-D-甘露聚糖主链和连接 α-(1, 6)-D-半乳糖分支组成的非均相多糖，如图 2-8 所示。半乳甘露聚糖的巨大优势在于它们能够在相对较低的浓度下形成非常黏稠的溶液，这些溶液仅受 pH、离子强度和热处理的轻微影响。半乳甘露聚糖的分子呈中性，并且其性质不随着离子强度而改变，因此其黏度在宽 pH 范围(1～10.5)内趋于恒定。但是，在高温下的高酸性和碱性条件中半乳甘露聚糖可能会发生一些降解。此外，半乳甘露聚糖溶液储存时的黏度和稳定性取决于成膜溶液制备过程中使用的时间和温度，而温度的选择主要取决于半乳甘露聚糖的来源。例如，刺槐豆胶必须在 80℃加热 20～30 min 以确保其完全分散，而分散瓜尔胶的最佳条件是在 25～40℃条件下加热 2 h。通常半乳糖含量较高的半乳甘露聚糖易于溶于水，如瓜尔豆胶。

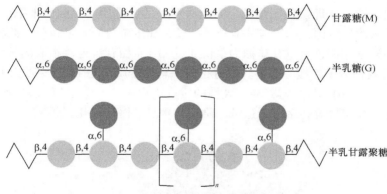

图 2-8　半乳甘露聚糖结构图

　　甘露糖/半乳糖(M/G)比例不同，得到的多糖种类不同，列举如表 2-1 所示。这些多糖大多从植物的双子叶种子的胚乳中获得，特别是豆科植物，来源广泛，价格低廉。此外，半乳甘露聚糖能以不同的形式用于人类消费，是一种用途广泛的材料。它们是极佳的加强剂和乳液稳定剂，无毒，可用于纺织、制药、生物医药、化妆品和食品工业。特别是在食品工业中，半乳甘露聚糖主要应用于乳制品、基于水果的水凝胶和粉状产品、面包、咖啡增白剂、婴儿奶制品、调味品、调味汁和汤、罐装肉以及冷冻和腌制肉类食品。这种广泛的应用反映了半乳甘露聚糖不同的功能特性，包括高溶液黏度，冷冻系统的稳定性以及易与其他多糖和蛋白质形成共混凝胶等。由于半乳甘露聚糖的特殊性质，它们在相对较低的浓度下形成非常黏稠的溶液，并且在制备水溶液时仅需要水，操作简单。因此，目前关于半乳甘露聚糖在食品包装行业的应用研究较为广泛。在食品和非食品工业中具有商业重要性的三种主要的半乳甘露聚糖是瓜尔豆胶、塔拉胶(TG)和刺槐豆胶。

表 2-1　　半乳甘露聚糖的种类

种类		M/G 比例	参考文献
Cassia gum	决明子胶	5∶1	[9]
Ceratonia siliqua(locust bean gum)	刺槐豆胶	3.75∶1	[10]
Caesalpinia spinosum(tara gum)	塔拉胶	3∶1	[11]
Cyamposis tetragonolobus(guar gum)	瓜尔豆胶	2∶1	[11]
Trigonella foenum graecum (fenugreek gum)	香豆胶	1∶1	[11]

2.5.2　决明子胶

决明子胶(CG)即决明子多糖，是由决明子的胚乳研磨提纯而来(图 2-9)，是亲水性的水溶性胶体，CG 与其他种子类胶，如瓜尔豆胶、塔拉胶、刺槐豆胶的分子结构非常相似，是以甘露糖为单位通过 β-1,4-糖苷键连接组成的长链结构。5～6 个甘露糖分子连接一个半乳糖分子，平均分子质量为 10 万～30 万 Da(1Da = 1.66054×10^{-27} kg)，且甘露糖与半乳糖的质量比约为 5∶1。由于其可食性及良好的流变性、稳定性等，多用于造纸、染整、食品、医药及化工领域。

图 2-9　决明子

2.5.3　塔拉胶

塔拉胶又称刺云实胶，是塔拉种子的胚乳。塔拉(图 2-10)是苏木科云实属的一种长绿灌木。树高为 3～5 m，花期为 1 年 2 次，花为黄色。其寿命约为 50 年，主要分布于南美洲西北部。中国林业科学研究院在对塔拉的分布、种植、加工等方面做了充分研究之后，从南美洲引进并种植了塔拉，并在云南省干热、干暖河谷地区种植实验得到成功。至2006年，云南已发展塔拉近115万亩。此后，贵州、四川、广西及海南等省区也开始引种。塔拉生长周期较短，投入资源较少，产值却比较高，是综合了经济、社会和生态效益的经济林木品种。塔拉的种植不仅有利于恢复植被、改善当地的生态环境；还可以改善当地经济结构、促进居民收入，同时补充国民经济所需的部分植物多糖。而加强对塔拉胶的开发和利用是推进塔拉种植的关键。

图 2-10　塔拉树及其种子

此外，塔拉胶多糖是一种水溶性膳食纤维，安全、无毒且可以被人们食用。报道显示塔拉胶多糖作为增稠剂、乳化剂和稳定剂添加到食品中，可以明显改善食品的质感。而且，近年来，随着人们保健意识的逐渐增强，对粗粮和膳食纤维的需求也与日俱增。适量添加塔拉胶多糖有助于调节人体对脂肪、糖等其他营养成分的吸收，调节餐后人体的血糖含量，对于糖尿病和肥胖症人群有很大益处。研究至今，关于塔拉胶的应用十分广泛。例如，作为乳化剂应用于化妆品、食品及药品等行业；作为增稠剂用于印染、纺织和造纸等行业。目前，主要是作为增稠剂应用在食品和饲料行业中。塔拉胶的具体成膜性能见本书第6章。

2.5.4　瓜尔豆胶

瓜尔豆胶是从豆科植物瓜尔豆(图 2-11)的胚乳中提取出的一种非离子型半乳甘露聚糖，瓜尔豆胶及其衍生物具有较好水溶性，且在低质量分数下呈现很高的黏度。这一特性使其在许多方面都有应用，如可以充当黏结剂、增稠剂及稳定剂等并广泛应用在各类食品(如冰淇淋、面条、饮料、乳制品及各类调味品等)的加工及制作中。1%瓜尔豆胶水溶液黏度为 4～5 Pa·s，为天然胶中黏度最高者。瓜尔豆胶水溶液为中性，黏度随 pH 的变化而变化，pH 为 6～8 时黏度最高，pH 为 10 以上则迅速降低，pH 为 3.5～6 内随 pH 升高而降低。瓜尔豆胶溶液呈非牛顿流体的假塑性流体特性，具有搅稀作用，同时瓜尔豆胶水溶液还具有良好的无机盐兼容性能，能与各种金属离子充分混合，是用来制备各类凝胶的理想材料。

图 2-11　瓜尔豆

图片来源：https://image.baidu.com/search/detail?ct=503316480&z=0&ipn=d&word=%E7%93%9C%E5%B0%94%E8%B1%86&step_word=&hs=0&pn=1&spn=0&di=12650&pi=0&rn=1&tn=baiduimagedetail&is=0%2C0&istype=0&ie=utf-8&oe=utf-8&in=&cl=2&lm=-1&st=undefined&cs=1019656525%2C4081038030&os=258754882%2C422595739&simid=4104154579%2C783559126&adpicid=0&lpn=0&ln=1535&fr=&fmq=1632664693970_R&fm=&ic=undefined&s=undefined&hd=undefined&latest=undefined&copyright=undefined&se=&sme=&tab=0&width=undefined&height=undefined&face=undefined&ist=&jit=&cg=&bdtype=0&oriquery=&objurl=https%3A%2F%2Fgimg2.baidu.com%2Fimage_search%2Fsrc%3Dhttp%3A%2F%2Fimg42.31food.com%2F2%2F2008%2F2007316133037662.jpg%26refer%3Dhttp%3A%2F%2Fimg42.31food.com%26app%3D2002%26size%3Df9999%2C10000%26q%3Da80%26n%3D0%26g%3D0n%26fmt%3Djpeg%3Fsec%3D1635256702%26t%3D42607a58e9f5325533d3ec2c391d7054&fromurl=ippr_z2C%24qAzdH3FAzdH3Fooo_z%26e3Bn8u551_z%26e3Bv54AzdH3Ffp9dnlAzdH3Fr6517vp_cl8lb_z%26e3Bip4s&gsm=2&rpstart=0&rpnum=0&islist=&querylist=&nojc=undefined

2.5.5　刺槐豆胶

刺槐豆胶(LBG)是从豆科多年生植物刺槐种子胚乳中提取出来的，是由一分子 D-半乳糖和四分子 D-甘露糖为构成单元的高分子多糖类聚合体，分子质量约 30 万 Da。由豆科植物角豆的种子胚乳部分，经焙炒后，用热水抽提除去不溶物后浓缩、干燥、粉碎而成，也可以用乙醇或异丙醇洗涤、净化。性状为白色至黄白色粉末、颗粒或扁平状片，无臭或带微臭。能分散于热或冷的水中形成溶胶。80℃时完全溶解，成黏稠液，可作为增黏剂、凝胶剂、胶黏剂等广泛应用于食品、石油、纺织、造纸等领域。精制级刺槐豆胶水溶液的透明度高，普通刺槐豆胶只有部分能溶解在冷水中，但经过特殊加热处理后能完全溶于冷水中。此外，研究表明刺槐豆胶本身并无凝胶特性，但与其他亲水胶体具有很好的凝胶协同效应。主要是与其他天然胶复配产生协同效应，根据不同配比，可大大增加其黏度、凝胶能力、弹性、脆性等[12]。

2.6 卡 拉 胶

2.6.1 卡拉胶的来源

卡拉胶(carrageenan)，又称为麒麟菜胶、石花菜胶、鹿角菜胶、角叉菜胶。卡拉胶是从麒麟菜、石花菜、鹿角菜等红藻类海草中提炼出来的亲水性胶体，是由半乳糖及脱水半乳糖所组成的多糖类硫酸酯的钙盐、钾盐、钠盐、铵盐。

2.6.2 卡拉胶的结构与性质

卡拉胶是以 1,3-β-D-吡喃半乳糖和 1,4-α-D-吡喃半乳糖作为基本骨架，由交替连接而成的线型多糖类硫酸酯盐和 3,6-脱水半乳糖直链聚合物组成的高分子聚合物。根据半酯式硫酸基团的位置不同(即组成和结构)，卡拉胶分为七种类型：κ-卡拉胶、ι-卡拉胶、λ-卡拉胶、θ-卡拉胶、υ-卡拉胶、ζ-卡拉胶、γ-卡拉胶，如表 2-2 所示。其中，以 κ 型最为常见，应用也最广泛。

表 2-2　多种类型的卡拉胶结构组成[13]

种类	1,3 连接的 β-D-半乳糖	1,4 连接的 β-D-半乳糖	类型
κ-卡拉胶	4-硫酸基-D-半乳糖	3,6-内醚-D-半乳糖	κ
		2-硫酸基-3,6-内醚-D-半乳糖	ι
		2,6-二硫酸基-D-半乳糖	υ
		6-硫酸基-D-半乳糖	λ
γ-卡拉胶	2-硫酸基-D-半乳糖	2-硫酸基-3,6-内醚-D-半乳糖	θ
		6-硫酸基-D-半乳糖	ζ
β-卡拉胶	D-半乳糖	6-硫酸基-D-半乳糖	γ

2.7 其他植物多糖胶

几乎所有食品胶溶于水可形成黏稠溶液，具有增稠作用。不同的食品胶因为自身组成、排列顺序、空间结构不同而有不同的流变性，增稠作用的强弱也不同；同一种食品胶的黏度随着浓度的增加而增大，即增稠作用是随浓度的增加而增强。其他在可食膜中应用较多的多糖胶简单介绍如下。

2.7.1　沙蒿胶

沙蒿(*Artemisia desertorum* Spreng.)是我国西北沙漠地区生长的菊科蒿属多年生双子叶植物(图 2-12)，具有生长快、耐旱、防风蚀及喜沙埋等特点，因此，常被用作干旱及沙漠地区的防风固沙植物。沙蒿的枝叶通常作为饲料，其果实可食用及药用。

(a)　　　　　　　　　　　　　(b)

图 2-12　沙蒿植株(a)及沙蒿胶(b)[14]

沙蒿胶(*Artemisia sphaerocephala* Krasch. gum)是从沙蒿种子提取的一种还原性多糖。据报道，沙蒿胶主要由葡萄糖、半乳糖、甘露糖、阿拉伯糖、木糖等组成，是一种具有交联结构的多糖类物质，不溶于水，但可均匀分散于水，吸水数十倍后溶胀成蛋清样胶体沙蒿胶的黏度是明胶的 1800 倍，可吸收自身 60 倍质量的水分。由于沙蒿胶具有黏度高、保水性强、分散性好、成膜性能优良及黏着力强等优点，常作为稳定剂、增稠剂、成膜剂等应用于食品、化工及医药领域。

2.7.2　阿拉伯胶

阿拉伯胶也称为阿拉伯树胶，来源于豆科金合欢树属的树干渗出物，因此也称金合欢胶。阿拉伯胶主要成分为高分子多糖类及其钙盐、镁盐和钾盐。其分子中多糖主要为 D-半乳糖、L-阿拉伯糖、D-葡萄糖醛酸和 L-鼠李糖，另外还含有少量的蛋白质，蛋白质和鼠李糖的存在使阿拉伯胶具有良好的乳化效果，能增强乳液的稳定性。阿拉伯胶具有良好的水溶性且黏度较低，即使所制备的乳液中阿拉伯胶含量较高时，乳液的黏度依然不影响正常的均质和雾化等操作。良好的成膜性和增塑性使阿拉伯胶在食品包装膜中应用广泛。

2.8 多糖的基本成膜性能

可食膜的机械性能随着成膜原料变化，以及成膜材料之间的相互作用的变化而改变。一般而言，由于多糖富含羟基结构，其溶液的成膜性能优异，具有良好的机械强度、较低的断裂伸长率；但是对水的抵抗能力和对水蒸气的渗透性仍需改进。小分子增塑剂的加入可以增加可食多糖膜的断裂伸长率；并且通过物理或者化学的方法改变成膜原料之间的相互作用，也可以改善可食膜的机械性能。例如，将蛋白质和多糖进行交联，增加两种成分之间的相互作用力，可以改善膜的机械性能，以及三维网状结构的变化，从而改善膜的机械性能。其他改性方式包括多层膜的设计、纳米粒子的使用、多糖的化学修饰等，该部分会在后续内容做详细的数据讨论。

参 考 文 献

[1] Di Filippo M F, Dolci L S, Liccardo L, et al. Cellulose derivatives-snail slime films: New disposable eco-friendly materials for food packaging. Food Hydrocolloids, 2021, 111: 106247.

[2] Adrados A, De Marco I, Caballero B M, et al. Pyrolysis of plastic packaging waste: A comparison of plastic residuals from material recovery facilities with simulated plastic waste. Waste Management, 2012, 32(5): 826-832.

[3] 李晓敏, 蓝海, 陈珍珍. 纳米晶体纤维素在冰淇淋中的应用. 食品工业科技, 2014, 35(4): 294-295, 299.

[4] 索一婷, 曲琪环, 于娟娟. 壳聚糖的提取来源及方法研究. 吉林农业, 2011(4): 343-344.

[5] 徐君义. 21 世纪是甲壳素世纪吗?. 中国科技信息, 1998(12): 3-5.

[6] Pavinatto A, De Almeida Mattos A V, Malpass A C G, et al. Coating with chitosan-based edible films for mechanical/biological protection of strawberries. International Journal of Biological Macromolecules, 2020, 151: 1004-1011.

[7] 余平, 石彦忠. 淀粉与淀粉制品工艺学. 北京: 中国轻工业出版社, 2011.

[8] 刘娅, 赵国华, 陈宗道. 改性淀粉在降解塑料中的应用. 包装与食品机械, 2003(2): 20-22, 29.

[9] Lithner D, Larsson Å, Dave G. Environmental and health hazard ranking and assessment of plastic polymers based on chemical composition. Science of the Total Environment, 2011, 409(18): 3309-3324.

[10] Petkowicz C L O, Reicher F, Mazeau K. Conformational analysis of galactomannans: From oligomeric segments to polymeric chains. Carbohydrate Polymers, 1998, 37(1): 25-39.

[11] Prado B M, Kim S, Özen B F, et al. Differentiation of carbohydrate gums and mixtures using Fourier transform infrared spectroscopy and chemometrics. Journal of Agricultural and Food Chemistry, 2005, 53(8): 2823-2829.

[12] 郭肖. 刺槐豆胶及其复配胶流变学性质的研究. 兰州: 西北师范大学, 2013.

[13] 徐东彦. 环糊精对卡拉胶/魔芋胶复配凝胶凝胶特性的影响及应用. 济南: 齐鲁工业大学, 2019.

[14] 梁铁强. 具有可视智能性的沙蒿胶基膜材料的制备与性能研究. 哈尔滨: 东北林业大学, 2019.

3 蛋 白 质

3.1 蛋白质的结构与分类

3.1.1 蛋白质的定义与元素组成

3.1.1.1 蛋白质的定义

蛋白质(别称"朊")是一种由氨基酸组成的多肽链经过复杂的盘曲折叠形成的具有一定空间结构的物质。在生物化学中，蛋白质又被定义为在生物体中广泛存在的由核酸编码的 α-氨基酸之间通过 α-氨基和 α-羧基形成的肽键连接而成的肽链，经翻译后加工而成的具有特定空间结构和活性的一类生物大分子[1]。蛋白质是构成一切细胞和组织结构不可或缺的重要成分，是人类生命活动中极为重要的物质基础。在人体中，蛋白质约占人体全部质量的18%，其含量仅次于水分。

3.1.1.2 蛋白质的元素组成

蛋白质分子主要由 C、H、O 和 N 四种元素组成，部分蛋白质分子中含有 S、P 和 I 元素，少数蛋白质分子中还含有 Fe、Mn、Cu、Zn、Mo 和 Co 等金属元素。其中，N 元素的含量约为 16% 且相对稳定，即 1 g N 对应 6.25 g 蛋白质。因此，可根据如下公式间接换算出样品中蛋白质的含量：

$$每克样品中蛋白质的含量(g) = 每克样品中N的质量(g) \times 6.25$$

3.1.2 蛋白质的结构

蛋白质是以氨基酸为基本组成单位构成的一种生物大分子。氨基酸的基本结构如图 3-1 所示。通常蛋白质中氨基酸的序列和不同序列形成的立体结构使蛋白质的结构展现出多样性，使得蛋白质的结构分为一级、二级、三级和四级。

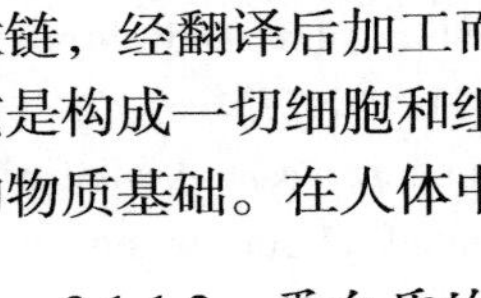

图 3-1 氨基酸结构通式

一般来说，自然界中存在的氨基酸种类高达 300 多种，但能构成蛋白质的氨基酸仅有 20 种，这 20 种氨基酸可根据侧链 R 的结构或极性的不同进行分类。氨基酸的分类和名称如表 3-1 和表 3-2 所示[2]。

表 3-1　氨基酸的分类[2]

分类方式	类别	氨基酸名称
按侧链 R 的结构	脂肪族氨基酸	甘氨酸、丙氨酸、缬氨酸、亮氨酸、异亮氨酸、甲硫氨酸、半胱氨酸、苏氨酸、谷氨酸、谷氨酰胺、天冬酰胺、天冬氨酸、赖氨酸、精氨酸
	芳香族氨基酸	丝氨酸、苯丙氨酸、酪氨酸
	杂环族氨基酸	组氨酸、色氨酸、脯氨酸
按侧链 R 的极性	非极性氨基酸	甘氨酸、丙氨酸、缬氨酸、亮氨酸、异亮氨酸、苯丙氨酸、脯氨酸
	极性中性氨基酸	半胱氨酸、丝氨酸、苏氨酸、色氨酸、酪氨酸、蛋氨酸、谷氨酰胺、天冬酰胺
	酸性氨基酸	天冬氨酸、谷氨酸
	碱性氨基酸	赖氨酸、精氨酸、组氨酸

表 3-2　20 种氨基酸及其结构式[3]

氨基酸分类	中文名称	英文名称	结构式	等电点
非极性氨基酸	甘氨酸	glycine	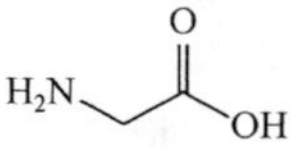	5.97
	丙氨酸	alanine	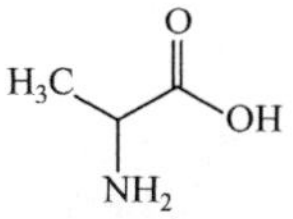	6.00
	缬氨酸	valine	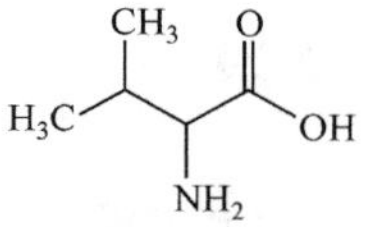	5.96
	亮氨酸	leucine	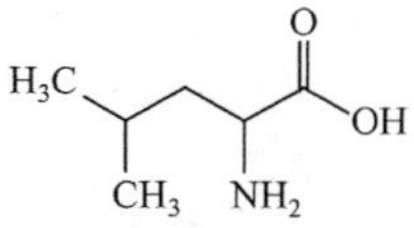	5.98
	异亮氨酸	isoleucine	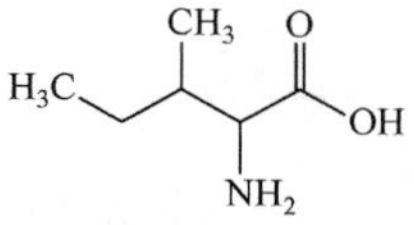	6.02
	苯丙氨酸	phenylalanine	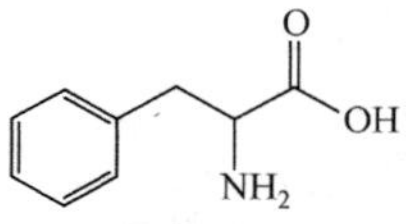	5.48
	脯氨酸	proline	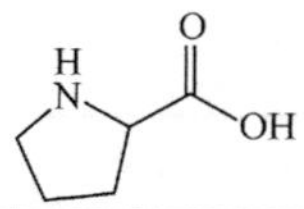	6.30

氨基酸分类	中文名称	英文名称	结构式	等电点
	色氨酸	tryptophan		5.89
	丝氨酸	serine		5.68
	酪氨酸	tyrosine		5.66
	半胱氨酸	cysteine		5.05
极性中性氨基酸	蛋氨酸	methionine		5.74
	天冬酰胺	asparagine		5.41
	谷氨酰胺	glutamine		5.65
	苏氨酸	threonine		6.16
酸性氨基酸	天冬氨酸	aspartic acid		2.77
	谷氨酸	glutamate		3.22

续表

氨基酸分类	中文名称	英文名称	结构式	等电点
	赖氨酸	lysine		9.74
碱性氨基酸	精氨酸	arginine		10.76
	组氨酸	histidine		7.59

3.1.2.1 蛋白质的一级结构

蛋白质的一级结构(图 3-2)就是蛋白质多肽链中氨基酸的排列顺序，也是蛋白质最基本的结构。它是由基因上遗传密码的排列顺序所决定的。各种氨基酸按遗传密码的顺序，通过肽键连接起来，成为多肽链，故肽键是蛋白质结构中的主键[4]。肽键的结构如图 3-3 所示。蛋白质的一级结构决定了蛋白质的二级、三级等高级结构，也决定每一种蛋白质的生物学活性的结构特点。

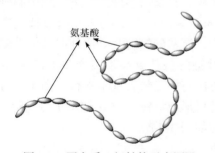

图 3-2　蛋白质一级结构示意图[4]

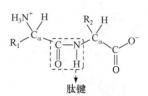

图 3-3　肽键的化学结构[4,5]

3.1.2.2 蛋白质的二级结构

蛋白质分子的多肽链并非呈线形伸展，而是经过折叠和盘曲构成特有的比较稳定的空间结构。不同的蛋白质之所以各有其特殊的生物学活性，在于其肽链的氨基酸序列。由于组成蛋白质的 20 种氨基酸各具特殊的侧链，侧链基团的理化性质和空间排布各不相同，当它们按照不同的序列关系组合时，就可形成多种多样的空间结构和不同生物学活性的蛋白质分子[3,5]。此外，蛋白质的生物学活性和理化性质主要决定于空间结构的完整性，仅仅测定蛋白质分子的氨基酸组成和它们的排列顺序并不能完全了解蛋白质分子的生物学活性和理化性质。例如，球状蛋白质(白蛋白、球蛋白和血红蛋白等)溶于水，但是纤维状蛋白质(胶原蛋白、肌凝蛋白和纤维蛋白等)不溶于水。此种性质不能仅用蛋白质的一级结构的氨基酸排列顺序来解释。因此，需要研究蛋白质的二级等高级空间来评估其各项性能。

蛋白质的二级结构是指肽链中的主链借助氢键，有规则的盘曲、折叠成沿一维方向具有周期性结构的构象，其中，刚性的肽键平面(图 3-4)是二级结构的基础[5]。二级结构主要有 α-螺旋、β-折叠和 β-转角三种结构构象。

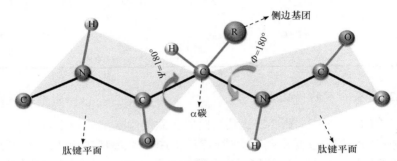

图 3-4　　肽键平面结构示意图[5]

1) α-螺旋

α-螺旋是蛋白质二级结构的主要形式之一。它是指多肽链主链围绕中心轴以螺距为 0.54 nm、右手螺旋的方式呈有规律的螺旋式上升。其中，氨基酸侧链 R 基团伸向螺旋外侧，每个肽链的肽键的羧基氧和第四个 N—H 形成氢键，氢键的方向与螺旋长轴基本平行。由于肽链中的全部肽键都可形成氢键，故 α-螺旋十分稳定。α-螺旋结构示意如图 3-5 所示。

2) β-折叠

β-折叠是蛋白质二级结构的形式之一，由伸展的多肽链组成。如图 3-6 所示，肽键平面折叠成锯齿状，相邻肽链主链中的 N—H 和 C=O 之间形成有规则的氢键。在 β-折叠结构中，所有的肽键均参与链与链之间氢键的形成，并且氢键与β-折叠的长轴基本呈垂直关系。此外，这些肽链既可以是平行排列(由 N 到 C)，也可以是反平行排列(由 C 到 N)。

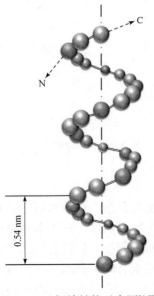

图 3-5　　α-螺旋结构示意图[4,5]

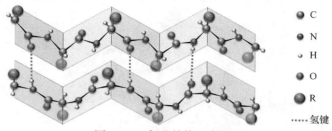

图 3-6　β-折叠结构示意图[5]

3) β-转角

β-转角也称 β-弯曲、β-回折、紧密转角和发夹结构。这种结构是伸展的肽链形成 180°的 U 型回折，是一种简单的非重复性结构，它通常出现在球状蛋白表面，含有极性和带电荷的氨基酸残基。

β-转角结构是连接蛋白质分子中的 α-螺旋和 β-折叠，使肽链走向改变的一种非重复多肽区，一般含有 2～16 个氨基酸残基；其中，含有 5 个氨基酸残基以上的转角又称为"环"。常见的转角中含有 4 个氨基酸残基，在 β-转角中第一个残基的 C=O 与第四个残基的 N—H 氢键键合形成一个紧密的环，使 β-转角成为比较稳定的结构，并且基本分布在蛋白质分子的表面。这是因为蛋白质分子的表面所需改变多肽链方向的阻力比较小。

β-转角的特定构象在一定程度上取决于相应的氨基酸种类，通常都含有甘氨酸和脯氨酸。甘氨酸由于缺少侧链，在 β-转角中能很好地调整其他残基的空间阻碍；而脯氨酸具有环状结构和固定的角，在一定程度上能够迫使 β-转角形成。此外，β-转角结构通常分为转角Ⅰ和转角Ⅱ两种类型(图 3-7)，转角Ⅰ的特点是第 1个氨基酸残基羰基 O 与第 4 个残基的酰胺 H 之间形成氢键；转角Ⅱ的特点是第 3个残基往往是甘氨酸。但这两种转角类型中的第 2 个残基大多数为脯氨酸。

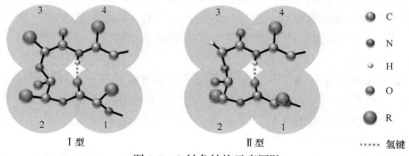

Ⅰ型　　　　　Ⅱ型

图 3-7　β-转角结构示意图[3]

4) 不规则卷曲

不规则卷曲是指没有确定规律性的部分肽链构象，是肽链中肽键平面不规则排列的一种松散的无规卷曲结构。其结构示意如图 3-8 所示。

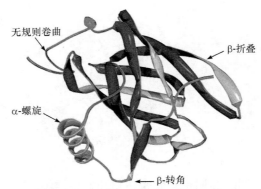

图 3-8　不规则卷曲结构示意图[3]

3.1.2.3　蛋白质的超二级结构

蛋白质的超二级结构是指在多肽链内顺序上相互邻近的二级结构常常在空间折叠中靠近，彼此相互作用，形成规则的二级结构聚集体。目前发现的超二级结构有四种基本形式：α-螺旋组合、β-折叠组合、α-螺旋/β-折叠组合和希腊图案花样，其中以 α-螺旋/β-折叠组合最为常见[5]。它们可直接作为三级结构的"建筑块"或结构域的组成单位，是蛋白质构象中二级结构与三级结构之间的一个层次，故称为超二级结构。

1) α-螺旋组合

该结构又称为 α-环-α 结构，是含有两个 α-螺旋，并以一个环区域相连接的具有特殊功能的超二级结构。在已知的蛋白质结构中观察到两种这样的结构：一种是 DNA 结合结构；另一种是钙结合结构，又称 EF 手，每种都有自己的几何形状和所需的氨基酸残基序列。其中，EF 手出现在肌肉的蛋白小清蛋白(parvalbumin)、肌钙蛋白(troponin)及钙调蛋白(calmodulin)等结构中，它们通过结合钙来调节细胞功能的变化。EF 手提供了一个维持钙配基的支架，用于结合和释放钙，这是人类在蛋白质结构中首先认识的功能结构之一。

2) β-折叠组合

该结构又称为 β-环-β 结构，是两条反平行的 β 链通过一个环相连接构成的超二级结构，在蛋白质结构中经常出现。β-转角结构中相邻近的两条 β 链易形成这种结构。两条 β 链之间的环的长度不等，一般为 2～5 个残基。

3) α-螺旋/β-折叠组合

如果两条相邻平行 β 链的残基顺序是连续的，其连接部分必须处于 β-转角结构的两端。多肽链必须依靠环区域转两次才能够使这两条链平行，依次为 β 链 → 环 1 → α-螺旋 → 环 2 → β 链，这样的结构称为 β-α-β 结构。此结构在具有平行β-转角结构的每一种蛋白质结构中均存在。

此外，与 β 链的羧基端和 α-螺旋的氨基端相连的环 1 常含有功能性结合部位或活性部位，而另一个与 β 链的氨基端和 α-螺旋的羧基端相连的环 2 则未发现与活性部位有关。这种 β-α-β 结构可认为是一个松散的螺旋圈，在已知的蛋白质结构中，基本上每一个 β-α-β 结构都是右手 α-螺旋，因此被称作"右手"结构。

4) 希腊图案结构

四个邻近的反平行 β 链通常被排列为类似于古希腊装饰图案，因此被称作希腊图案结构。该结构常见于蛋白质结构中，但与特殊功能无直接关联。

3.1.2.4　蛋白质的三级结构

蛋白质的三级结构是指整条肽链中全部氨基酸残基的相对空间位置，即整条肽链的三维空间结构。三级结构的一个重要特点是在一级结构上离得远的氨基酸残基在三级结构中可以靠得很近，它们的侧链可以发生相互作用。二级结构是靠骨架中的酰胺和羰基之间形成的氢键维持稳定的，三级结构主要是靠氨基酸残基侧链之间的疏水作用(主要作用)、离子键、二硫键、氢键等维持稳定的。此外，二硫键在稳定三级结构中也起到重要作用。在一个蛋白质的三级结构中，二级结构区之间是通过一些片段连接的[3]。以肌红蛋白为例，其三级结构示意如图 3-9 所示。

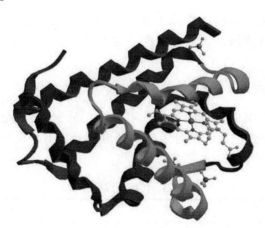

图 3-9　肌红蛋白的三级结构示意图[3]

3.1.2.5　蛋白质的四级结构

在人体内有许多蛋白质含有 2 条或 2 条以上多肽链才能全面地执行相应的功能。每一条多肽链都有其完整的三级结构，称为亚基。亚基与亚基之间呈特定的三维空间分布并以非共价键相连接，这种蛋白质分子中各亚基的空间排布及亚基接触部位的布局和相互作用称为蛋白质的四级结构。各亚基之间的结合力主要是疏水键，氢键和离子键也参与维持四级结构。以血红蛋白为例，其四级结构示意如图 3-10 所示。一些蛋白质(胰岛素等)虽然由 2 条以上肽链构成，但肽链之间却是通过共价键连接，该类结构不能算作四级结构[3]。

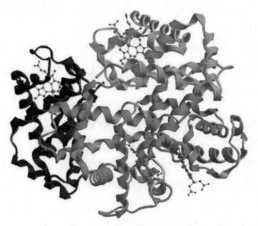

图 3-10　血红蛋白的四级结构示意图[3]

3.1.3　蛋白质的分类

为方便研究者对蛋白质作深入研究，科学家们先后建立了一些蛋白质的分类方法，具体分为按组成成分分类、按分子形状分类、按结构分类和按功能分类。

3.1.3.1　按组成成分分类

按蛋白质化学组成成分的不同，可将蛋白质分为简单蛋白质和结合蛋白质两大类。而简单蛋白质和结合蛋白质又可各分为七小类，具体分类如表 3-3 所示。

表 3-3　按组成成分分类

大分类	类别	特点	举例
简单蛋白质	清蛋白类	易溶于水、稀盐、稀酸和稀碱溶液中，在饱和度超过 50%的硫酸铵溶液中会析出	血清蛋白、乳清蛋白、卵清蛋白等
	球蛋白类	不溶于水，易溶于稀盐、稀酸和稀碱溶液中，在饱和度超过 50%的硫酸铵溶液中会析出	肌球蛋白、血球蛋白、大豆球蛋白等
	组蛋白类	溶于水和稀酸，不溶于稀氨水	小牛胸腺组蛋白等
	精蛋白类	溶于水和稀酸，不溶于稀氨水	鱼精蛋白等

续表

大分类	类别	特点	举例
简单蛋白质	谷蛋白类	不溶于水和稀盐，溶于稀酸和稀碱	米谷蛋白、麦谷蛋白等
	醇溶蛋白类	不溶于水和无水乙醇，可溶于70%~80%的乙醇水溶液	玉米醇溶蛋白、小麦醇溶蛋白等
	硬蛋白类	不溶于水、稀酸和稀碱	角蛋白、胶原蛋白、丝心蛋白等
结合蛋白质	糖蛋白类	与糖共价结合	激素糖蛋白、血型糖蛋白等
	脂蛋白类	与脂类以次级键结合	β-脂蛋白等
	磷蛋白类	与磷酸共价结合	酪蛋白等
	核蛋白类	与核酸结合	DNA 核蛋白、核糖体等
	血红素蛋白类	与血红素结合	血红蛋白、肌红蛋白等
	金属蛋白类	与金属离子直接结合	铁蛋白等
	黄素蛋白类	与黄素核苷酸结合	黄素氧还蛋白等

3.1.3.2 按分子形状分类

根据蛋白质分子的形状不同，依据长短轴之比的结果，可将蛋白质分为球状蛋白质和纤维状蛋白质两大类。球状蛋白质的长短轴之比小于 5，而纤维状蛋白质的长短轴之比大于 5。常见的球状蛋白质有酶、转运蛋白、蛋白类激素与免疫球蛋白等。常见的纤维状蛋白质有角蛋白、胶原蛋白、弹性蛋白、肌球蛋白和血纤维蛋白等。

3.1.3.3 按结构分类

按结构可将蛋白质分为单体蛋白、寡聚蛋白和多聚蛋白三大类。其中，单体蛋白是由一条肽链构成的、最高为三级结构的蛋白质，如各类水解酶；寡聚蛋白是由两个或两个以上亚基组成的蛋白质的统称，如血红蛋白；多聚蛋白是由十个以上亚基组成的蛋白质的统称，如病毒外壳蛋白。

3.1.3.4 按功能分类

按照蛋白质的功能可将其分为活性蛋白质和非活性蛋白质两大类。例如，酶、蛋白质激素和受体蛋白质等归属于活性蛋白质；角蛋白、胶原蛋白等归属于非活性蛋白质。

3.1.4 蛋白质的功能

蛋白质是组成人体一切细胞和组织的重要组分，是生命的物质基础，是构成细胞的基本有机物，也是生命活动的主要承担者。蛋白质的具体功能分为结构、催化、免疫、运输和识别五大类。

3.1.4.1　结构功能

人体的神经、肌肉、内脏、血液、骨骼甚至毛发等各个器官和组织中均含有蛋白质。人体的生长发育、衰老组织的更新以及损伤后组织的修复都离不开蛋白质。人类每天必须摄取一定量的蛋白质作为构成和修复组织的材料，以此来维持蛋白质合成与分解的动态平衡过程。

3.1.4.2　催化功能

机体新陈代谢过程中的一系列化学反应均通过各种酶来催化，而酶均为蛋白质。酶参与了机体内环境的各项生命活动，如肌肉收缩、血液循环、呼吸、消化、神经传导、信息加工和生长发育等一系列活动。如果没有酶，生命将无法存在。调节生理机能的一些激素也由蛋白质和多肽构成。

3.1.4.3　免疫功能

当机体受到外界某些有害因素侵袭时，机体能产生一种相应的抗体并与其进行特异性反应，以消除它对正常机体的影响，即免疫反应。免疫和防御功能是为了维持生命体生存的重要防御手段，并且多数免疫和防御功能是靠蛋白质来执行的。其中，抗体就是一类高度专一的免疫球蛋白，它能识别和结合侵入生物体的外来物质(异体蛋白质、病毒和细菌等)，消除其有害作用。

3.1.4.4　运输功能

运输功能的蛋白质一般分为两类：一类是红细胞内的血红蛋白，另一类是生物膜上的载体蛋白。机体新陈代谢过程中所需的氧和产生的二氧化碳，是由血液中的血红蛋白运输完成的，而血红蛋白是球蛋白与血红素的复合物。细胞代谢过程中的某些物质，也往往和蛋白质形成复合物，例如，血液中的脂肪酸、胆固醇、磷脂等与蛋白质结合成脂蛋白。

3.1.4.5　识别功能

机体内各种信息的传递均需要特定的信使与特定的受体相互识别才能进行，并且大部分受体是由蛋白质担任。机体合成的抗体蛋白在外源性蛋白质的识别、结合，以及免疫防御过程中均起着重要作用。例如，神经细胞对特异性刺激的反应，需要蛋白质的参与才能完成；视网膜细胞中的受体蛋白，在感光与视觉传导之间充当媒介作用。

3.2 植 物 蛋 白

全世界80%的蛋白质来自植物蛋白，植物蛋白来源于植物，如谷类、豆类、坚果类等，主要分为谷物蛋白质和油料蛋白质两大类。其中，米、谷等谷物蛋白质约占56%；大豆、花生和菜籽等油料蛋白约占16%；薯类、蔬菜和水果中的蛋白质仅占7%～8%。

谷物蛋白质是目前最丰富最廉价的蛋白质资源，不仅以其天然形式用于面包、糕点、米饭、快餐食品及动物饲料等广谱产品，还以功能性食品形式应用于生物活性肽、抗性蛋白和营养补充剂等一系列高端保健品。在禾谷类粮食中质优量多的是燕麦蛋白，量多质差的是小麦蛋白和玉米蛋白，而量少质优的是大米蛋白。

油料蛋白质主要从大豆、花生、菜籽、芝麻等油料种子中提取出来，各类油料种子中的蛋白质含量相差较大。其中，蛋白质含量较高且常见的油料种子主要为大豆、花生和菜籽等。

3.2.1 大豆蛋白

大豆是豆类中营养价值最高的品种，含有大量的不饱和脂肪酸，多种微量元素、维生素及优质蛋白质。大豆中的蛋白质含量为 35%～40%，且主要为球蛋白，除蛋氨酸外，其余必需氨基酸的组成和比例与动物蛋白相似，而且富含谷物蛋白质缺乏的赖氨酸，是与谷物蛋白质互补的天然理想食品。在营养价值上，大豆蛋白与动物蛋白等同。在基因结构上，大豆蛋白也最接近人体中的氨基酸，是最具营养的植物蛋白。此外，大豆蛋白还具有降低胆固醇、预防癌症、降低血压、减肥和抗衰老等生理活性[6]。

大豆蛋白广泛应用于食品领域的各种体系。在肉制品领域，大豆蛋白可被用于提高肉类食品的持水性、改善肉制品的质构和提高蛋白质含量。在乳制品领域，由于大豆蛋白的氨基酸含量较高，使其可用于替代奶粉；同时，大豆蛋白也可替代脱脂奶粉用于制备冰激凌，改善冰激凌的乳化性质，阻碍乳糖结晶和防止"起砂"。在面制品领域，大豆蛋白中的脂肪氧化酶也可用于面粉的漂白；大豆蛋白中的还原糖也可以用于改善焙烤制品的色泽和增加焙烤制品的风味。

3.2.2 花生蛋白

花生富含油脂和蛋白质，从花生中不仅可以提取出优质食用油，它也是一种亟待开发的蛋白质资源。花生中的蛋白质含量为 24%～36%，仅次于大豆。花生蛋白中的氨基酸成分较全，但蛋氨酸和色氨酸的含量相对较少。花生蛋白的营养价值与动物蛋白相近，其蛋白质含量均比牛奶、鸡蛋和猪肉高且不含胆固醇。花生蛋白的消化系数高达 90%，极易被人体消化吸收[7]。花生蛋白在促进脑细胞发育、提高记忆力、抗氧化和降低血压等方面均有良好效果。

在面制品领域，花生蛋白可用于提高面制品的膨松性和柔软性，延长老化期；在畜禽肉制品领域，花生蛋白可被用作吸油保水剂，保持肉制品肉汁，促进脂肪吸收，防止乳化状态被破坏；在乳制品领域，花生蛋白可被用作发泡稳定剂。此外，花生蛋白也可做成花生蛋白肉，替代部分畜肉制作午餐肉、香肠和火腿等。

3.2.3　其他蛋白

除上述两种常见的植物蛋白外，还包含燕麦蛋白、玉米蛋白、大米蛋白、芝麻蛋白、菜籽蛋白、葵花籽蛋白、棉籽蛋白等。上述植物蛋白中，燕麦蛋白和菜籽蛋白是除大豆蛋白和花生蛋白外，在食品及化妆品领域中常用的两种植物蛋白。

3.2.3.1　燕麦蛋白

燕麦在所有谷物中的蛋白质含量最高。燕麦蛋白中除了含有醇溶谷蛋白外，还含有一种称为燕麦朊的特殊类型醇溶谷蛋白及其他谷物中没有的球蛋白，使其与大豆蛋白相似，具有较高的营养价值。

燕麦蛋白中燕麦清蛋白的含量最高，占蛋白质总量的 63.40%；燕麦球蛋白和谷蛋白的含量次之，分别占蛋白质总量的 15.18% 和 13.24%；燕麦醇溶蛋白含量相对最低，占蛋白质总量的 8.18%。燕麦蛋白的亚基分子量分布广泛，低分子量的燕麦蛋白易于渗透，有利于皮肤吸收利用，促进皮肤新陈代谢；而高分子量的蛋白质成膜性好，可改善皮肤滑感。因此，燕麦蛋白除了在食品领域用作面包、饮料和保健营养品等食品的添加剂外，在化妆品领域也具有很高的商业价值。

3.2.3.2　菜籽蛋白

油菜籽是我国制浸油脂原料的主要品种之一。其蛋白质含量约为25%，去油后的菜籽饼粕中的蛋白质含量为 35%~45%，略低于大豆粕中蛋白质的含量。菜籽蛋白为完全蛋白质。与其他植物蛋白相比，菜籽蛋白的蛋氨酸和胱氨酸含量相比较高，但赖氨酸含量略低于大豆蛋白[8,9]。

在食品保鲜领域，菜籽蛋白可用作成膜剂，制成具有良好阻氧能力和抵抗水分迁移能力的天然食用保鲜膜材料，用于果蔬、肉制品等食品的保鲜。在肉制品加工领域，菜籽蛋白可用作脂肪替代物，用于午餐肉、火腿和香肠的生产；在乳制品领域，菜籽蛋白常被用作乳化剂，用于提高牛乳、冰激凌等产品的稳定性；

在面制品领域，菜籽蛋白可用于提高蛋糕、面包等产品的蓬松度，增加其含水量，延缓老化。

3.3 动 物 蛋 白

动物蛋白主要来源于禽、畜及鱼类等肉、蛋和奶中，其蛋白质构成主要以酪蛋白为主(78%～85%)。此外，动物蛋白与人类的营养结构比较吻合，其蛋白质的结构和种类更加接近人体的蛋白结构和数量，而且一般都含有人体必需的 8 种氨基酸，所以动物蛋白比植物蛋白营养价值高。

猪肉、牛肉、羊肉及家禽、鱼类等中的蛋白质具有接近人体所需要的各种氨基酸。贝类蛋白质也可与肉、禽和鱼类的蛋白质相媲美，蛋白质含量一般为 10%～20%。蛋类和乳类的蛋白质含量相对较低，前者为 11%～14%，后者为 1.5%～3.8%，但两者的营养价值很高，其必需氨基酸的含量接近于人体必需氨基酸需要量模式。常见的动物蛋白有明胶、乳清蛋白、蛋清蛋白、酪蛋白和蚕丝蛋白等。

3.3.1 明胶

明胶是由动物皮肤、骨、肌膜和肌腱等结缔组织中的胶原部分降解而成为白色或淡黄色、半透明、微带光泽的薄片或粉粒状的一种无色无味且透明坚硬的非晶体物质，可溶于热水，不溶于冷水，但可以缓慢吸水膨胀软化，明胶可吸收自身质量 5～10 倍的水。

明胶是肽分子聚合物质，是胶原蛋白多级水解生成的一种无脂肪且不含胆固醇的高蛋白，也是一种天然营养型的食品增稠剂[10]。食用后既不会使人发胖，也不会导致体力下降。明胶还是一种强有力的保护胶体，乳化力强，进入胃后能抑制牛奶、豆浆等蛋白质因胃酸作用而引起的凝聚作用，从而有利于食物消化。

明胶在食品、医药和化工等工业领域均有着广泛应用。根据明胶的用途可将其分为食用明胶、药用明胶、工业明胶和照相明胶。食用明胶是一种食品添加剂，有较高的营养价值，它可以直接制成浓汤、肉皮冻子、肉食罐头，水晶冻、糖霜、奶油糖、香味酱、巧克力、饮料、啤酒等食品；此外，明胶在很多乳制品中还起到稳定剂、优化产品外观和口感、提高组织状态等重要作用。药用明胶可生产药用空心胶囊和明胶海绵等产品。工业明胶可生产砂轮、砂布、火柴、印刷胶辊等产品。照相明胶用于制造胶卷和胶片等感光材料。

3.3.2 乳清蛋白

乳清蛋白是采用先进工艺从牛奶中分离提取出来的极为珍贵的蛋白质。乳清蛋白主要由 α-乳白蛋白、β-乳球蛋白、乳铁蛋白和免疫球蛋白组成，具有营养价值高、易消化吸收、含有多种活性成分等特点。此外,乳清蛋白以其纯度高、吸收率高、氨基酸组成最合理等优势被赞为"蛋白之王"。

乳清蛋白具有溶解性、持水性、吸水性、成胶性、黏合性、弹性、起泡性和乳化性等功能特性,而合理利用这些功能特性能够使食品的品质大大改善。因此,乳清蛋白在食品工业中也得到了广泛的应用。在乳制品领域,乳清蛋白可用于替代脱脂乳粉降低冰激凌的生产成本、改良其口感和质地并赋予冰激凌清新的乳香味。在面制品领域,可利用乳清蛋白增大面包和蛋糕等食品的体积、提高蛋白糊的硬度和黏度、提高产品水分含量等。在肉制品中,添加乳清蛋白能促进肉中蛋白质与水的结合,还能帮助肉类制品形成胶态和再成型。

3.3.3　蛋清蛋白

蛋清蛋白是禽蛋(鸡蛋、鸭蛋、鹌鹑蛋等)蛋清中的主要成分。以鸡蛋为例,蛋清是蛋壳下皮内半流动的胶体物质,呈微黄色,其占整个鸡蛋质量的 60%~63%,主要成分是蛋白质,还有少量生物素、核黄素等。蛋清中的蛋白质含量占9%~11%,含有人体所需要的多种氨基酸,是一种理想且优质的蛋白质资源。

目前来看,除作为食物直接食用外,蛋清蛋白直接加工成的产品主要是蛋清粉、蛋白片等初级加工产品,或直接作为食品添加剂。近年来,一些科学家采用蛋清酶将蛋清蛋白水解,水解后得到的蛋清活性肽具有降血压、抗氧化、抗凝血、抗疲劳、免疫调节、抗菌等生理活性;此外,蛋清活性肽的一些功能特性,如溶解性、凝胶性、乳化性、起泡性、稳定性等,也扩大了其在食品领域的应用范围。

3.3.4　酪蛋白

酪蛋白(又称乳酪素)是哺乳动物(牛、羊和人)奶中的主要蛋白质。其中,牛奶的蛋白质主要以酪蛋白为主,人奶以白蛋白为主。酪蛋白是一种大型、坚硬、致密、极难消化分解的凝乳。酪蛋白为非结晶、非吸潮性物质,常温下在水中可溶解 0.8%~1.2%,微溶于 25℃的水和有机溶剂。酪蛋白对酸敏感,酸性强时会产生沉淀。

酪蛋白是乳中含量最高的蛋白质,目前主要作为食品原料或微生物培养基使用,利用蛋白质酶促水解技术制得的酪蛋白磷酸肽具有防止矿物质流失、预防龋齿,防治骨质疏松与佝偻病,促进动物体外受精,调节血压,治疗缺铁性贫血、缺镁性神经炎等多种生理功效,尤其是促进常量元素(Ca 和 Mg)与微量元素(Fe、Zn、Cu、Cr、Ni、Co、Mn 和 Se)的高效吸收。因此,市场中也有很多酪蛋白产品,如酪蛋白磷酸钛、酪蛋白钙都是以酪蛋白为主要成分的营养保健品,对人体具有优良的保健效果。

3.3.5　蚕丝蛋白

蚕丝蛋白(又称丝素蛋白)是从蚕丝中提取的天然高分子纤维蛋白，含量占蚕丝的 70%～80%，含有 18 种氨基酸，其中甘氨酸、丙氨酸和丝氨酸约占总组成的80%以上。蚕丝本身具有良好的机械性能和理化性质，如良好的柔韧性、力学强度、透气透湿性和缓释性等，而且经过不同处理方式可以得到不同的形态，如纤维、溶液、粉、膜和凝胶等。

蚕丝作为一种天然纤维蛋白，自古以来一直受到人们的青睐，其手感柔软，不仅制成服装穿着舒适，而且用作护肤、美肤品也大有裨益。由蚕丝蛋白彻底水解成的丝氨酸和丝肽，皆为良好的化妆品添加剂，其中应用于化妆品的蚕丝蛋白衍生物有丝粉、丝肽和丝氨酸三大类。而依据其丝的粗细程度、丝肽分子量的大小和丝氨酸的状态，又可以将其分为十多个品种。由于蚕丝蛋白与人体皮肤蛋白均属于纤维蛋白，并且结构相似，使得蚕丝蛋白及其水解物与人体皮肤的亲和性极高。蚕丝蛋白既可以阻挡阳光的紫外光，防止其对皮肤灼烧，还可以利用其独特的截留油分的能力，通过丝粉的作用，加强皮肤与油性成分的亲和力，是良好的保养防晒用品。

参 考 文 献

[1] 郑集. 蛋白质知识. 上海: 上海科学技术出版社, 1980.

[2] 陶慰孙, 李惟, 姜涌明. 蛋白质分子基础. 2 版. 北京: 高等教育出版社, 1995.

[3] 颜真, 张英起. 蛋白质研究技术. 西安: 第四军医大学出版社, 2007.

[4] 阎隆飞, 孙之荣. 蛋白质分子结构. 北京: 清华大学出版社, 1999.

[5] 阎隆飞. 蛋白质的结构与功能. 长沙: 湖南科学技术出版社, 1988.

[6] 李里特, 王海. 功能性大豆食品. 北京: 中国轻工业出版社, 2002.

[7] 赵志强, 万书波, 束春德. 花生加工. 北京: 中国轻工业出版社, 2001.

[8] 王金梅. 菜籽蛋白的制备、功能性质及其酶解产物体外抗氧化研究. 南京: 南京农业大学出版社, 2008.

[9] 董加宝, 张长贵, 王祯旭. 食用菜籽蛋白研究及应用. 粮食与油脂, 2005(12): 11-13.

[10] 陈希亮. 明胶物理凝胶及凝胶化的数值模拟. 昆明: 云南人民出版社, 2014.

4 包装膜材料的性能测试方法及表征手段

4.1 引　言

对包装膜材料而言，其结构及各项性能可直接反映膜材料的好坏，例如，拉伸强度与断裂伸长率大，说明该包装膜具有良好的承重能力与保持膜材料完整性的能力；阻隔性能优越则可将包装食品的货架期适当的延长等。因此，需要对膜材料的结构及各项性能进行表征及检测。

4.2 性　能　测　试

4.2.1 流变性能

成膜基质大多是溶解于水或在水中充分溶胀而分散的亲水性高分子胶体溶液，在成膜溶液中，添加的增塑剂或其他响应因子一部分溶解于水中，一部分则溶解、吸附或者分散在成膜基质高分子胶体中[1]。因此，聚合物流变学适合研究成膜溶液的流变性能，成膜溶液的流变性能可反映成膜溶液在流动过程中剪切应力与剪切速率的变化关系，解析流体性能及成膜组分间的相互作用关系，对膜材料的加工工艺和性能有着重要的指导意义，如延展性、膜材料的厚度、均匀程度和干燥条件等[2]。此外，成膜溶液的流变性能是反映膜材料好坏的重要指标，如成膜溶液的黏度过高或其假塑性程度过大会导致在制备膜材料过程中成膜溶液中的气泡难以去除，从而导致制备的膜材料有空洞甚至不连续；若成膜溶液的黏度过低，则干燥时间增加，效率大大降低。因此，对成膜溶液的流变性能进行测定分析，对于选择合适的加工工艺、提升膜材料的各项性能有着重要的意义。

采用旋转流变仪(AR2000ex，美国 TA Instruments)中锥体角度为 2°的锥板式黏度计(直径为 40 mm，间隙为 57 μm)在 25℃下对成膜溶液的流变性能进行测定。

稳态流变性能：设定测试平衡时间为 120 s、剪切速率为 0.1～100 s^{-1}，测定成膜溶液的黏度随剪切速率的变化趋势。以表观黏度对剪切速率作图对成膜溶液的流变性能进行分析，并用 Ostwald-de Waele 模型及 Cross 模型对所得数据进行拟合。Ostwald-de Waele 模型和 Cross 模型分别满足式(4-1)和式(4-2)：

$$\sigma = \kappa \gamma^n \tag{4-1}$$

其中，σ 是剪切应力(Pa)；γ 是剪切速率(s^{-1})；κ 是材料的温度参数；n 是材料

的流动指数或非牛顿指数。

$$\eta = \eta_\infty + \frac{\eta_0 - \eta_\infty}{1 + K\gamma^m} \tag{4-2}$$

其中，η 是表观黏度(Pa·s)；η_∞是无穷剪切黏度，即剪切速率趋于无穷时的表观黏度(Pa·s)；η_0 是零剪切黏度，即剪切速率趋于零时的表观黏度(Pa·s)；γ 是剪切速率(s^{-1})；K 和 m 是材料参数。

动态流变性能：在测试之前需测定成膜溶液的线性黏弹区进而确定应变参数。因此对成膜溶液进行应变扫描测试，测定条件如下：平衡时间为 120 s、应变 0.1%～100%。在确定合适的应变后，其他条件不变，设置角频率为 0.1～100 rad/s，对成膜溶液的动态流变性能进行测定。以 G'(Pa，储能模量，弹性行为)和 G''(Pa，损耗模量，黏性行为)对角频率作图分析成膜溶液的黏弹性。

4.2.2 色度

Lab 模式是根据国际照明委员会(Commission Internationale de L'Eclairage，CIE)在 1931 年所制定的一种测定颜色的国际标准建立的[3]，于 1976 年被改进并命名的一种色彩模式。它是一种基于生理特性并与设备无关的颜色模型，其弥补了红、绿、蓝色彩模式(RGB)和印刷四色模式(CMYK)两种色彩模式的不足[4]。该模型由三个要素组成，L 表示亮度(luminosity)，也就是亮度，取值范围 0～100，即从纯黑到纯白；a、b 是两个颜色通道，其中 a 是从深绿色(低亮度值)到灰色(中亮度值)再到亮粉红色(高亮度值)，取值范围–128～127；b 是从亮蓝色(低亮度值)到灰色(中亮度值)再到黄色(高亮度值)，取值范围–128～127。所有的颜色由这三个值交互变化所组成，产生具有明亮效果的色彩。Lab 色度系统如图 4-1[5]所示。

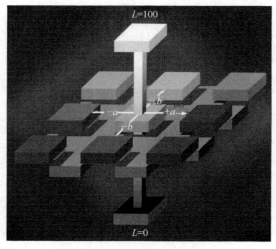

图 4-1 Lab 色度系统[5]

因此，本节研究用手持色度仪(CM-2600d，日本柯尼卡美能达控股公司)测定膜材料的色度值 L、a、b。其色差值(ΔE)可由式(4-3)进行计算，具体如下：

$$\Delta E = \sqrt{\left(L_s - L_0\right)^2 + \left(a_s - a_0\right)^2 + \left(b_s - b_0\right)^2} \tag{4-3}$$

其中，ΔE 是膜材料的总色差；L_s、a_s、b_s 分别是膜试样的亮度值、红绿指数及黄蓝指数；L_0、a_0、b_0 分别是白板的亮度值、红绿指数及黄蓝指数。

4.2.3 透光性能

一般来讲，很少将包装好的产品直接暴露在阳光下，但是产品在销售、橱窗展示等过程中无不受到光(可见光、日光灯等)的照射。尤其是紫外光穿透能力强，且日光灯也能发出不同程度的紫外光，因此光线对于包装产品的保质期存在一定的影响。据了解，在相同的环境温度、相对湿度情况下，包装材料的透光性对产品的保质期有着不可忽略的影响[6]。因此，使用紫外-可见分光光度计(UV-2600，日本岛津株式会社)在 $200\sim800$ nm 范围内对样品膜(20 mm $\times$ 40 mm)的透光性能进行测定。

4.2.4 吸湿和溶胀性能

等温吸湿曲线可用来衡量膜材料对环境湿度的敏感性。其定义为在恒定的温度条件下，绝干材料吸收水分的质量(g 水/g 干基物料)与水分活度(a_w)的关系曲线。在测定包装膜材料的等温吸湿曲线时，将 15 mm $\times$ 15 mm 的试样置于(100 ± 2)℃的鼓风干燥器中恒重。将冷却至室温的试样置于不同水分活度的干燥器中吸湿(水分活度如表 4-1 所示)，每隔一天取出称量，直到连续两次称量质量变化不超过 0.1%，此时认为已达到吸附平衡。使用 GAB 模型拟合实验吸附数据，GAB 模型满足式(4-4)：

$$W_e = \frac{W_0 \times C \times k \times a_w}{\left(1 - k \times a_w\right) \times \left(1 - k \times a_w + C \times k \times a_w\right)} \tag{4-4}$$

其中，W_e 是不同活度下吸湿平衡后试样的水分含量(g 水/g 干基物料)；W_0 是样品单层含水量(g 水/g 干基物料)；a_w 是水分活度；C、k 是吸附常数。

表 4-1 水分活度环境

水分活度(a_w)	饱和盐溶液
0.11	LiCl
0.22	CH_3COOK
0.33	$MgCl_2$
0.53	$Mg(NO_3)_2$
0.75	NaCl
0.84	KCl
0.90	$BaCl_2$

溶胀实验所用膜试样为直径 15 mm 的圆形试样，在室温下，分别浸渍于 20 mL 的 10%乙醇和 95%乙醇中。2 min、5 min、10 min、20 min 和 60 min 后，将试样取出，用滤纸小心擦去表面附着的液体，称量，研究试样在不同溶剂中的溶胀度随时间变化的趋势[7]。在溶胀过程中，t 时刻的溶胀度可由式(4-5)计算：

$$\mathrm{SD}_t(\%) = \frac{m_t - m_0}{m_0} \times 100\% \tag{4-5}$$

其中，m_0 是试样的初始质量(g)；m_t 是 t 时刻试样的质量(g)。以 SD_t 对时间 t 作图可得试样的溶胀曲线，当溶胀度不再增加时达到溶胀平衡，此时的溶胀度为平衡溶胀度 $\mathrm{SD}_e(\%)$。

4.2.5　阻隔性能

4.2.5.1　透氧值

作为包装材料，需要对内装物起到保护作用，阻隔外界环境对商品的影响，如防潮、防氧化、防油、防气味等。

膜材料的氧气透过性能可通过透氧值[OP，$\mathrm{cm^3 \cdot mm/(m^2 \cdot d \cdot MPa)}$]来评价，使用氧气透光率测定仪(PERME® OX2/230，济南兰光机电技术有限公司)对膜材料的透氧值进行测定。采用等压法测试原理：试样将透气室分成两部分，试样的一侧通氧气，另一侧通氮气载气，由于试样两侧存在一定的氧气浓度差，氧气从高浓度侧穿过膜试样扩散到氮气侧，之后被流动的氮气携带至传感器，传感器对通过的氧气浓度进行测定分析，计算得到透氧值。测试之前在测试样品膜(9 cm × 10 cm)上随机取 10 个点对其厚度进行测量，之后将其固定在测试腔之间。测试条件如下：温度为 25℃、相对湿度为 0%、测试面积为 0.005 m²。每个样品平行测量 5 次并取平均值。OP 可由式(4-6)计算：

$$\mathrm{OP} = \frac{\Delta V \times T}{S \times t \times \Delta P} \tag{4-6}$$

其中，ΔV 是氧气透过量($\mathrm{cm^3}$)；T 是膜的平均厚度(mm)；S 是用于测试的膜面积，取值为 0.005 m²；t 是测试时间(d)；ΔP 是膜样品两侧的压力差(MPa)。

4.2.5.2　水蒸气透过系数

膜材料的水蒸气透过系数[WVP，$\mathrm{g/(m \cdot s \cdot Pa)}$]可用来评价其阻湿性能与疏水性能。实验原理是：在规定的温度、相对湿度条件下，包装材料试样两侧保持一定的水气压差，测量透过试样的水气量，并计算在该实验条件下，当水蒸气稳定透过时，其在单位时间内透过单位厚度、单位面积的试样膜的质量[8]。采用 ASTM E96 方法并根据文献[9]稍做改动对膜的 WVP 进行测定。用规格为 50 mm × 30 mm

的称量瓶作为透湿杯来测定样品膜的阻湿性能。透湿杯的内径为 4.6 cm，深度为 3.4 cm，有效面积为 16.6 cm²，选用无水 CaCl₂(颗粒)作为干燥剂，使用前放在(105 ±2)℃鼓风干燥箱中干燥至恒重。选择均匀、无褶皱、无孔洞的试样，将其在 53% RH[Mg(NO₃)₂ 饱和溶液]的环境中恒湿 12 h，之后用厚度仪随机测十个点的厚度，并取其平均值。准确称取 23.0 g 烘干至恒重的无水 CaCl₂ 放入透湿杯中，以提供相对湿度为 0%的环境，然后用热熔胶将试样膜封装在称量瓶的瓶口并放置在 0% RH 的干燥器中干燥 12 h 后测定初始质量。测定完其初始质量后将装有试样膜且密封好的盛有无水 CaCl₂ 的透湿杯放入 75% RH(NaCl 饱和溶液)的环境中，每隔 12 h 测定其质量，测试时间为 7 d。75% RH 与 0% RH 之间的饱和蒸气压差(ΔP)为 1753.55 Pa，以提供水蒸气的动力。WVP 可由式(4-7)计算：

$$WVP = \frac{\Delta m \times T}{\Delta t \times S \times \Delta P} \tag{4-7}$$

其中，WVP 是水蒸气透过系数[g/(m·s·Pa)]；Δm 是透过膜的水蒸气的质量(g)；T 是测试样品膜的平均厚度(mm)；S 是水蒸气透过的样品膜的面积，取值为 0.00166 m²；Δt 是测试时间(s)；ΔP 是样品膜两侧的压力差(Pa)，此处为 NaCl 饱和溶液的渗透压，取值为 1753.55 Pa)。

4.2.5.3　透油系数

膜材料的透油系数[PO，g·mm/(m²·d)]可用来评价其透油性能。采用文献[10]中方法并稍做修改对膜材料的透油性能进行测定。选用规格为 40 mm × 25 mm 的称量瓶，内径为 3.6 cm，有效面积为 10.2 cm²，盛有 8 mL 玉米油。将直径为 4 cm 的膜试样在 53% RH[Mg(NO₃)₂ 饱和溶液]的环境中恒湿 12 h 后用厚度仪随机测十个点的厚度，并取其平均值。将膜试样用热熔胶封装在称量瓶的瓶口，并将已封装好的称量瓶倒置于已记录初始质量的 10 层滤纸上，并将该整体置于 53% RH 和 25℃的环境中。每隔 12 h 称量滤纸质量，测试时间为 7 d。同时将 10 层滤纸也置于相同环境中，以测定 7 d 内滤纸因吸收水分所增加的质量。透油系数可由式(4-8)进行计算：

$$PO = \frac{\Delta m \times T}{S \times t} \tag{4-8}$$

其中，PO 是透油系数[g·mm/(m²·d)]；Δm 是油的透过量(g)；T 是样品膜的平均厚度(mm)；S 是透油面积，即 0.00102 m²；t 是测试时间(d)。

4.2.6　力学性能

使用智能电子拉力试验机[XLW(PC)，济南兰光机电技术有限公司]对样品膜的力学性能即拉伸强度(TS，MPa)及断裂伸长率(EB，%)进行测定。测试方法参照

《塑料拉伸性能的测定 第 3 部分：塑料和薄片的试验条件》(GB/T 1040.3—2006)[11]。

选取完整且无气泡的膜材料，将其置于恒温恒湿环境中恒定 24 h 后，裁剪为 80 mm × 15 mm 的矩形试样备用。在测试前，使用精度为 0.001 mm 的厚度仪 (D-C11ZXBS，日本三丰公司)在膜试样表面随机选取 5 个点，测定其厚度，记录并计算其平均值。将膜试样固定在智能电子拉力试验机的夹具中，进行力学性能测试，测试条件如下：温度为 25℃，夹具间距为 50 mm，拉伸速度为 300 mm/min。每个样品平行测定 6 次并取平均值。TS 及 EB 可由式(4-9)和式(4-10)计算：

$$TS = \frac{F}{W \times T} \tag{4-9}$$

$$EB = \frac{L - L_0}{L_0} \times 100 \tag{4-10}$$

其中，F 是样品膜所承受的最大载荷(N)；W 是样品膜的宽度(mm)；T 是样品膜的平均厚度(mm)；L_0 和 L 分别是样品膜最初及断裂时的长度(mm)。

4.2.7 热稳定性

使用热重分析仪(TGA Q-500，美国 TA Instruments)对物质的热稳定性进行测定。测试条件如下：样品质量为 8 mg；升温速度为 10℃/min；温度范围为 25～600℃。

4.2.8 热封性能

使用热封试验仪(AT-RF，山东安尼麦特仪器有限公司)对膜材料进行热封(上、下刀密封条宽度为 10 mm)，并使用智能电子拉力试验机[XLW(PC)，济南兰光机电技术有限公司]测定其热封强度。测试之前，将膜试样裁剪为 75 mm × 15 mm 的矩形，并置于 53% RH 和 25℃的环境中恒湿 48 h。将两条测试样品叠放(重叠区长度为 15 mm)后，调整热封温度、热封压强及热封时间，用该热封试验仪进行热封。将热封好的试样冷却到室温后，在其重叠区域随机取 5 个点测其厚度，取平均值。测试条件如下：温度为 25℃，夹具间距为 50 mm，拉伸速度为 300 mm/min。随着载荷的逐渐增大，直至封合处发生断裂，读取测试过程中最大拉伸强度，单位为 N/15 mm，表示热封强度，每个膜试样平行测定 6 次取其平均值。

4.2.9 总酚含量和抗氧化性能

4.2.9.1 总酚含量

采用福林酚法测定膜材料的总酚含量。称取一定质量的膜试样置于装有

20 mL 乙醇/水溶液的锥形瓶中，并于恒湿摇床(25℃，100 r/min)中振荡 24 h 获得薄膜的提取液。取 1 mL 的上述提取液用相应的乙醇/水溶液定容至 10 mL，然后取 1 mL 稀释后的薄膜提取液于带塞试管中，依次加入 4 mL(0.1 mol/L)福林酚溶液、5 mL (0.7 mol/L)的碳酸钠溶液，摇匀后于黑暗避光处放置 2 h，使用紫外-可见分光光度计(UV-2600，日本岛津株式会社)测定其在 765 nm 处的吸光度。总酚含量以每克试样的没食子酸当量(GAE，mg)表示，即 mg GAE/g。没食子酸与吸光度标准曲线的绘制：将没食子酸配成质量浓度分别为 12.5 mg/L、25 mg/L、50 mg/L、100 mg/L、150 mg/L 和 200 mg/L 的标准溶液，取 1 mL 不同浓度的没食子酸溶液按照上述测定操作加入福林酚与碳酸钠溶液，黑暗放置 2 h 后测定其吸光度。以吸光度对浓度作图得标准曲线。实验操作依照 López-Córdoba 等[12]的方法。

在释放实验中，选取 10%乙醇和 95%乙醇作为食品模拟物。准确称取 30 mg 试样置于盛有 5 mL 食品模拟物的锥形瓶中，放入 25℃恒湿摇床中振荡(100 r/min)，此试样需同时准备多组。在不同的时间段，用移液管依次从其中一个锥形瓶中取出 1 mL 的薄膜提取液置于试管中，加入 4 mL 福林酚试剂(0.1 mol/L)和 5 mL 碳酸钠溶液(0.7 mol/L)，振荡。室温下反应 2 h 后，测定其在 765 nm 处的吸光度，根据标准曲线计算总酚含量。

4.2.9.2　抗氧化性能

膜材料的抗氧化性能可由其对自由基的清除能力来评估。通过探究膜试样所释放出的活性物质对合成自由基(DPPH、ABTS)和活生物体中的自由基($\cdot$OH、$O_2^-\cdot$)的清除能力来判断其抗氧化性能。对每种自由基和样品溶液重复测试 3 次。

DPPH 自由基清除：取一定体积的薄膜提取液与 5 mL 的 DPPH 溶液(75 μmol/L)混合，摇匀后于黑暗避光处反应 0.5 h。使用紫外-可见分光光度计测定混合溶液在 517 nm 处的吸光度，并记录为 A_s。使用乙醇/水溶液作为对照，对应的吸光度记录为 A_c。DPPH 自由基清除率可由式(4-11)进行计算：

$$清除率(\%) = \frac{A_c - A_s}{A_c} \times 100 \qquad (4\text{-}11)$$

ABTS 自由基清除：将 7 mmol/L 的 ABTS 原液与 2.45 mmol/L 的过硫酸钾溶液等体积混合，室温避光反应 12～16 h，将生成的 ABTS 阳离子自由基(ABTS)溶液用无水乙醇稀释，使其在波长为 751 nm 的吸光度为 0.70±0.02，即得 ABTS 工作液。将一定体积的薄膜提取液与 7.4 mL 的 ABTS 工作液混合，室温避光反应 10 min 后，测定在 751 nm 处的吸光度，记为 A_s。通过与 DPPH 相同的方法测定空白对照吸光值记为 A_c。ABTS 自由基清除率由式(4-11)进行计算。

$\cdot$OH 自由基清除：通过使用 Fenton 反应测定$\cdot$OH 的清除率。向带塞试管中依次加入 1 mL 0.75 mmol/L 的 1,10-邻二氮菲、2 mL 0.2 mmol/L 的磷酸盐缓冲溶液(pH 7.4)和一定体积的薄膜提取液，混合均匀后，加入 1 mL 0.75 mmol/L 的 $FeSO_4 \cdot 7H_2O$ 溶液充分振荡均匀后加入 1 mL H_2O_2(0.01%，V/V)混合均匀后于 37℃ 反应 1 h，测定其在 536 nm 处的吸光度记为 A_s；50%或 95%的乙醇/水溶液作为空白对照，其对应的吸光度为 A_b；使用薄膜提取液代替 H_2O_2 作为损伤组，记录其对应的吸光度为 A_n。·OH 清除率可由式(4-12)进行计算：

$$清除率 = \frac{A_s - A_n}{A_b - A_n} \times 100 \tag{4-12}$$

$O_2^- \cdot$ 自由基清除：采用连苯三酚自氧化法测定复合膜对 $O_2^- \cdot$ 的清除能力。将一定体积的薄膜提取液，2.5 mL Tris-HCl 缓冲溶液(0.05 mmol/mL，pH 7.4)和 0.1 mL 间苯三酚溶液(60 mmol/L)依次添加到石英池中。均匀混合后，每隔 30 s 测定其在 325 nm 处的吸光度，至 300 s 时为止并记录 $A_{s,30s}$ 和 $A_{s,300s}$，它们之间的差记录为 ΔA_s。以 Tris-HCl 缓冲溶液为对照，吸光度记录为 $A_{b,30s}$ 和 $A_{b,300s}$，它们之间的差记录为 ΔA_0。$O_2^- \cdot$ 自由基清除率可由式(4-13)进行计算：

$$清除率 = \frac{\Delta A_0 - \Delta A_s}{\Delta A_0} \times 100 \tag{4-13}$$

4.2.10 抗菌性能

通过抑菌圈法判定膜试样的抑菌能力。以大肠杆菌(E. coli，ATCC 25922-3)及金黄色葡萄球菌(S. aureus，ATCC 25922-3)为实验菌种，将所有实验器材进行高温灭菌后与直径为 1 cm 的膜试样共同在超净工作台内紫外光灭菌一段时间，待制备好的琼脂营养液冷却至 30～40℃与稀释后的菌悬液混合，制备含有 10^3～10^4 CFU/mL 测试菌的培养基，当培养基冷却至凝固后，将膜试样置于培养基中央，用密封封口膜密封培养基。最后，将培养基在 37℃培养箱中培养 24 h 后取出，精确测量抑菌圈直径。

4.2.11 可食性能

采用人工模拟胃液消化评估膜材料的可食性能。测试前，将膜试样裁剪成直径为 1 cm 的圆片，于干燥器中恒重。将圆形试样置于锥形瓶中，加入 50 mL 人工胃液[13]，并用 NaOH 溶液(1 mol/L)调节 pH 为 2.5，于恒湿摇床(37℃，100 r/min)中振荡 2 h 后，将试样取出，用蒸馏水小心冲洗残存的人工胃液后置于鼓风干燥箱中干燥至恒重，其消化率可由式(4-14)计算：

$$Dw = \frac{m_0 - m_1}{m_0} \times 100 \tag{4-14}$$

其中，Dw 是消化率；m_0 是试样的初始质量(g)；m_1 是消化后的质量(g)。

4.2.12　pH 响应性能

　　把膜试样裁剪成 1.5 cm × 3.0 cm 的矩形，分别浸渍于 pH 为 1.0、2.0、3.0、4.0、5.0、6.0、7.0、8.0、9.0、10.0、11.0、12.0 及 13.0 的标准缓冲溶液中 30 s，观察并记录膜颜色变化，同时用镊子取出后置于滤纸上以吸走多余的缓冲溶液，用手持色度仪测定其变色前后的 L、a、b 值。其色差值(ΔE)可同样由式(4-3)进行计算，其中，ΔE 是样品变色前后的总色差；L_s、a_s、b_s 分别是膜试样在不同 pH 下的亮度值、红绿指数及黄蓝指数；L_0、a_0、b_0 分别是未变色膜试样的亮度值、红绿指数及黄蓝指数。

4.2.13　氨气或三乙胺响应性能

　　猪肉、鸡肉中蛋白质含量较高，在其存储、运输过程中由于其自身携带的细菌的繁殖及酶的作用，使得蛋白质腐败。蛋白质的腐败过程中会产生氨气、三甲胺等有机挥发性胺类物质。由于三甲胺在常温常压条件下为气体，操作起来较危险；三乙胺在常温常压下为液体且具有挥发性，因分子量较大其扩散速度较为适中；由氨水释放的氨气的扩散也较为迅速，因此选择氨气或者三乙胺作为模拟气体，探究制备的智能响应膜在不同湿度下对两者的响应性。实验测定过程示意如图 4-2 所示，具体操作步骤如下：

　　(1) 选用四个透明带盖的盒子作为反应容器，首先将智能响应膜样品裁剪成 1.5 cm × 3 cm 的矩形，用手持色度仪对其色度值进行测定并记录后分别用双面胶粘贴于盖子内侧。

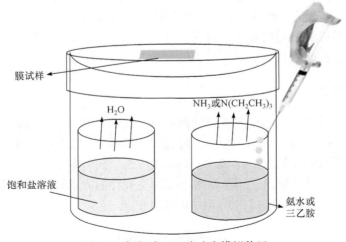

膜试样

H_2O　　　　　NH_3 或 $N(CH_2CH_3)_3$

饱和盐溶液

氨水或三乙胺

图 4-2　氨气或三乙胺响应模拟装置

(2) 向四个透明容器中放入分别装有 CH_3COOK、$MgCl_2$、$Mg(NO_3)_2$、NaCl 饱和溶液的称量瓶,以制造相对湿度分别为 22%、33%、53%和 75%的环境。

(3) 将粘贴有膜样品的盖子盖好,膜样品恒湿 10 h 后将装有 5 mL 三乙胺的称量瓶迅速放入容器底部,盖上盖子,观察膜的变色情况并每隔一段时间用手持色度仪对其色度进行测定。其色差值的计算以未变色的色度值为参比,同样由式(4-3)进行计算。

4.3　表　征

4.3.1　傅里叶变换红外光谱

使用傅里叶变换红外光谱仪(FTIR,MAGNA-IR560,美国尼高力仪器公司)对膜试样的吸收光谱进行测定,在衰减全反射(ATR)模式下,扫描范围为 $4000\sim750$ cm^{-1},分辨率为 4 cm^{-1}。

4.3.2　微观形貌

使用环境扫描电子显微镜(Quanta 200,美国 FEI 公司)观察膜材料的表面、断面。膜试样于液氮中脆断后,将其表面与断面粘贴于样品台,喷金处理后于 5 kV 的加速电压下观察其表面及断面形貌。

4.3.3　组分之间的作用及相容性

使用 X 射线衍射仪(Rigaku D/max-2200,日本理学株式会社)对试样的结晶特性进行测定。测定条件如下:靶材 Cu kα、电压 40 kV、电流 30 mA、扫描范围 $5°\sim50°$、扫描速度 $2°/min$。

4.4　实际应用

4.4.1　高强度包装膜在玉米油包装中的应用

为探究所制备的羧基化纳米纤维素纤丝(C-CNCW)增强 CG 膜的实际应用价值,将其制作为包装玉米油的油包。具体操作如下:将膜材料裁剪成 8 cm × 8 cm 的矩形,并置于 53%RH 及 25℃的环境中恒湿 48 h。首先将膜的三面进行热封,之后用注射器注入 10 mL 玉米油,再将另一个边缘进行热封,制备包装玉米油的油包。

4.4.2　抗氧化膜在延缓油脂氧化中的应用

猪油、牛油营养成分丰富，科学摄入可丰富人们膳食，深受中国民众的喜爱[14]。但猪油易氧化变质，不仅原有的营养成分丧失，食用后还可能会造成头晕腹泻等症状，甚至会引发肝癌、心血管病[15]。因此，猪油能够长期储存并保持新鲜品质，成为当下消费者的热切需求。故以猪油保鲜为目标的抗氧化活性包装膜材料的研究具有现实意义。

将抗氧化膜在53% RH下放置12 h后，切成5 cm×8 cm的矩形。使用热封测试仪(MS1160)将猪油(10 g)密封在薄膜中。将另外的10 g猪油暴露在空气中；然后另外称取10 g猪油用市售高密度聚乙烯(PE)膜进行包装，以便对照。20 d后，根据《食品安全国家标准 食品酸度的测定》(GB 5009.239—2016)[16]和《食品安全国家标准 食品中过氧化值的测定》(GB 5009.227—2016)[17]分别测量猪油的酸值(AV)和过氧化值(POV)，以评估薄膜的实用价值。猪油包装实物如图4-3所示。

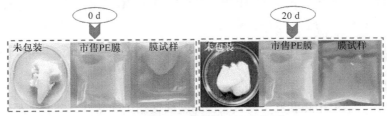

图4-3　抗氧化膜包装油脂实物图

4.4.3　智能膜在监测肉品新鲜度中的应用

随着消费者健康意识和政府监管力度的逐步加强，食品质量与安全已经成为食品行业的两大关注热点。生鲜肉和海鲜营养丰富，蛋白质含量高，而微生物的生长繁殖、温度、光照、氧化反应、水分的散失或增加及肉品自身酶的作用都会导致其在运输、储藏和销售过程中腐败变质。生鲜肉或海鲜的腐败变质过程缓慢，单凭肉眼及嗅觉对其颜色及气味的变化很难准确地辨别是否由新鲜变化为次鲜，除非已经严重腐败有臭味。生鲜肉或海鲜的腐败变质不仅会对商家造成利益损失，而且对消费者存在着巨大的安全隐患，一旦食用了不新鲜的产品会引发各种疾病。传统肉品的质量检测手段以化学分析为主，同时以人工感官进行辅助评价。化学分析是使用化学手段对被检测产品进行破坏性检测，其检测的结果与操作人员的熟练程度、技术水平等有着密切的联系，而且存在很多弊端，如时间长、过程烦琐、破坏产品等[18]。无损检测技术是通过使用计算机、传感器等设备对被检测产品的光学、电磁学、声学等物理特性进行准确客观的分析与评价[19-23]。尽管无损检测不会对样品造成破坏，但也需要一些大型的仪器设备，耗时长，这对于商家和消费者来说是不现实的，尤其是在边远贫困地区，由于经济条件的限制这些技术更是无处施展。因此提供一种肉眼可视的，廉价高效的可以指示生鲜肉或海鲜产品新鲜程度的试纸或者包装膜势在必行。生鲜肉或海鲜产品在腐败变质过程中，微生物的繁殖等作用使蛋白质分解，造成体系内部氨的累积，导致 pH 变大，因此，可借助 pH 对其变质程度进行评价。但是由于不同生鲜肉所携带的酶、微生物种类的不同，会对 pH 的变化造成很大影响，因此不能只单纯依靠 pH 作为其新鲜程度的指标。生鲜肉或海鲜腐败变质过程中产生的 NH_3、三甲胺等有机挥发性胺类物质，其浸渍液在碱性条件下能够与水蒸气一起蒸馏出来的总氮量统称为挥发性盐基总氮(TVB-N)，且 TVB-N 是目前国标中用于评价肉制品新鲜程度的唯一指标。因此，将所制备的智能膜用于不同生鲜肉或海鲜，如猪肉、鸡肉、牛肉、虾等食品的新鲜度监测中，并测定肉品浸渍液的 pH 及 TVB-N 来验证产品的新鲜程度，以探究其监测精准度与实际应用性。

4.4.3.1　pH 响应膜对肉制品的监测方法

将由超市购买的新鲜瘦猪里脊肉、鸡肉、牛肉去除脂肪、皮、骨头等杂质后切成 $1~cm^3$ 左右的小块；将新鲜大虾去掉虾皮、虾线、虾头后用吸水纸吸取表面水分，备用。将智能膜裁剪成 $1.5~cm \times 1.5~cm$ 的矩形，在用色度仪测定其色度值后用双面胶分别粘贴于塑料表面皿上盖的内侧，准确称取一定质量的肉品置于塑料表面皿中，每个试样准备四组。将该样品置于 20℃环境下，分别测定膜材料在放置不同时间的色度值，并对相应时间肉品浸渍液的 pH 及 TVB-N 进行测定。实验过程如图 4-4(a)所示。

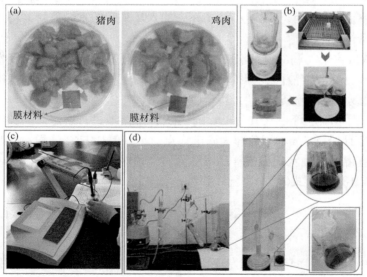

图 4-4　(a) 智能膜对猪肉或鸡肉新鲜度监测实物图；(b) 浸渍液的准备；pH(c) 及 TVB-N(d)的测定

4.4.3.2　肉品浸渍液 pH 的测定

浸渍液 pH 的测定采用《食品安全国家标准 食品 pH 值的测定》(GB 5009.237—2016)[24]的方法并有所调整：准确称取 5 g 肉品，用搅拌机将其绞碎成肉糜，加入 45 mL pH 为 7.0 的蒸馏水浸泡，用磁力搅拌持续搅拌 30 min 后过滤，用 pH 计测定滤液 pH，平行测定三次，取平均值。判断标准为：新鲜肉 pH 为 5.8～6.2；次鲜肉 pH 为 6.3～6.6；变质肉 pH＞6.7。浸渍液的准备及 pH 的测定如图 4-4(b)和(c)所示。

4.4.3.3　肉品 TVB-N 的测定

采用《食品安全国家标准 食品中挥发性盐基氮的测定》(GB 5009.228—2016)[25]的方法，使用半微量凯氏定氮仪对样品的 TVB-N 进行测定。半微量凯氏定氮仪如图 4-5 所示[25]。肉品 TVB-N 的测定步骤如下：

(1) 准确称取搅碎的 20 g 肉品并记录其质量为 m，用搅拌机绞碎成肉糜。

(2) 向肉糜中加入 100 mL 新煮沸后并冷却至室温的蒸馏水，浸渍并用磁力搅拌 30 min 后，过滤得浸渍液备用。

(3) 将装有 10 mL H_3BO_3 溶液(20 g/L)及 5 滴指示剂(1 g/L 的甲基红指示剂与 1 g/L 的溴甲酚绿指示剂按体积比 1：5 混合而成)的接收瓶置于冷凝管下，并保证冷凝管于 H_3BO_3 与指示剂的混合溶液液面下。

(4) 取 10 mL 肉样品浸渍液由小玻璃杯转移至反应室，新煮沸并冷却至室温的 10 mL 蒸馏水洗涤小玻璃杯并流至反应室。将 5 mL MgO 悬浮液(10 g/L)转移至反应室后塞紧玻璃塞，向小玻璃杯中加入几毫升的水做液封。将螺旋夹夹紧后，开始蒸馏。

(5) 从接收第一滴冷凝液滴开始计时并继续蒸馏 5 min，移动接收瓶，使冷凝管下端离开接收液液面，继续蒸馏 1 min，结束蒸馏，用少量新煮沸并冷却至室温的蒸馏水冲洗冷凝管底端，将接收瓶取出。

(6) 用微量滴定管中 0.01 mol/L 的 HCl 标准溶液进行滴定，当颜色由蓝绿色变为紫红色且保持 5 s 不褪色即为滴定终点，记录消耗 HCl 体积。同时以新煮沸并冷却至室温的蒸馏水代替肉样品浸渍液做空白对照。

(7) TVB-N 可由式(4-15)进行计算：

$$TVB\text{-}N = \frac{(V_1 - V_2) \times c \times 14}{m \times \dfrac{V}{V_0}} \times 100 \tag{4-15}$$

其中，TVB-N 是肉样品中的挥发性盐基总氮含量(mg/100 g)；V_1 及 V_2 分别是滴定肉样品浸渍液及空白对照所消耗的 HCl 体积(mL)；c 是 HCl 的实际浓度(mol/L)；

m是肉糜的质量(g)；V是吸取并移入反应室的浸渍液体积(mL)；V_0是浸渍液的总体积(mL)；14 为滴定 1 mL HCl(1 mol/L)标准滴定溶液相当的氮的质量(g/mol)；100 为换算为 mg/100 g 时的换算系数。

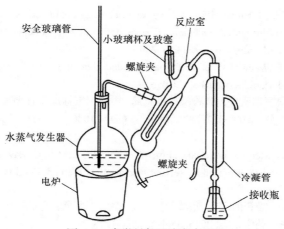

图 4-5　半微量凯氏定氮仪[25]

采用《食品安全国家标准　鲜(冻)畜、禽产品》(GB 2707—2016)[26]的标准：新鲜肉 TVB-N≤15 mg/100 g。

采用《食品安全国家标准　鲜、冻动物性水产品》(GB 2733—2015)[27]的标准：新鲜淡水鱼虾 TVB-N≤20 mg/100 g。

4.5　统　计　分　析

数据使用 SPSS Statistics 软件进行统计学分析，并在邓肯复极差测试模式($p<0.05$)下对其显著性差异(即图、表数字上标中的小写字母)进行分析。

参 考 文 献

[1] 王莉莉. 印花色浆动静态流变性能及其对印制性能的影响. 上海: 东华大学, 2013.

[2] Chen C H, Kuo W S, Lai L S. Rheological and physical characterization of film-forming solutions and edible films from tapioca starch/decolorized hsian-tsao leaf gum. Food Hydrocolloids, 2009, 23(8): 2132-2140.

[3] Ebner M. Color constancy. Computer Vision, 2011, 51(7): 109-116.

[4] 张宏建. Lab 色彩模式在图像处理中的应用. 福建电脑, 2011, 27(1): 146-147.

[5] Gupte V. Color Society of Dyers and Colourists. Coloration Technology, 2009, 125(6): 366-367.

[6] 王亚彬. 包装材料透光性对包装产品保质期的影响、测试及改善. 广东印刷, 2004(6): 48.

[7] Liu F, Avena-Bustillos R J, Chiou B S, et al. Controlled-release of tea polyphenol from gelatin films

incorporated with different ratios of free/nanoencapsulated tea polyphenols into fatty food simulants. Food Hydrocolloids, 2017, 62: 212-221.

[8] 国家技术监督局. 包装材料试验方法 透湿率: GB/T 16928—1997. 北京: 中国标准出版社, 1997.

[9] Shojaee-Aliabadi S, Mohammadifar M A, Hosseini H, et al. Characterization of nanobiocomposite kappa-carrageenan film with *Zataria multiflora* essential oil and nanoclay. International Journal of Biological Macromolecules, 2014, 69: 282-289.

[10] Dong Z, Sun P P, Wang H C, et al. Preparation and characters of edible film from soy protein isolate. Food and Machinery, 2016, 32(9): 5.

[11] 中华人民共和国国家质量监督检验检疫总局, 中国国家标准化管理委员会. 塑料拉伸性能 的测定 第 3 部分: 薄膜和薄片的试验条件: GB/T 1040.3—2006. 北京: 中国标准出版社, 2006.

[12] López-Córdoba A, Medina-Jaramillo C, Pineros-Hernandez D, et al. Cassava starch films containing rosemary nanoparticles produced by solvent displacement method. Food Hydrocolloids, 2017, 71: 26-34.

[13] 赵国巍, 王春柳, 梁新丽, 等. 超微粉碎对七厘散主要活性成分在模拟胃肠环境中稳定性 的影响. 中国医院药学杂志, 2015, 35(14): 1274-1278.

[14] 薛延团, 张晓凤, 姜枚辰, 等. 沙棘甾醇对大豆油和猪油抗氧化作用评价. 中国食品添加 剂, 2019, 30(3): 94-99.

[15] 李秀娟, 黄莉, 丁波, 等. 茶多酚对猪油在不同热加工条件的抗氧化作用. 食品研究与开 发, 2018, 39(8): 220-224.

[16] 中华人民共和国国家卫生和计划生育委员会. 食品安全国家标准 食品酸度的测定: GB 5009.239—2016. 北京: 中国标准出版社, 2016.

[17] 中华人民共和国国家卫生和计划生育委员会. 食品安全国家标准 食品中过氧化值的测定: GB 5009.227—2016. 北京: 中国标准出版社, 2016.

[18] 陈若馨. 食品检测分析中仪器分析法的应用. 食品安全导刊, 2019(30): 101-108.

[19] 彭彦昆, 张海云. 生鲜肉品质安全无损伤检测技术研究进展. 中国食物与营养, 2011, 17(10): 5-10.

[20] 姜秋. 新型无损检测技术在肉品品质检测中的应用. 肉类工业, 2012(8): 44-47.

[21] 郭晓娟. 猪肉品质无损检测及其讨论. 养殖技术顾问, 2011(7): 171.

[22] 廖宜涛. 基于图像与光谱信息的猪肉品质在线无损检测研究. 杭州: 浙江大学, 2011.

[23] 夏广臻. 磁场、静电场辅助制冷分别对食品保鲜及冷冻影响的研究. 青岛: 青岛科技大学, 2019.

[24] 中华人民共和国国家卫生和计划生育委员会. 食品安全国家标准 食品 pH 值的测定: GB 5009.237—2016. 北京: 中国标准出版社, 2016.

[25] 中华人民共和国国家卫生和计划生育委员会. 食品安全国家标准 食品中挥发性盐基氮的 测定: GB 5009.228—2016. 北京: 中国标准出版社, 2016.

[26] 中华人民共和国国家卫生和计划生育委员会, 国家食品药品监督管理总局. 食品安全国家 标准 鲜(冻)畜、禽产品: GB 2707—2016. 北京: 中国标准出版社, 2016.

[27] 中华人民共和国国家卫生和计划生育委员会. 食品安全国家标准 鲜、冻动物性水产品: GB 2733—2015. 北京: 中国标准出版社, 2016.

5 大豆分离蛋白可食膜

5.1 引　　言

大豆分离蛋白(soy protein isolate，SPI)是制备食品包装材料常用的天然蛋白质。SPI 薄膜具有良好的阻氧性能和柔韧性，但其阻水性能和机械强度相对较差，限制了 SPI 薄膜的应用[1]。通过添加纳米材料改善 SPI 薄膜的机械性能和阻水性能，可以有效地克服 SPI 在实际应用中存在的不足。此外，将天然抗氧化剂添加到 SPI 薄膜中，赋予包装膜抗氧化性能，可以有效抑制食品的氧化变质，加强对食品品质的保护。

5.2　SPI/纳米 SiO_2 复合膜

纳米二氧化硅(SiO_2)是一种无味、无毒害、无污染的无机非金属材料，是国家批准的食品添加剂。它与天然高分子材料具有良好的相容性，常被用作增强剂。本章以 SPI 为成膜基质，研究了不同粒径和不同浓度的纳米 SiO_2 对 SPI 膜机械性能和阻隔性能的影响，并利用红外光谱、X 射线衍射、扫描电镜、热力学等手段对纳米增强 SPI 复合膜进行表征。

5.2.1　纳米 SiO_2 的表征

5.2.1.1　纳米 SiO_2 的微观形态与粒度分布

不同粒度的纳米 SiO_2 的透射电镜(TEM)图和粒径分布如图 5-1 所示。随着超声处理时间的增加，SiO_2 的形态更加接近于球形，分散性更好。通过图像分析器对 SiO_2 的 TEM 图进行处理，测量其粒径分布并计算平均粒径，数据分别列于图 5-1 和表 5-1。SiO_2A、SiO_2B、SiO_2C 和 SiO_2D 的平均粒径分别为 55.90 nm、40.03 nm、37.05 nm 和 8.11 nm。上述结果表明，SiO_2 的平均粒径随着超声处理时间的增加而减小。

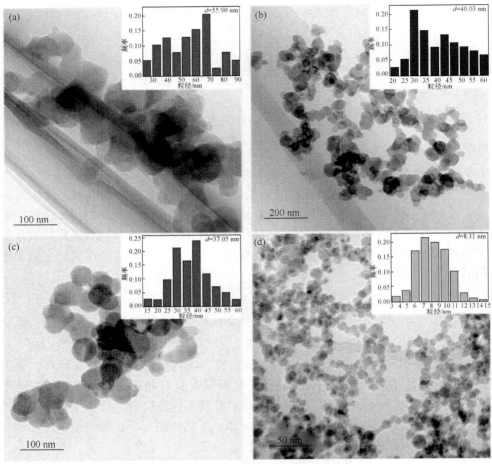

图 5-1 纳米 SiO₂ 的 TEM 图和粒径分布

(a) SiO₂A；(b) SiO₂B；(c) SiO₂C；(d) SiO₂D

表 5-1 纳米 SiO₂ 的平均粒径与 Zeta 电位

样品	超声处理时间(600W)/h	平均粒径/nm	Zeta 电位/mV
SiO₂A	1	55.90	-46.6 ± 0.8^{a}
SiO₂B	2	40.03	-47.7 ± 0.9^{a}
SiO₂C	3	37.05	-52.2 ± 1.0^{b}
SiO₂D	4	8.11	-53.4 ± 0.1^{b}

注：数据以平均值 ± 标准偏差表示，不同的字母表示数据之间有显著差异($P<0.05$)。

5.2.1.2 纳米 SiO₂ 悬浮液的稳定性

纳米粒子在分散剂中的稳定性是评价纳米粒子的重要指标。通过测定 Zeta 电位可以判定纳米 SiO₂ 悬浮液的稳定性。Zeta 电位的绝对值(正或负)越高，粒子间的静电排斥力越大，体系越稳定，即分散可以抵抗聚集；反之，Zeta 电位的绝对值(正或负)越低，粒子间的吸引力超过了排斥力，分散被破坏，体系越倾向于凝结或凝聚。如表 5-1 所示，SiO_2A、SiO_2B、SiO_2C 和 SiO_2D 悬浮液的 Zeta 电位分别为 (-46.6 ± 0.8)mV、(-47.7 ± 0.9)mV、(-52.2 ± 1.0)mV 和 (-53.4 ± 0.1)mV。四种粒度的纳米 SiO_2 悬浮液均具有很高的 Zeta 电位，表明制备的纳米 SiO_2 悬浮液都具有良好的稳定性[2]。

5.2.2 纳米 SiO_2 粒度的影响

5.2.2.1　FTIR 分析

纳米 SiO_2 与添加不同粒度 SiO_2 的 SPI/纳米 SiO_2 复合膜的红外光谱如图 5-2(a)所示。在纳米 SiO_2 的红外光谱图中，1069 cm^{-1} 和 797 cm^{-1} 处为 Si—O—Si 的伸缩振动峰，966 cm^{-1} 处为≡Si—OH 的羟基的吸收峰。在 SPI/纳米 SiO_2 复合膜的红外光谱图中，3650~3200 cm^{-1} 和 3330~3060 cm^{-1} 分别为 O—H 和 N—H 的伸缩振动吸收带。各组样品均在 3270 cm^{-1} 处有宽而强的吸收峰，表明分子之间存在氢键。2929 cm^{-1} 和 2874 cm^{-1} 为—CH_3 基团中 C—H 的伸缩振动吸收峰。所有 SPI 复合膜都存在三个酰胺的特征吸收峰，其中 1628 cm^{-1} 处为酰胺Ⅰ带(C=O 伸缩振动)的吸收峰，1538 cm^{-1} 处为酰胺Ⅱ带(N—H 弯曲振动)的吸收峰，1236 cm^{-1} 处为酰胺Ⅲ带(C—N 伸缩振动)的吸收峰[3]。由图 5-2(a)可以看出，添加不同粒度 SiO_2 的 SPI 复合膜的红外光谱图与空白 SPI 膜的红外光谱图相似，表明纳米 SiO_2 表面的羟基与 SPI 的活性基团仅通过氢键产生相互作用，并没有发生化学反应。由上述分析得到 SPI/纳米 SiO_2 复合膜的分子结构示意如图 5-2(b)所示。

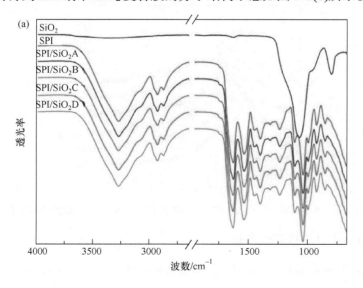

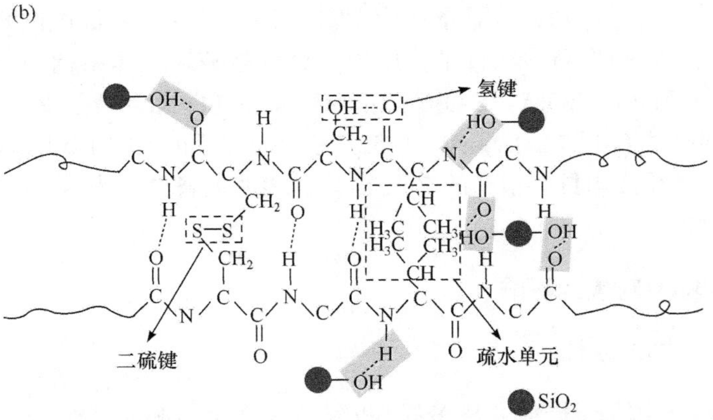

(b)

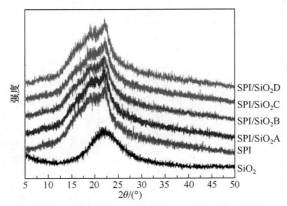

图 5-2 (a) SiO₂ 与添加不同粒度 SiO₂ 的 SPI/纳米 SiO₂ 复合膜的红外光谱图；(b) SPI/纳米 SiO₂ 复合膜的分子结构示意图

5.2.2.2 XRD 分析

纳米 SiO₂ 粉末与添加不同粒度 SiO₂ 的 SPI/纳米 SiO₂ 复合膜的 XRD 谱图如图 5-3 所示。纳米 SiO₂ 粉末的 XRD 谱图显示，SiO₂ 在 $2\theta = 21.9°$ 左右出现宽而弱的衍射峰，归属于 SiO₂ 粉末的无定形特征衍射峰。空白 SPI 膜的 XRD 谱图显示，SPI 具有无定形特性，其主要特征衍射峰位于 $2\theta = 22.1°$，峰形较宽，属于 SPI 中 7S 与 11S 无定形球蛋白两种主要成分的特征衍射峰[4]。当添加不同粒度的纳米 SiO₂ 时，SPI/纳米 SiO₂ 复合膜峰形并没有发生明显变化，表明纳米 SiO₂ 的添加没有改变 SPI 膜的结晶结构。

图 5-3 SiO₂ 与添加不同粒度 SiO₂ 的 SPI/纳米 SiO₂ 复合膜的 XRD 谱图

5.2.2.3 热力学稳定性分析

图 5-4 为纳米 SiO₂ 与添加不同粒度 SiO₂ 的 SPI/纳米 SiO₂ 复合膜的 TG 和

DTG 曲线。纳米 SiO_2 的热损失主要发生在 38℃，为水分的蒸发，之后随着温度的升高，没有发生明显的降解，表明纳米 SiO_2 具有良好的热稳定性。SPI 复合膜的热解主要分为三个阶段：第一阶段发生在室温至 120℃，主要为水分的蒸发；第二个阶段发生在 240～260℃，归属于甘油的挥发[5]；第三阶段为 300～450℃，归属于蛋白质的热降解[6]。在热分解的第三个阶段，空白 SPI 膜的最高降解温度为 310.47℃，而 SPI/SiO_2A、SPI/SiO_2B、SPI/SiO_2C 和 SPI/SiO_2D 复合膜的最高降解温度分别为 319.68℃、319.00℃、317.29℃和 319.19℃。上述结果说明，纳米 SiO_2 的加入提高了 SPI 膜在蛋白质降解阶段的最高降解温度，表明纳米 SiO_2 增强了 SPI 膜的热力学稳定性；纳米 SiO_2 的粒度对 SPI 膜的热稳定性没有影响。

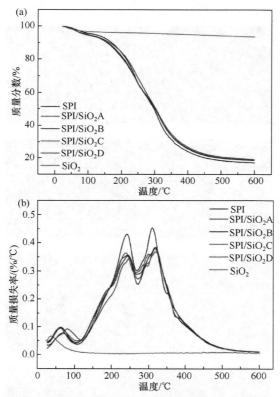

图 5-4　添加不同粒度 SiO_2 的 SPI/纳米 SiO_2 复合膜的 TG(a)和 DTG(b)曲线

5.2.2.4　SEM 分析

图 5-5 为添加不同粒度 SiO_2 的 SPI/纳米 SiO_2 复合膜的平面(s)(左)及断面(cr)(右)的扫描电镜图。通过 SEM 对 SPI/纳米 SiO_2 复合膜的微观形态进行观察发

现，添加不同粒度 SiO_2 的 SPI/纳米 SiO_2 复合膜表现出均匀、透明和柔软的形态，是因为复合膜表面没有气泡和纳米粒子团聚所致的颗粒。所有复合膜的表面与断面均出现粗糙褶皱的纹理，这可能是由于 SPI 膜本身的柔软结构特性，在制样的抽真空和喷金的过程中出现了皱缩现象。然而，随着 SiO_2 粒度的减小，复合膜的表面变得更加平滑、致密，表明纳米 SiO_2 改善了 SPI 膜的表面结构。与空白 SPI 膜干净的断面结构相比，添加纳米 SiO_2 的 SPI/纳米 SiO_2 复合膜表面出现许多白色的 SiO_2 颗粒。随着 SiO_2 粒度的减小，SiO_2 颗粒分布得更加均匀。将 SPI/SiO_2D 复合膜表面的白色颗粒放大，通过能谱对其所含元素进行分析，发现复合膜中含有 C、N、O、S、Si 和 Au，进一步证明了复合膜中 SiO_2 的存在。

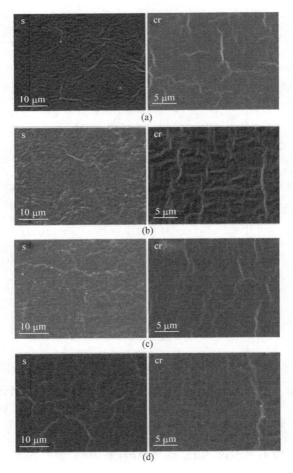

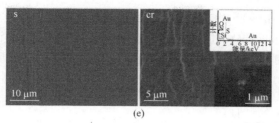

(e)

图 5-5　添加不同粒度 SiO₂ 的 SPI/纳米 SiO₂ 复合膜的平面(s)(左)及断面(cr)(右)的扫描电镜图

(a) SPI 膜；(b) SPI/SiO₂A；(c) SPI/SiO₂B；(d) SPI/SiO₂C；(e) SPI/SiO₂D；插入图为局部放大图和相应的能谱图

5.2.2.5　接触角分析

膜表面的润湿性是一种用来指示其吸收水分趋势的指标，因此可以用来评估薄膜的阻湿性能。接触角测量是最常用的研究润湿性变化的一种方法。添加不同粒径的 SiO₂ 的 SPI/纳米 SiO₂ 复合膜的接触角如图 5-6 所示。未添加 SiO₂ 的 SPI/纳米 SiO₂ 膜的接触角为 60.2°。添加纳米 SiO₂ 后，SPI 膜的接触角明显提高，且随着粒度的减小而不断增大。此外，纳米 SiO₂ 粒度的减小对复合膜表面的疏水性能有提高作用，这是因为纳米 SiO₂ 粒度的减小使复合膜的结构更加致密，这一现象与 SEM 结果相一致。

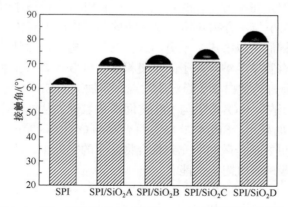

图 5-6　SiO₂ 的粒径对 SPI/纳米 SiO₂ 复合膜接触角的影响

5.2.2.6　水蒸气透过系数分析

图 5-7 为添加不同粒径 SiO₂ 的 SPI/纳米 SiO₂ 复合膜的 WVP 值。由图可知，纳米 SiO₂ 的加入明显降低了 SPI 膜的 WVP 值。添加 SiO₂D 时，复合膜的 WVP 值最小。这是由于 SiO₂ 表面的羟基能与 SPI 表面的活性基团形成氢键，可以扰乱水分在膜结构中的扩散；此外，纳米 SiO₂ 的加入使 SPI 膜的结构更加致密，同样可以起到增强阻隔水蒸气能力的作用，纳米 SiO₂ 的粒径越小，越能更好地分散在 SPI 基质的空隙中，创建一个更加曲折的空间路径，从而阻碍水蒸气在膜中的

扩散[7]。另外，SPI/纳米 SiO₂ 复合膜表面接触角的增大也有助于降低 WVP 值。与空白膜相比，添加 SiO₂ 的粒度越小，SPI/纳米 SiO₂ 复合膜表面的接触角越大，空气中的水蒸气越不容易接触 SPI 膜的表面，从而降低了 SPI 膜的 WVP 值[8]。

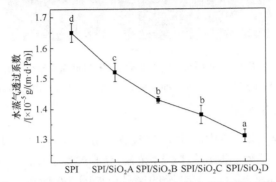

图 5-7　SiO₂ 的粒径对 SPI/纳米 SiO₂ 复合膜水蒸气透过系数的影响

不同的字母表示数据之间有显著差异($P<0.05$)

5.2.2.7　透氧值分析

图 5-8 为添加不同粒径的纳米 SiO₂ 的 SPI/纳米 SiO₂ 复合膜的透氧值。纳米 SiO₂ 的粒径能显著地影响 SPI 膜的 OP 值，纳米 SiO₂ 粒径最小时复合膜的渗透性最弱。OP 值的大小与聚合物和填充物之间的相互作用力有关，聚合物基质与填充物之间形成氢键后可以形成一个更加致密的膜结构，进而延长气体分子通过的路径；此外，复合膜中的纳米粒子的聚集程度、分散状态与相对取向也能影响膜的阻氧性能[9]。通过与空白 SPI 膜对比发现，添加纳米 SiO₂ 显著降低了 SPI 膜的 OP 值，这是因为纳米 SiO₂ 可以与 SPI 之间形成氢键，从而提高了阻氧性能。随着纳米 SiO₂ 粒径的减小，SPI/纳米 SiO₂ 复合膜的 OP 值不断下降，这是由于 SiO₂ 粒径越小，越能更好地分散和填充到聚合物基质的空隙中，改善 SPI 膜的结构，从而增强了 SPI 膜的氧气阻隔性能。

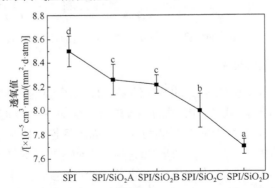

图 5-8　SiO₂ 的粒径对 SPI/纳米 SiO₂ 复合膜透氧值的影响

5.2.2.8 机械性能分析

SiO₂ 的粒径对 SPI/纳米 SiO₂ 复合膜的机械性能的影响如图 5-9 所示。空白 SPI 膜的拉伸强度(TS)和断裂伸长率(EB)分别为 6.63 MPa 和 167.1%。添加 SiO₂A、SiO₂B 和 SiO₂C 的 SPI/纳米 SiO₂ 复合膜的 TS 与空白膜相比没有显著差异。然而,当 SiO₂ 的粒度降至 8.11 nm 时,添加纳米粒子的 SPI/纳米 SiO₂ 复合膜的 TS 增至 7.80 MPa,相比提高了 17.6%。添加不同粒径的纳米 SiO₂ 的 SPI/纳米 SiO₂ 复合膜的 EB 的变化趋势与 TS 不同,随着纳米粒子的粒径减小,SPI 复合膜的 EB 呈下降趋势,数值由 167.1%(空白 SPI 膜)降至 124.80%(SPI/SiO₂D 复合膜)。上述结果表明,粒径较小的纳米 SiO₂ 具有相对较大的比表面积,更易与 SPI 基质产生更强的相互作用力,从而限制了 SPI 分子链的运动,进而增强了复合膜的强度[10]。

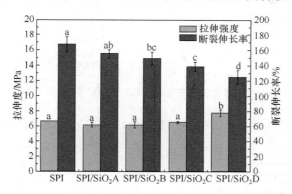

图 5-9　SiO₂ 的粒径对 SPI/纳米 SiO₂ 复合膜机械性能的影响

5.2.2.9 透光性能分析

图 5-10 为添加不同粒径的 SiO₂ 的 SPI/纳米 SiO₂ 复合膜的透光率。所有的 SPI 复合膜均具有良好的紫外光阻隔性能,在 200～300 nm 的紫外光区的透光率接近于零,这是因为蛋白质结构中的氨基酸具有吸收紫外光的能力。在 400～800 nm 的可见光区,空白 SPI 膜具有良好的透光性,表明 SPI 膜的外观透明。添加 SiO₂ 后,复合膜的透光率虽有所下降,但仍具有良好的透光性,且 SiO₂ 的粒径对复合膜的透光性能影响不大。

5.2.3 纳米 SiO₂ 浓度的影响

5.2.3.1 FTIR 分析

图 5-11 为添加不同浓度 SiO₂ 的 SPI/纳米 SiO₂ 复合膜的红外光谱图。在 SPI

复合膜的红外光谱图中，3650～3200 cm^{-1} 和 3330～3060 cm^{-1} 分别为 O—H 和 N—H 的伸缩振动吸收带。各组样品均在 3270 cm^{-1} 处有宽而强的吸收峰，表明分子之间存在氢键。2929 cm^{-1} 和 2874 cm^{-1} 为—CH$_3$ 基团中 C—H 的伸缩振动吸收峰。1628 cm^{-1}、1538 cm^{-1} 和 1236 cm^{-1} 处分别为酰胺 I 带(C=O 伸缩振动)、酰胺 II 带(N—H 弯曲振动)和酰胺 III 带(C—N 伸缩振动)的吸收峰。添加不同浓度的纳米 SiO$_2$ 并未显著影响 SPI 复合膜的化学结构。

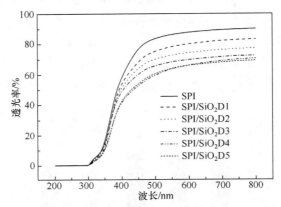

图 5-10　SiO$_2$ 的粒径对 SPI/纳米 SiO$_2$ 复合膜透光率的影响

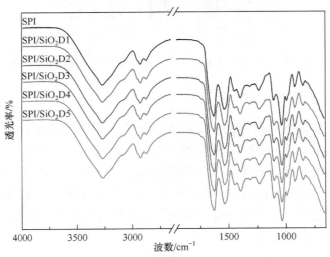

图 5-11　添加不同浓度 SiO$_2$ 的 SPI/纳米 SiO$_2$ 复合膜的红外光谱图

SiO$_2$D 末尾的阿拉伯数字 1、2、3、4、5 表示 SiO$_2$D 的添加量分别为 1%、2%、3%、4%、5%

5.2.3.2　XRD 分析

添加不同浓度 SiO$_2$ 的 SPI/纳米 SiO$_2$ 复合膜的 XRD 谱图如图 5-12 所示。XRD

谱图显示所有 SPI 复合膜均具有无定形特性，在 $2\theta = 22.1°$ 出现特征衍射峰。添加不同浓度的纳米 SiO_2 并没有改变 SPI/纳米 SiO_2 复合膜的晶体结构。

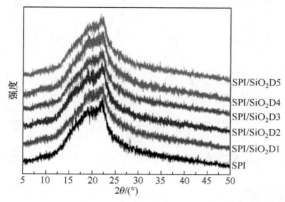

图 5-12   添加不同浓度 SiO_2 的 SPI/纳米 SiO_2 复合膜的 XRD 谱图

5.2.3.3   热力学稳定性分析

图 5-13 为添加不同浓度 SiO_2 的 SPI/纳米 SiO_2 复合膜的 TG 和 DTG 曲线。在低于 120℃时的热损失主要为水分的蒸发；在 230～260℃范围内的失重是由于甘油的挥发；在 300～450℃内的失重主要为蛋白质的热降解。在此阶段，空白 SPI 膜的最高降解温度为 310.47℃，而 SPI/SiO₂D1、SPI/SiO₂D2、SPI/SiO₂D3、SPI/SiO₂D4 和 SPI/SiO₂D5 复合膜的最高降解温度分别为 315.82℃、319.19℃、319.83℃、316.80℃和 316.55℃。纳米 SiO_2 的添加略微提高了蛋白质降解阶段的最高降解温度。上述结果表明，纳米 SiO_2 略微增强了 SPI/纳米 SiO_2 复合膜的热力学稳定性；当纳米 SiO_2 添加量为 3%时，复合膜的热稳定性最好。该结果与 Hassannia-Kolaee 等[11]研究的乳清蛋白/普鲁兰多糖/纳米 SiO_2 复合膜的结果接近。

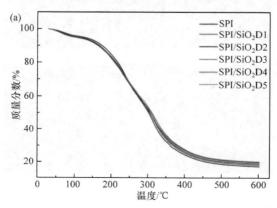

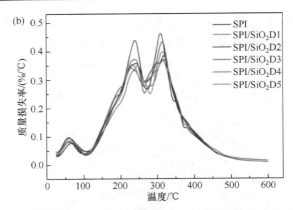

图 5-13　添加不同浓度 SiO_2 的 SPI/纳米 SiO_2 复合膜的 TG(a)和 DTG(b)曲线

5.2.3.4　SEM 分析

图 5-14 为添加不同浓度的纳米 SiO_2 的 SPI/纳米 SiO_2 复合膜的平面(s)(左)及断面(cr)(右)的扫描电镜图。与空白 SPI 膜对比发现，随着纳米 SiO_2 浓度的增加，复合膜的表面与断面变得更加平整，表明纳米 SiO_2 在 SPI 基质中分布均匀，能与 SPI 通过氢键作用形成较为致密均一的网状结构，提高了二者的相容性。当纳米 SiO_2 浓度超过 3%后，复合膜表面变得粗糙且出现了明显的团聚现象。当纳米 SiO_2 浓度达到 5%时，复合膜的断面出现了明显的裂纹。以上结果是由于过多的 SiO_2 自身发生团聚，无法与 SPI 交联，从而破坏了复合膜的均一结构，导致复合膜出现粗糙和断裂。

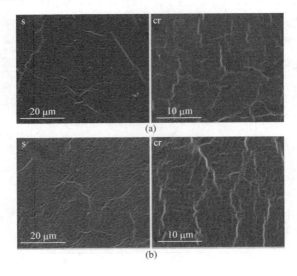

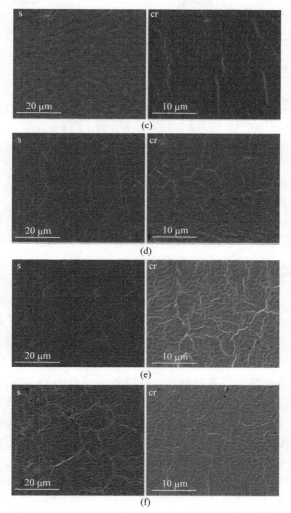

图 5-14 添加不同浓度 SiO_2 的 SPI/纳米 SiO_2 复合膜的平面(s)(左)及断面(cr)(右)的扫描电镜图

(a) SPI 膜；(b) SPI/SiO_2D1；(c) SPI/SiO_2D2；(d) SPI/SiO_2D3；(e) SPI/SiO_2D4；(f) SPI/SiO_2D5

5.2.3.5 接触角分析

图 5-15 为添加不同浓度的纳米 SiO_2 对 SPI/纳米 SiO_2 复合膜的接触角的影响。随着纳米 SiO_2 浓度的增加，复合膜的接触角增大，表面疏水性能增强。当纳米 SiO_2 浓度超过 3%时，接触角达到最大值。当纳米 SiO_2 浓度超过 3%后，复合膜的接触角出现下降趋势，这是由于过多的纳米 SiO_2 发生了团聚，导致复合膜的结构被破坏，从而破坏了复合膜的表面均一性。

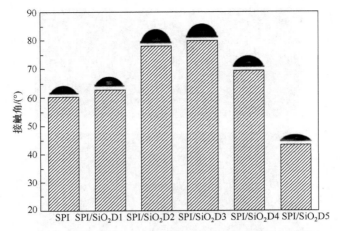

图 5-15　SiO$_2$ 的浓度对 SPI/纳米 SiO$_2$ 复合膜接触角的影响

5.2.3.6　水蒸气透过系数分析

纳米 SiO$_2$ 的浓度对 SPI/纳米 SiO$_2$ 复合膜 WVP 值的影响如图 5-16 示。复合膜的 WVP 值随纳米 SiO$_2$ 浓度的增加呈先下降后上升的趋势，并在浓度为 3%时达到最小值。添加适量的纳米 SiO$_2$ 使 SPI 复合膜结构变得更加致密，减少 SPI 基质中的空隙，从而阻碍了水蒸气的通过；同时，纳米 SiO$_2$ 可以与 SPI 生成氢键，降低了复合膜基质中游离羟基的数量，也降低了复合膜的 WVP 值。然而，当纳米 SiO$_2$ 过量时，过多的纳米 SiO$_2$ 会破坏复合膜的紧密性，使膜结构不均一且出现裂缝，导致复合膜的 WVP 值增加。与同类型的乳清蛋白/纳米 SiO$_2$ 复合膜相比，复合膜的 WVP 值相比较高，这是由 SPI 和乳清蛋白的自身结构和空间结构引起的[12]。但该 WVP 值仍然较低，符合作为包装材料的要求。

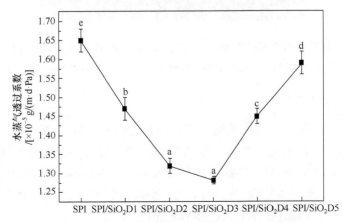

图 5-16　不同浓度的 SiO$_2$ 对 SPI/纳米 SiO$_2$ 复合膜的水蒸气透过系数的影响

5.2.3.7 透氧值分析

图 5-17 为添加不同浓度纳米 SiO_2 的 SPI/纳米 SiO_2 复合膜的 OP 值。空白 SPI 膜的 OP 值为 8.50×10^{-5} $cm^3 \cdot mm/(m^2 \cdot d \cdot atm)$。添加纳米 SiO_2 后，复合膜的 OP 值显著下降，当纳米 SiO_2 浓度为 3%时，复合膜的 OP 值最低，为 7.23×10^{-5} $cm^3 \cdot mm/(m^2 \cdot d \cdot atm)$，相比下降了 14.9%。当浓度超过 3%时，OP 值呈上升趋势。以上结果是由过量的纳米 SiO_2 团聚所致。

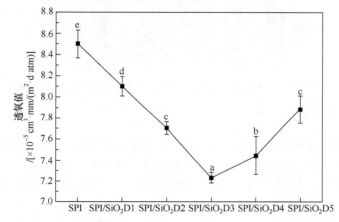

图 5-17 SiO_2 的浓度对 SPI/纳米 SiO_2 复合膜透氧值的影响

5.2.3.8 机械性能分析

图 5-18 为添加不同浓度的纳米 SiO_2 的 SPI/纳米 SiO_2 复合膜的机械性能。随着纳米 SiO_2 浓度的增加，复合膜的 TS 显著上升，EB 显著下降，说明纳米 SiO_2 的添加提升了复合膜的强度。纳米 SiO_2 与 SPI 通过氢键和范德瓦耳斯力等形成致密的网状结构，从而降低了复合膜的柔韧性，但提高了其强度。当纳米 SiO_2 的浓度超过 3%时，纳米 SiO_2 发生团聚现象，分散性较差，使得膜结构被破坏，受力不均，容易产生应力集中，从而导致膜的 TS 降低。然而，纳米 SiO_2 的浓度为 4%时，复合膜的 EB 稍有提高，这是由于纳米 SiO_2 稍有过量，使得复合膜间的结合力稍有下降。当纳米 SiO_2 的浓度为 5%时，复合膜的 EB 急剧下降，这是由于过多的纳米 SiO_2 使复合膜结构过度破坏，出现了裂缝，从而使复合膜的机械性能大幅度下降。与同类型的乳清蛋白/纳米 SiO_2 复合膜相比，当纳米 SiO_2 的浓度为 3%时，SPI/纳米 SiO_2 复合膜 TS 提高 41%左右，且 EB 提高 163%，表明 SPI 较乳清蛋白更具有较好的力学性能和应用潜质[12]。

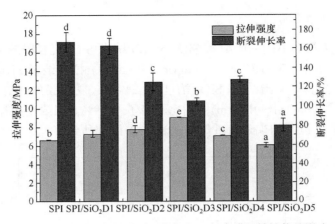

图 5-18　SiO₂的浓度对 SPI/纳米 SiO₂复合膜机械性能的影响

5.2.3.9　光学性能分析

添加不同浓度的纳米 SiO₂对 SPI/纳米 SiO₂复合膜透光率的影响如图 5-19 所示。随着纳米 SiO₂浓度的增加，复合膜的透光率不断下降，这是由于纳米 SiO₂的加入增加了光的散射作用。虽然复合膜的透光率下降，但仍然非常透明。

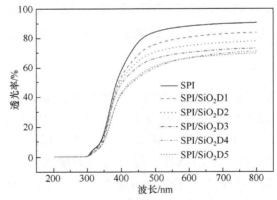

图 5-19　SiO₂的浓度对 SPI/纳米 SiO₂复合膜透光率的影响

5.2.4　小结

本节通过流延法成功制备了 SPI/纳米 SiO₂复合膜。研究发现，SiO₂A(55.90 nm)、SiO₂B(40.03 nm)、SiO₂C(37.05 nm)和 SiO₂D(8.11 nm)四种纳米 SiO₂分散液中的纳米粒子表面带有负电荷，Zeta 电位的绝对值均大于 30 mV，具有较好的稳定性；纳米 SiO₂与 SPI 通过氢键相互作用，两者具有很好的相容性；纳米 SiO₂的添加并没有改变 SPI 膜的结晶结构，但提高了其热力学稳定性；随着纳米 SiO₂粒径的降低，复合膜结构变得更加平滑、致密，更好地改善了复合膜的结构。当纳米 SiO₂的粒径最小(SiO₂D)

时，复合膜的机械性能最佳；虽然纳米 SiO_2 的加入降低了复合膜的透光率，但仍具有良好的透光性。相比于同类型的蛋白质膜材料，SPI/纳米 SiO_2 复合膜具备更高的机械性能优势，更具有实际应用价值。

5.3　SPI/NCC 复合膜

本节以 SPI 为基底，甘油为增塑剂，将纳米纤维素(NCC 或 CNC)加入到反应体系中，以提高 SPI 膜的机械性能。利用马尔文粒度仪和透射电镜分别对制备的 NCC 的粒度及外观形貌进行了测定分析。通过 FTIR、XRD、SEM、TGA 分别对复合膜的表面官能团、结晶状态、微观形貌及热稳定性进行了表征。探讨最佳 NCC 浓度以提高膜的机械性能，同时，对 SPI/NCC 复合膜的透氧、透湿、透光性能进行了测试。

5.3.1　NCC 的制备与表征

5.3.1.1　NCC 的制备

首先，取 5 g 微晶纤维素(MCC)分散在 50 mL 质量分数为 64%的浓硫酸中，在 50℃恒温水浴中搅拌 90 min。反应结束后，加入 10 倍体积的蒸馏水以终止反应。然后，以 10000 r/min 的速度高速离心 10 min，重复三次离心以洗去硫酸并将离心后的悬浮液置于透析袋中透析数天直至 pH 呈中性。最后，将透析后的悬浮液在 1500 W 功率下超声分散 15 min，得到 NCC 悬浮液。

5.3.1.2　NCC 的表征

1) NCC 的粒度分布

从图 5-20 中可以看出，NCC 的粒径主要分布在 60～600 nm 范围内，说明 NCC 的直径与长度主要分布在该范围内。此外，在 2～6 nm 和 20～50 nm 范围内也出现了较小的峰，这可能是由部分 MCC 酸解过度以及部分直径较小的 NCC 引起的。

2) NCC 的形貌分析

从图 5-21 中可以看出，酸解法得到的 NCC 大多为棒状，其直径为 50～90 nm，长度为 150～400 nm。此外，NCC 出现了局部团聚现象，这是由于 MCC 经酸解后产生的 NCC 粒径变小，比表面积增大，使得含有大量羟基基团的 NCC 粒子之间更易通过氢键结合在一起，从而使得 NCC 发生了部分团聚现象[13]。另外，NCC 在室温下长期放置也会由于其不稳定性造成部分聚集的现象。

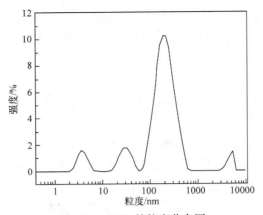

图 5-20　NCC 的粒度分布图

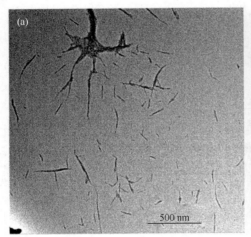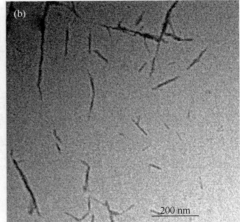

图 5-21　NCC 的透射电镜图

3) NCC 的 XRD 分析

纤维素是由结晶区和非晶区连接而成的，在制备纳米纤维素的过程中，由于非晶区的结构较为松散，酸解反应更容易发生在非晶区，氢离子的介入使得纤维素非晶区发生水解反应，产生水溶性产物；结晶区则由于其结构紧密，在适度酸性条件下不容易遭到破坏。如图 5-22 所示，NCC 和 MCC 在 2θ 为 16.3°、22.4°和 34.5°处均出现了明显的衍射峰，属于典型的纤维素 I 型结构。MCC 和 NCC 均具有较高的结晶度，但经酸解后的 NCC 在 16.3°处的衍射峰比 MCC 变强且更尖锐，这是由于从 MCC 酸解制得 NCC 的过程中，MCC 中的非晶区被溶解，使得原有纤维素的结晶区比例增大，结晶度增加。但是，从图 5-22 中可知，NCC 和MCC衍射峰的位置并没有发生变化，说明MCC经酸解后没有生成新的物质。

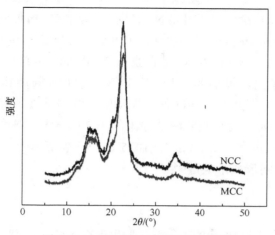

图 5-22　MCC 和 NCC 的 XRD 谱图

5.3.2　NCC 对膜性能的影响

5.3.2.1　FTIR 分析

从图 5-23 中可以看出，NCC 的主要特征吸收峰分别是 3328 cm^{-1} 处的—OH 伸缩振动，2900 cm^{-1} 处的 C—H 伸缩振动和在 1200～1000 cm^{-1} 范围内的由纤维素葡萄糖单元相互间连接的—C—O—C—系列伸缩振动。

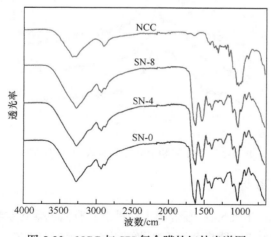

图 5-23　NCC 与 SPI 复合膜的红外光谱图

SN-0、SN-4、SN-8 分别表示 NCC 添加量为 0%、4%、8%的 SPI 与 NCC 复合膜

在 SPI/NCC 复合膜的图谱中，3270 cm^{-1} 处是—OH 和—NH 伸缩振动叠加的吸收峰，2928 cm^{-1} 处是 C—H 弯曲振动，1623 cm^{-1}、1537 cm^{-1}、1235 cm^{-1} 分别是

酰胺 I 带 C＝O 伸缩振动、酰胺 II 带 N—H 变形振动和 C—N 伸缩振动的耦合振动、酰胺Ⅲ带 C—N 伸缩振动的特征吸收峰，1039 cm⁻¹ 处与 C—O—C 伸缩振动相关。

与纯 SPI 膜相比，SPI/NCC 复合膜在 3270 cm⁻¹ 处的吸收峰随着 NCC 含量的增加而变宽，这可能是 SPI 与 NCC 之间的氢键相互作用所致。在 1623.2 cm⁻¹ 酰胺 I 带处的 C＝O 伸缩振动吸收峰向低波数移动；在 C—O—C 吸收峰处，加入 NCC 后，吸收峰从原来的 1039 cm⁻¹ 分别移动到 1038 cm⁻¹、1037 cm⁻¹、1036 cm⁻¹、1036 cm⁻¹、1035 cm⁻¹，表明 NCC 与 SPI 的酰胺基和 C—O—C 基团之间形成了氢键[14]。

5.3.2.2　XRD 分析

由图 5-24 可知，SPI 膜的衍射峰主要出现在 8.6°、19.1°、22.2°处。NCC 的加入，使得 SPI 膜在 22.2°处的衍射峰变强且更尖锐，这可能是 NCC 与 SPI 分子交联使得结构变得更加紧密有序，从而使复合膜的结晶度增大。此外，NCC 本身具有较高的结晶度，所以 NCC 的加入使复合膜的结晶度增大。

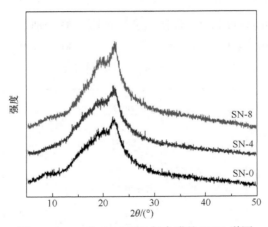

图 5-24　SPI 和 SPI/NCC 复合膜的 XRD 谱图

5.3.2.3　SEM 分析

从图 5-25 可知，SPI/NCC 复合膜表面平滑，有白色颗粒状物质，是由于 NCC 的加入而呈现的；纯 SPI 膜横截面有略微的孔洞，而 SPI/NCC 复合膜横截面比 SPI 膜更致密，这使 SPI/NCC 复合膜的阻气阻湿性能增强。然而，随着过量 NCC 的加入，使得 SPI 膜横截面出现裂痕，这可能是由于过量 NCC 发生团聚，与 SPI 相互作用力减弱，在外力作用下，NCC 容易从大豆分离蛋白基体中剥离出来[15]。

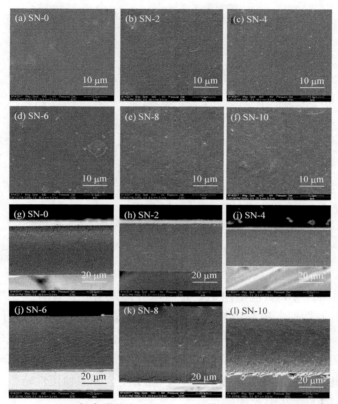

图 5-25　SPI/NCC 复合膜的表面[(a)～(f)]和横截面[(g)～(l)]的扫描电镜图

5.3.2.4　热力学稳定性分析

由图 5-26 可知，在 160～500℃范围内，NCC 持续降解。主要热分解分为两个阶段：130～270℃范围内为第一阶段，主要降解温度为 204℃，300～450℃范围内为第二阶段。

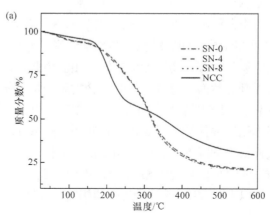

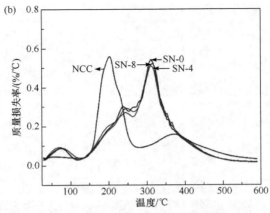

图 5-26　NCC 和 SPI/NCC 复合膜的热重分析曲线

(a) TG 曲线；(b) DTG 曲线

　　SPI/NCC 复合膜的 TG 曲线、DTG 曲线基本一致，无明显差异。由 DTG 曲线分析得出，20～100℃范围内主要是由水分蒸发引起，复合膜在 200℃左右出现了新的热分解弱峰，这是由 NCC 的存在造成的，220～260℃之间是由甘油的挥发而引起，300～400℃之间与蛋白质的降解相关。从 DTG 曲线中发现，薄膜在 312℃之后曲线基本一致，而在 312℃处复合膜的热降解变化率较空白对照膜高，说明在此之前复合膜质量变化较大，说明复合膜热稳定性略微变差，这可能是 NCC 在膜中的存在引起的。

5.3.2.5　机械性能分析

　　从表 5-2 中可以看出，SPI 膜具有较低的拉伸强度和较高的断裂伸长率，加入 NCC 后，拉伸强度随着 NCC 添加量的增加先上升后下降，在 6% 的 NCC 浓度下，拉伸强度达到最大值 9.28 MPa，断裂伸长率则随着 NCC 的加入呈下降趋势。这是因为 SPI 属于大分子物质，NCC 粒径较小，有较大的比表面积，当 NCC 加入后填充其网络结构，使膜结构变得更加致密。另外，在 NCC 分子结构内有大量的羟基基团易与大分子物质形成氢键作用。因此，微量的 NCC 可以使膜的拉伸强度有所提升。然而，过量的 NCC 会发生团聚，使分子间相互作用减弱，拉伸强度值下降。膜的断裂伸长率减小是由于 NCC 的加入使膜的刚性增强，且分子间相互作用增强使得分子链流动性减弱，过量 NCC 导致的膜的不均匀性都会造成断裂伸长率的降低，膜的应用价值也降低。与 Qazanfarzadeh 等[16]研究的乳清蛋白/燕麦壳 NCC 复合膜相比，SPI/NCC 复合膜的拉伸强度和断裂伸长率均高出至少 1 倍以上，表明 SPI 与 NCC 的相辅相成性更高，SPI 具有更大的应用潜力。

表 5-2 SPI 和 SPI/NCC 复合膜的机械性能、水蒸气透过系数和透氧值

编号	TS/MPa	EB/%	WVP/[×10⁻¹⁰ g/(mm² · s · Pa)]	OP/[cm³ · mm/(m² · d · atm)]
SN-0	5.57 ± 0.04^a	130.13 ± 3.90^d	2.56 ± 0.14^c	3.78 ± 0.17^b
SN-2	6.51 ± 0.37^b	94.40 ± 2.31^c	2.14 ± 0.05^b	3.20 ± 0.13^{ab}
SN-4	7.36 ± 0.10^c	93.47 ± 1.10^c	2.13 ± 0.04^b	2.23 ± 0.25^a
SN-6	9.28 ± 0.49^e	79.33 ± 7.67^b	2.02 ± 0.08^{ab}	2.15 ± 0.27^a
SN-8	8.20 ± 0.41^d	72.13 ± 4.35^{ab}	1.92 ± 0.03^a	2.79 ± 0.36^{ab}
SN-10	7.77 ± 0.27^{cd}	65.87 ± 3.40^a	1.86 ± 0.05^a	3.21 ± 0.24^{ab}

注：数据以平均值±标准偏差表示。不同的字母表示数据之间有显著差异($P<0.05$)。

5.3.2.6 水蒸气透过系数和透氧值分析

如表 5-2 所示，SPI 膜的 WVP 值随着 NCC 含量的增加而降低。空白 SPI 膜的 WVP 值为 $2.56×10^{-10}$ g/(mm² · s · Pa)，含有 NCC 的复合膜分别为 $2.14×10^{-10}$ g/(mm² · s · Pa)、$2.13×10^{-10}$ g/(mm² · s · Pa)、$2.02×10^{-10}$ g/(mm² · s · Pa)、$1.92×10^{-10}$ g/(mm² · s · Pa)、$1.86×10^{-10}$ g/(mm² · s · Pa)。OP 先减小后增大，当添加 6%的 NCC 时 OP 值最小。WVP 和 OP 值减小主要是 NCC 的加入填充了原有的 SPI 分子网络结构，使得 SPI 膜变得致密，孔隙较少，使得水分子和气体难以通过。添加 8%和 10%的 NCC 时，OP 值变大是由于过量的 NCC 可能会发生聚集使复合膜不均匀从而使得水分子和氧气容易通过；另外，从 SEM 图中可以看出，SN-8 和 SN-10 复合膜的横截面上有断裂现象。包装膜的 WVP 和 OP 值的减小对延长食品货架期有重要的意义。通过与乳清蛋白/燕麦壳 NCC 复合膜的透湿测试结果相比，SPI/NCC 复合膜的 WVP 值低于前者两个数量级，证明 SPI 与 NCC 的共混互溶性更高[16]。

5.3.2.7 光学性能及色度分析

从图 5-27 中可知，SPI/NCC 复合膜的透光性保持基本一致，无明显差异。在 200～300 nm 范围内，空白对照膜与复合膜的透光率均为 0%。

5.3.3 小结

本节制备的 NCC 粒径在 0～100 nm 范围内，从 TEM 图看出，NCC 呈棒状。SEM、机械性能及透氧性能测试结果表明，在 SPI 膜中加入 6%的 NCC 可以使膜

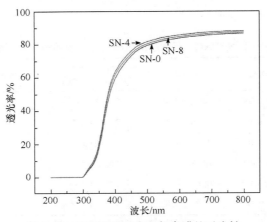

图 5-27　SPI 和 SPI/NCC 复合膜的透光性

变致密, 拉伸强度最大且透氧值最小; 随着 NCC 含量的增加, 复合膜的水蒸气透过系数降低; 膜的透光性及颜色无明显差异。FTIR 结果表明, SPI 与 NCC 形成新的氢键相互作用。由 XRD 分析得出, SPI 与 NCC 相容性良好, 且当 NCC 含量增多时, 复合膜的结晶度增大; 复合膜的热稳定性略微变差。与其他研究者的研究结果相比, SPI 与 NCC 具备更好的共混互溶性, 所制备的复合膜具有更好的机械性能和阻隔性能。

5.4　SPI/LRE 复合膜

甘草是最常用且重要的中药之一, 具有祛痰止咳、清热解毒、补脾益气、调和诸药等功效。目前, 甘草在工业化生产中主要是对甘草酸等成分进行开发利用, 剩余的甘草渣中还含有大量的黄酮类成分。大量研究表明, 甘草渣中的黄酮类成分具有良好的抗氧化活性。然而, 大部分研究却仅限于甘草渣中黄酮类物质的分离和提纯, 关于其实际应用方面还未见有报道。

本节以醇提法对甘草渣中活性成分进行提取, 并将甘草渣提取物(LRE)作为抗氧化剂应用于 SPI 膜, 制备了抗氧化性 SPI/LRE 复合膜, 探讨 LRE 的添加量对复合膜的物理性能和抗氧化性能的影响。此外, 研究了添加 LRE 的抗氧化性 SPI 复合膜对猪油的保鲜效果。

5.4.1　LRE 及其制备

5.4.1.1　LRE

甘草, 甘草属(豆科)多年生草本。甘草是一种营养价值高、疗效好的植物,在世界范围内被广泛用作食品和医药。甘草由于其味甜，在烟草、糖果、口香糖、牙膏和饮料等食品中被用作重要的甜味剂和调味剂。此外，甘草是东西方国家中历史最悠久、使用最频繁的民间药材之一。《中国药典》中，甘草被用于治疗咳嗽和哮喘。

迄今为止，已从甘草属植物中分离出 400 多种化合物。其中，三萜皂苷和黄酮类化合物是甘草中主要的化学成分。甘草中的黄酮类化合物因其结构多样性和重要的药理活性而备受关注，黄酮类化合物包括查耳酮、异黄酮、异黄烷、二氢黄酮、黄酮醇和芳香豆素[17]。

5.4.1.2 LRE 的制备

甘草渣提取物的制备步骤如下：

(1) 取 300 g 甘草根，沸水煎煮 3 次，每次 2 h，烘干，粉碎，即得甘草渣粉末；

(2) 称取四份 25 g 甘草渣粉末于锥形瓶中，分别加入 250 mL 乙醇，并于 25℃下振荡提取 12 h；

(3) 将锥形瓶中的液体过滤，合并后于 45℃下旋蒸浓缩，制得甘草渣提取物浓缩液；

(4) 将浓缩液移至容量瓶中，用乙醇定容，即得 LRE。LRE 浓度约为 43.6 g/L。

5.4.2 LRE 对膜性能的影响

5.4.2.1 FTIR 分析

LRE 与 SPI/LRE 复合膜的红外光谱如图 5-28(a)所示。在 LRE 的红外光谱图中，3293 cm^{-1} 处为属于酚羟基的伸缩振动峰；2923 cm^{-1} 和 2852 cm^{-1} 处为 C—H 的伸缩振动峰；1707 cm^{-1} 处为 C═O 伸缩振动峰；1604～1446 cm^{-1} 处的特征吸收峰属于芳香族 C═C 的伸缩振动峰；～1374 cm^{-1} 为 C—H 弯曲振动峰；1042 cm^{-1} 为酚类物质的 C—O 伸缩振动峰。上述结果表明，LRE 的主要成分为黄酮类物质，具有极好的抗氧化性能[18]。在 SPI/LRE 复合膜的红外光谱图中，所有样品均具有相似的特征吸收峰，分别为 3650～3200 cm^{-1}(O—H 伸缩振动)，3330～3060 cm^{-1}(N—H 弯曲振动)，2929 cm^{-1} 和 2874 cm^{-1}(C—H 伸缩振动)，1628 cm^{-1}(酰胺Ⅰ带，C═O 伸缩振动)、1538 cm^{-1}(酰胺Ⅱ带，N—H 弯曲振动)和 1236 cm^{-1}(酰胺Ⅲ带，C—N 伸缩振动)。红外光谱结果表明，LRE 中的酚羟基与 SPI 结构中的活性基团只是通过氢键相互作用，并没有发生化学反应。图 5-28(b)为 SPI 与 LRE 交联的机理图。

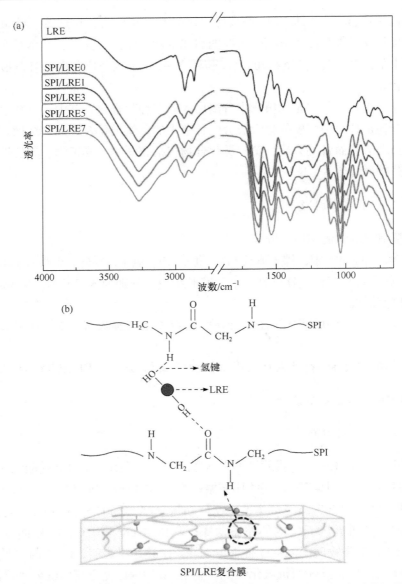

图 5-28　(a) LRE 与 SPI/LRE 复合膜的红外光谱图；(b) SPI 与 LRE 交联的机理图

SPI/LRE0、SPI/LRE1、SPI/LRE3、SPI/LRE5 和 SPI/LRE7 分别表示 LRE 添加量为 0%、1%、3%、5%和 7%
的 SPI 膜

5.4.2.2　XRD 分析

图 5-29 为 SPI/LRE 复合膜的 XRD 谱图。由图可知，空白 SPI 膜与 SPI/LRE 复合膜均在～21.0°出现宽的特征衍射峰，表明 SPI 基膜材料具有无定形特性。此外，

空白 SPI 膜与 SPI/LRE 复合膜的峰形相似，说明 LRE 的添加并没有改变 SPI 膜的晶体结构，LRE 与 SPI 具有良好的相容性。

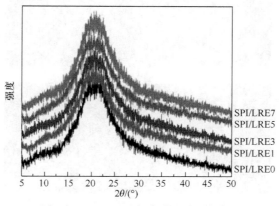

图 5-29　SPI/LRE 复合膜的 XRD 谱图

5.4.2.3　SEM 分析

图 5-30 为 SPI/LRE 复合膜的平面(s)(左)及断面(cr)(右)的扫描电镜图。由图 5-30 可知，空白 SPI 膜的表面光滑平整。LRE 浓度为 1%、3%和 5%的 SPI/LRE 复合膜平面仍然很光滑，表明 LRE 与 SPI 具有良好的相容性，使得膜结构均匀，但当 LRE 浓度达到 7%时，复合膜表面出现细小的气孔。空白 SPI 膜的断面结构光滑致密；随着复合膜中 LRE 浓度的增加，复合膜的断面变得粗糙，当 LRE 浓度达到 7%时，复合膜的断面出现许多微小的气孔。上述结果是由于 LRE 结构中的羟基可以与蛋白质表面的活性基团形成氢键，添加适量的 LRE 可以增强分子间的相互作用力，使得复

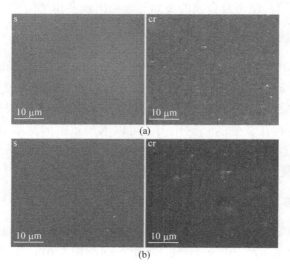

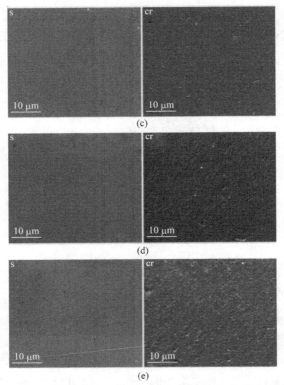

图 5-30　SPI/LRE 复合膜的平面(s)(左)及断面(cr)(右)的扫描电镜图
(a) SPI/LRE0；(b) SPI/LRE1；(c) SPI/LRE3；(d) SPI/LRE5；(e) SPI/LRE7

合膜结构变得略显粗糙。当 LRE 浓度为 7%时，过量的 LRE 会阻碍蛋白质-蛋白质之间的相互作用，使得复合膜的表面与断面出现多相结构[19]。

5.4.2.4　接触角分析

图 5-31 为 SPI/LRE 复合膜的接触角变化图。随着 LRE 浓度的增加，复合膜的接触角不断增大，当 LRE 浓度为 7%时，接触角数值最大，为 72.3°。上述结果表明，LRE 提高了 SPI 膜表面的疏水性能，这是由于 LRE 与 SPI 具有良好的相容性，两者间存在较强的氢键作用，可以形成致密的网络结构。此外，LRE 具有优良的疏水性能，也可以增大复合膜的接触角值。与 González 等[20]研究的 SPI/皂荚提取物复合膜相比，SPI/LRE 复合膜的疏水性较高。

5.4.2.5　水蒸气透过系数分析

图 5-32 为 SPI/LRE 复合膜的 WVP 值变化图。当 LRE 的浓度由 0%增至 5%时，复合膜的 WVP 值从 $1.76×10^{-5}$ g/(m · d · Pa)降至 $1.42×10^{-5}$ g/(m · d · Pa)；当 LRE 浓度

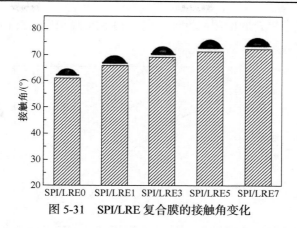

图 5-31 SPI/LRE 复合膜的接触角变化

为7%时，WVP值增至1.50×10^{-5} g/(m·d·Pa)。LRE的添加降低了复合膜的WVP值，这是由于 LRE 可以与复合膜基质形成氢键作用力。此外，LRE 中的疏水基团也可以阻碍水分子的传递。但复合膜的水蒸气渗透性能不仅取决于其化学结构，还与它的微观结构有关[21]。当 LRE 的浓度为 7%时，复合膜的 WVP 值上升，这是由复合膜的多孔微观结构导致地。类似地，Friesen 等[22]的研究表明，芦丁抗氧化剂的添加可以降低 SPI 膜的 WVP 值，作者将其归因于多酚与 SPI 之间的相互作用力可以减小蛋白质链间的空隙，阻碍了水分在膜基质中的迁移。相反，Pruneda 等[23]的研究表明，牛至提取物的添加增加了 SPI 膜的 WVP 值，这是由牛至提取物的亲水特性导致的。相比于 SPI/皂荚提取物复合膜，SPI/LRE 复合膜的 WVP 较高，但仍满足包装领域的要求[20]。

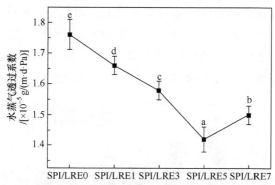

图 5-32 SPI/LRE 复合膜的水蒸气透过系数变化

5.4.2.6 透氧值分析

图 5-33 为 SPI/LRE 复合膜的透氧值变化图。SPI/LRE 复合膜的 OP 值均低于空白 SPI 膜，这是因为 SPI/LRE 复合膜的结构粗糙，增加了氧气通过路径的弯曲

程度，从而增强了复合膜的阻氧性能。与空白 SPI 膜相比，SPI/LRE 复合膜具有更好的阻氧能力。

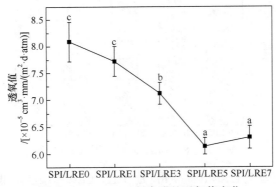

图 5-33　SPI/LRE 复合膜的透氧值变化

5.4.2.7　机械性能分析

SPI/LRE 复合膜的机械性能如图 5-34 所示。由图可知，LRE 的加入显著提高了 SPI 膜的 TS。随着 LRE 浓度的增大，复合膜的 TS 先上升后下降，并在浓度为 5%时出现最大值，数值为 10.83 MPa。复合膜拉伸强度的增加是因为 LRE 与 SPI 通过氢键交联产生了稳定的网络结构。LRE 的主要成分为黄酮类化合物，结构中含有的羟基能与蛋白质分子的活性基团形成氢键，这种强烈的相互作用力可以形成较强的界面黏附，从而更有效地抵抗了复合膜的断裂[24]。另一方面，LRE 与 SPI 间的氢键会降低复合膜的柔韧性能，因此复合膜的 EB 随着 LRE 浓度的增大先下降再上升；此外，LRE 含有的多酚类物质具有稳定的环状结构，也能阻碍复合膜中分子链的运动[25]。当 LRE 的浓度为 7%时，过量的 LRE 造成了不连续的复合膜结构，致使复合膜的 TS 下降，EB 上升。相比于 SPI/皂荚提取物

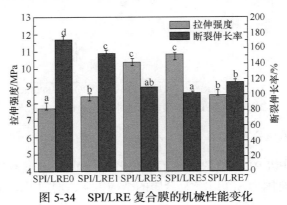

图 5-34　SPI/LRE 复合膜的机械性能变化

复合膜，SPI/LRE 复合膜的机械性能高于前者至少 1 倍，表明 LRE 较皂荚提取物与 SPI 之间的相互作用力更强[20]。

5.4.2.8　光学性能及色度分析

紫外光阻隔性能是包装材料的一种理想的特性，因为紫外光照射可能会造成感光性产品的质量问题，如氧化、营养损失和脱味等。由图 5-35 可知，所有的复合膜均具有良好的紫外光阻隔性能，它们在 200～300 nm 处的透光率均接近于 0%。随着抗氧化剂 LRE 添加量的增多，复合膜在 300～400 nm 紫外光区的透光率不断下降，这是因为 LRE 中的酚类物质具有吸收紫外光的作用，增强了复合膜的紫外光阻隔性能。Vilela 等[26]报道的添加了多酚鞣花酸的壳聚糖膜也出现了类似的结果。添加 LRE 后，复合膜在 400～800 nm 可见光区的透光率下降，这是复合膜颜色逐渐加深的结果。

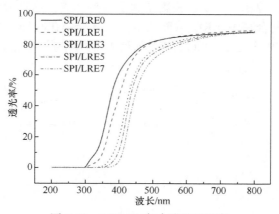

图 5-35　SPI/LRE 复合膜的透光率

表 5-3 为 SPI/LRE 复合膜的色度参数变化。LRE 的添加降低了复合膜的 L 值，表明复合膜的亮度下降。随着 LRE 浓度的增大，复合膜的 a 值减小，b 值增加，表明复合膜的红度减小、黄度增加。复合膜的总色差 ΔE 随着 LRE 浓度的增大而增大，这一结果与复合膜的色度数据一致。综上，复合膜呈现出深棕色的外观，且随着 LRE 浓度的增大颜色逐渐明显，这是由 LRE 自身颜色引起的效果。

表 5-3　SPI/LRE 复合膜的色度参数

样品	色度参数			
	L	a	b	ΔE
SPI/LRE0	96.52 ± 0.10[e]	−2.02 ± 0.05[d]	11.08 ± 0.42[a]	11.72 ± 0.44[a]
SPI/LRE1	95.08 ± 0.23[d]	−2.91 ± 0.04[c]	16.17 ± 0.64[b]	17.08 ± 0.68[b]
SPI/LRE3	92.19 ± 0.04[c]	−4.05 ± 0.01[b]	28.46 ± 0.02[c]	29.73 ± 0.03[c]

续表

样品	色度参数			
	L	a	b	ΔE
SPI/LRE5	90.72 ± 0.07^b	-4.08 ± 0.02^b	32.57 ± 0.15^d	34.06 ± 0.16^d
SPI/LRE7	88.48 ± 0.12^a	-4.19 ± 0.02^a	43.22 ± 0.33^e	44.88 ± 0.35^e

5.4.2.9　溶胀实验

图 5-36 为 SPI/LRE 复合膜在 10%乙醇(酒精类食物模拟物)和 95%乙醇(脂肪类食物模拟物)中的溶胀度随时间变化的曲线。由图可知,所有的复合膜在 10%乙醇中的溶胀度(400%～650%)都大于在 95%乙醇中的溶胀度(102%～120%)。此外,复合膜在10%乙醇中的溶胀速度明显高于在95%乙醇中的溶胀速度。上述结果表明,与95%乙醇相比,复合膜更亲和于10%乙醇,这是由 SPI 本身的亲水特性导致的。随着复合膜中 LRE 浓度的增大,复合膜在两种溶剂中的溶胀度有所下降,这是因为 SPI 与 LRE 之间的相互作用力不断增强[27]。然而,当 LRE 浓度达

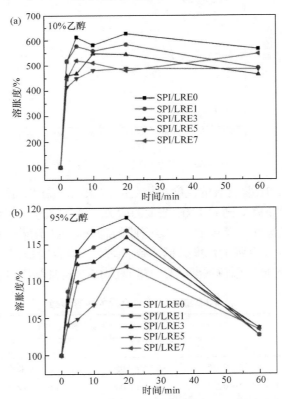

图 5-36　SPI/LRE 复合膜在 10%乙醇(a)和 95%乙醇(b)中的溶胀度随时间变化的曲线

到 7%时，复合膜的溶胀度略有上升。这是因为复合膜 SPI/LRE7 的多孔性结构更加亲水。复合膜在 10%乙醇中快速溶胀后即达到平衡；而在 95%乙醇中溶胀20 min 后溶胀度达到最大值，但在 60 min 时溶胀度反而下降，这是由复合膜中的甘油和 LRE 部分溶出引起的。与 SPI/皂荚提取物复合膜相比，SPI/LRE 复合膜的溶胀度大幅度降低，表明皂荚提取物具备极高的亲水性，而 LRE 的亲水性相比较低，使 SPI/LRE 复合膜的溶胀度也相应降低，使其具备更好的实际应用潜力[20]。

5.4.2.10　释放实验

SPI/LRE 复合膜在 10%乙醇和 95%乙醇两种食品模拟物中的总酚含量(TPC)的释放如图 5-37 所示。通常，膜材料释放的总酚会受到水合作用、基质的溶胀程度、酚类化合物与高分子聚合物的相互作用、选择的模拟物的类型、释放时间等因素的影响。如图所示，空白 SPI 膜在 10%乙醇和 95%乙醇中释放达到平衡时的 TPC 分别为 3.5 mgGAE/g 和 1.4 mgGAE/g，这是由 SPI 所释放的多肽类物质引

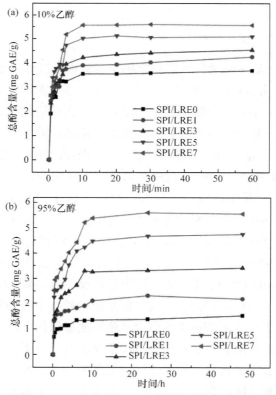

图 5-37　SPI/LRE 复合膜在 10%乙醇(a)和 95%乙醇(b)中总酚的释放

起的[28]。LRE 的添加显著提高了复合膜所释放的总酚，当 LRE 浓度由 1%增至 7%时，复合膜在 10%乙醇中释放的总酚由 4.0 mgGAE/g 增至 5.6 mg GAE/g，在 95%乙醇中释放的总酚由 2.2 mgGAE/g 增至 5.5 mgGAE/g。当释放达到平衡时，所有复合膜在 10%乙醇中所释放的总酚均高于其在 95%乙醇中的。这是由于蛋白质在 10%乙醇中更易发生溶胀和溶解。

在 10%乙醇中，复合膜中总酚的释放主要发生在前 10 min，随后释放速度减缓，并在 20 min 左右达到平衡。在 95%乙醇中，总酚的释放速度非常缓慢，在 10 h 时大约释放 94%，并在 24 h 时达到平衡。产生这一现象的主要原因是 SPI 基质本身的亲水特性使复合膜在 10%乙醇中的溶胀速度远快于在 95%乙醇中。10% 乙醇中的极性水分子更易于渗透到 SPI 基质，导致复合膜的溶胀，从而引起 SPI 的网络结构变得松散，进而促进了基质中的活性物质释放到外部溶剂中，直至达到平衡。相反，复合膜在 95%乙醇中能够很好地保持完整，使其中的活性物质释放缓慢。Peng 等[29]研究的添加绿茶提取物的壳聚糖膜的释放实验也得出了相同的结论。

5.4.2.11　抗氧化性能分析

SPI/LRE 复合膜在两种食物模拟物中所释放的活性物质的抗氧化性能通过 DPPH 和 ABTS 自由基清除实验这两种方法进行检测。图 5-38 为 SPI/LRE 复合膜在 10%乙醇和 95%乙醇中的 DPPH 和 ABTS 自由基清除率。如图所示，随着 LRE 浓度的增大，复合膜的 DPPH 和 ABTS 自由基清除率不断增大，表明添加的 LRE 明显提高了复合膜的抗氧化性能。在 10%乙醇中，当复合膜中 LRE 的浓度由 0%增加到 7%时，DPPH 自由基清除率由 3.0%增至 18.9%，ABTS 自由基清除率由 46.5%增至 69.9%。在 95%乙醇中，空白 SPI 膜的 DPPH 自由基清除率几乎为 0%，ABTS 自由基清除率为 12.2%；当复合膜中 LRE 的浓度由 1% 增加到 7%时，DPPH 自由基清除率由 10.5%增至 57.0%，ABTS 自由基清除率由 25.6%增至 82.9%。显然，与 95%乙醇相比，复合膜在 10%乙醇中所释放的活性物质具有较低的 DPPH 自由基清除能力和较高的 ABTS 自由基清除能力(复合膜 SPI/LRE5 和 SPI/LRE7 除外)。这可能是由两种自由基清除实验的特性不同造成的。Floegel 等 [30]曾发现 ABTS 自由基清除实验适用于亲水和亲脂两种抗氧化体系，而 DPPH 自由基清除实验更适用于亲脂性的抗氧化体系。因此，复合膜在 10%乙醇中展现出较高的抗氧化性可能是因为水溶性蛋白质和一部分释放出的 LRE 抗氧化剂共同作用的结果，这一结果与上一节释放实验部分的结果一致。此外，所有复合膜在 95%乙醇中所释放的活性物质的 DPPH 自由基清除率均高于其在 10%乙醇中的；且当复合膜中 LRE 浓度为 5%和 7%时，复合膜的 ABTS 自由基清除率也高于在 10%乙醇中。这可能是由于 LRE 更易溶于乙醇，使得复合膜在 95%乙醇中的抗氧化性主要是由于释放出的 LRE 的抗氧化作用。综上所述，SPI/LRE 复合膜具有卓越的抗氧化能力。相比于程玉娇等[31]研发的 SPI/迷迭香复合膜，SPI/LRE 复合膜的 ABTS 自由基清除率的更高，效果更明显。

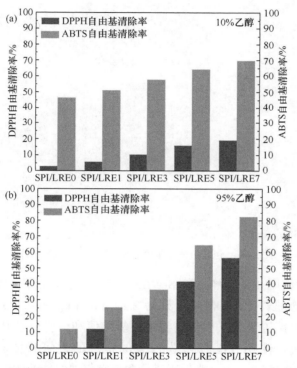

图 5-38　SPI/LRE 复合膜在 10%乙醇(a)和 95%乙醇(b)中的 DPPH 和 ABTS 自由基清除能力

5.4.2.12　SPI/LRE 复合膜在猪油包装中的应用

本节利用 SPI/LRE 复合膜对食用猪油进行包装，探讨其对猪油氧化稳定性的影响，并与生活中常见的 PE 保鲜膜包装后的猪油稳定性进行比较。实验以直接置于空气中的猪油作空白对照。图 5-39 为常温储藏 20 d 后猪油包装的照片，可以看出所有包装猪油的油包都能保持良好的完整性。

过氧化值是用来测定油脂在存储过程中氧化的初级产物量，主要反映油脂氧化的初级阶段；酸价主要用来测定油脂中游离脂肪酸的含量，是油脂酸败的晚期指标。《食品安全国家标准　食用动物油脂》(GB 10146—2015)中规定食用动物油脂的过氧化值≤7.88 mmol/kg(经 0.20 g/100g 转换)，酸价≤2.5 mg/g[32]。

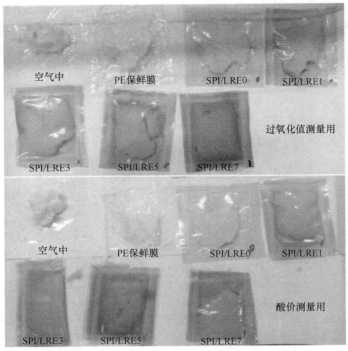

图 5-39　包装过的猪油在常温储藏 20 d 后的照片

图 5-40 为使用 PE 保鲜膜和 SPI/LRE 复合膜包装的猪油的过氧化值和酸价。新鲜猪油的过氧化值和酸价分别为 2.23 mmol/kg 和 0.2158 mg/g。在室温储藏 20 d 后，直接置于空气中的猪油的过氧化值和酸价分别升至 9.66 mmol/kg 和 0.3069 mg/g。使用 PE 保鲜膜包装的猪油的过氧化值和酸价分别升至 8.54 mmol/kg 和 0.3058 mg/g，略低于直接置于空气中的猪油的氧化指标。而使用 SPI/LRE 复合膜包装的猪油的氧化指标显著低于直接暴露在空气中的猪油和 PE 保鲜膜包装的猪油的氧化指标。当复合膜中 LRE 的浓度由 0%增至 7%时，猪油的过氧化值和酸价均呈现先下降后上升的趋势，并在 LRE 浓度为 5%时出现最小值；此时，猪油的过氧化值和酸价分别为 3.46 mmol/kg 和 0.2651 mg/g，略高于新鲜猪油的氧化指标。上述结果表明，SPI/LRE 复合膜能够显著提高油脂的稳定性能，这是由于复合膜中的具有良好抗氧化性的 LRE 可以释放到包装的猪油中，从而减缓了油脂的氧化。当 LRE 的浓度为 7%时，猪油的过氧化值和酸价再次上升，这可能是由复合膜的结构松散，氧气阻隔性能较低所致。此外，室温储藏 20 d 后，直接暴露在空气中的猪油和使用 PE 保鲜膜包装的猪油的过氧化值均

高于国家标准，而使用 SPI/LRE 复合膜包装的猪油的氧化指标都在国家标准要求的范围内。综上所述，SPI/LRE 复合膜具有良好的抗氧化性能，在油脂包装中具有良好的应用前景。

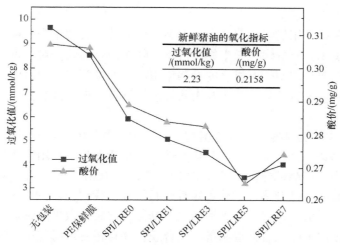

图 5-40　常温储藏 20 d 后猪油的过氧化值和酸价

Zhang 等研究的 SPI/蓝莓提取物复合膜包覆猪油 20 d 时，猪油的酸价和过氧化值分别为 0.87 mg/g 和 4.24 mmol/kg[33]。而包覆 SPI/LRE 复合膜的猪油，20 d 时的酸价和过氧化值分别为 0.2651 mg/g 和 3.46 mmol/kg，相关指标值均低于前者，表明 SPI/LRE 复合膜具备更好地延缓猪油氧化的效果。

5.4.3　小结

本节将 LRE 作为抗氧化剂加入到 SPI 膜中，制备出了具有抗氧化功能的 SPI/LRE 复合膜。研究发现，LRE 中的酚羟基与 SPI 结构中的活性基团通过氢键相互作用，并且 LRE 并没改变 SPI 膜的晶体结构。SPI/LRE 复合膜的结构非常致密；但过量的 LRE 会阻碍蛋白质之间的相互作用，使复合膜的表面与断面出现多相结构。另外，LRE 的浓度为 5%时，SPI/LRE 复合膜的机械性能、水蒸气和氧气的阻隔性能达到最佳。添加 LRE 的复合膜具有卓越的紫外光阻隔性能。通过溶胀实验发现，SPI/LRE 复合膜在 10%乙醇中的溶胀速度远大于在 95%乙醇中；且在 10%乙醇中的溶胀度大于在 95%乙醇中的溶胀度。释放实验发现，SPI/LRE 复合膜在 10%乙醇中总酚的释放速度和 TPC 均大于在 95%乙醇中。自由基清除实验发现，SPI/LRE 复合膜更适用于油脂的抗氧化。猪油包装实验发现，使用 SPI/LRE 复合膜包装的猪油的氧化指标显著低于直接暴露在空气中的猪油和 PE 保鲜膜包装的猪油的氧化指标，相比于同类研发产品，该复合膜具备更好的延缓油脂变质的能力。

5.5　SPI/NCC/黄柏提取物复合膜

黄柏是一种常用的清热药，含小檗碱、药根碱、黄柏酮等多种成分。药理学研究表明，黄柏具有抗病原微生物、抗炎、降血糖等功效，对金黄色葡萄球菌、变形杆菌、伤寒沙门菌等有显著的抑制作用。体外抑菌实验中得出，不同剂量的黄柏水提取物对金黄色葡萄球菌及大肠杆菌均具有一定的抑制作用，且具有一定的抗氧化效果。

本节以 SPI 为基底，甘油为增塑剂，黄柏提取物(CPE)为抗氧化剂加入到反应体系中，制备了具有抑菌及抗氧化特性的 SPI 活性膜。利用流变仪对成膜溶液的流变学行为进行测试分析。通过 FTIR、XRD、SEM、TGA 分别对膜的表面官能团、结晶状态、微观形态、热稳定性进行表征。探讨了不同含量的 CPE 对膜的机械性能、透氧、透湿、透光性能以及抑菌、抗氧化效果的影响。另外，本节将 SPI、CPE、NCC 三者共混制备了复合膜，并且将复合膜应用于油脂包装中，探讨了在复合膜包装储存条件下油脂与普通包装条件下油脂的酸价及过氧化值。

5.5.1　黄柏提取物

黄柏作为一种传统的中药，常在临床上应用。在临床上，黄柏能抑制细胞免疫、降血糖、降血压、抗菌，抗炎、解热、抗癌、抗溃疡、抗氧化、抗肾炎、抗痛风、抗病毒、促进关节软骨细胞代谢等。黄柏提取物的组成成分主要包括生物碱类、黄酮类、酚类衍生物、萜类、内酯类、甾醇类，以及些许酸类、多糖类物质。其中，主要活性成分是小檗碱。已有研究表明，黄柏提取物在体外试验中具有良好的抑菌及抗氧化的特性。此外，有学者根据黄柏独特的抗菌、抗氧化及抗湿疹的药用功效将其应用于化妆品中，发现 CPE 可以赋予护肤品多种天然功效，且由于其天然无毒害性在化妆品领域有广阔的应用前景。

另外，CPE 具有优良的抗氧化性能，其抗氧化机理如下：①CPE 中的活性成分给出电子可以清除自由基；②CPE 中存在的活性成分可与金属离子螯合，进而起到抗氧化的作用；③CPE 中像酚类物质的大量活性成分可以有效抑制氧化酶，使其失去活性。CPE 的抑菌特性是由于其中含有的生物碱类化合物而产生的，其抑菌机理包括抑菌物质致使细菌细胞表面结构的破坏，导致 Ca^{2+} 和 K^+ 从细胞释放，抑制或影响酶的活性，从而抑制 DNA 复制、RNA 转录和蛋白质生物合成，直接或间接影响了微生物的生长繁殖。

5.5.2　黄柏提取物对 SPI 膜性能的影响

5.5.2.1　FTIR 分析

图 5-41(a)为 CPE 的红外光谱图，3266 cm⁻¹ 处的特征吸收峰对应于酚羟基。在 1599 cm⁻¹ 处的吸收峰属于 C=C 芳香环的伸缩振动，在 1029 cm⁻¹ 处的特征吸收峰与甲氧基相关。以上官能团的出现表明 CPE 中有小檗碱的存在[34]。如图 5-41(b)所示，随着 CPE 的加入，3700～3100 cm⁻¹ 范围内的特征吸收峰逐渐变宽，通常 —OH 基团处的特征吸收峰强度减弱或者峰变宽均说明有氢键形成。此外，SPI/CPE 复合膜在 1623 cm⁻¹ 和 1532 cm⁻¹ 处的吸收峰明显减弱。在酰胺 I 处，吸收峰有略微的移动，吸收峰从 1623 cm⁻¹ 移动到了 1625 cm⁻¹ 处。综上所述，加入 CPE 后，膜中有新的氢键相互作用形成，且从吸收峰变化程度分析 CPE 主要与 SPI 中的酰胺基团发生相互作用。

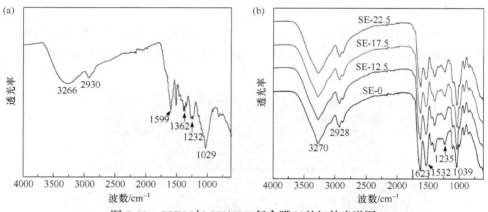

图 5-41　CPE(a)与 SPI/CPE 复合膜(b)的红外光谱图

SE-0、SE-12.5、SE-17.5 和 SE-22.5 分别表示 CPE 添加量为 0%、12.5%、17.5%和 22.5%的 SPI 膜

5.5.2.2　XRD 分析

空白对照膜和 SPI/CPE 复合膜的 XRD 谱图见图 5-42。空白对照膜的两个主要峰出现在 2θ 值为 8.9°和 19.9°处，这两个峰分别代表了 SPI 二级构象的 α-螺旋和 β-折叠结构[35]。空白对照膜在 2θ 值为 21.8°附近呈现出主要的宽峰，表明非结晶态球蛋白(7S 和 11S)是 SPI 膜中蛋白质的重要组成部分。随着膜中 CPE 浓度的增大，主峰的峰强度逐渐减弱，表明原有的晶体结构在一定程度上遭到了破坏。加入 CPE 后，XRD 谱图中未出现新的结晶峰，8.9°处原有的衍射峰消失，15°～30°范围内的衍射峰变宽且强度明显减弱，说明 CPE 与 SPI 有良好的相容性。

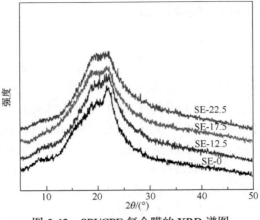

图 5-42 SPI/CPE 复合膜的 XRD 谱图

5.5.2.3 SEM 分析

膜的表面和横截面的形貌如图 5-43 所示。空白对照膜的表面和横截面的形态看起来较为平滑。随着 CPE 的加入，SPI/CPE 复合膜的表面和横截面开始变得粗糙、不平整，表面出现凸起的大颗粒状结构，这可能是由于过量 CPE 分子的加

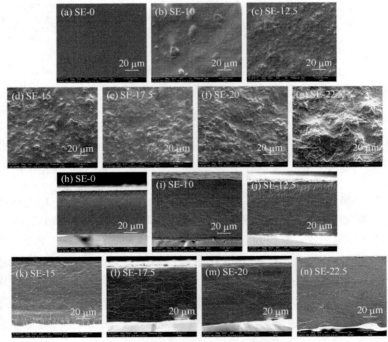

图 5-43 SPI/CPE 复合膜的表面[(a)～(g)]和横截面[(h)～(n)]扫描电镜图

入使其发生自聚集及与蛋白质之间互相缠绕聚集，这种现象会导致膜的机械性能变差。通过观察膜的横截面发现，在 SPI/CPE 复合膜的横截面出现了一些褶皱及轻微的裂痕，这种现象会影响复合膜的柔韧性，使其断裂伸长率下降。

5.5.2.4 热稳定性分析

SPI/CPE 复合膜的 TG 曲线和 DTG 曲线如图 5-44 所示。SPI 膜在温度 30～120℃之间的质量损失与水有关；在 120～260℃之间的质量损失是由于甘油的挥发；在 300～400℃之间的质量损失是由于蛋白质的降解。

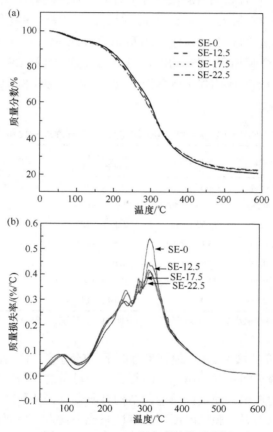

图 5-44　SPI/CPE 复合膜的热重分析
(a) TG 曲线；(b) DTG 曲线

随着 CPE 的加入，复合膜的 TG 曲线没有明显变化。然而，在 DTG 曲线中，随着 CPE 浓度的增大，第一阶段的最高降解温度从 75.13℃上升到了 87.51℃，其结果是由于 SPI、CPE 及甘油分子之间形成了新的氢键，从而降低了膜中游离的水含量[36]。与空白对照膜相比，SPI/CPE复合膜在260~300℃之间出现了新的质量损失，这种现象归因于CPE的热降解。SPI/CPE复合膜与空白对照膜的最高降解温度没有显著差异，但CPE加入后300~400℃之间的质量变化率较空白对照膜小。因此，该复合膜的热稳定性能略微降低。

5.5.2.5　机械性能分析

如表5-4所示，空白对照膜的TS和EB分别为5.57 MPa和130.13%。随着CPE浓度的增大，复合膜的TS值呈先上升后下降的趋势。当CPE的浓度达到15%时，复合膜的TS最大为6.00 MPa。但是，当CPE的浓度超过15%时，TS逐渐降低。CPE浓度达到22.5%时，TS降低至4.50 MPa。与Zhang等[33]研究的SPI/蓝莓提取物复合膜相比，整体SPI/CPE复合膜的TS和EB均高于前者，表明CPE与SPI之间的相互作用强于蓝莓提取物与SPI，说明SPI/CPE复合膜具备更好的市场商业化潜力。

表 5-4　SPI/CPE 复合膜的机械性能、水蒸气透过系数和透氧值

编号	TS/MPa	EB/%	WVP/[$\times 10^{-10}$ g/(mm² · s · Pa)]	OP/[cm³ · mm/(m² · d · atm)]
SE-0	5.57 ± 0.04^a	130.13 ± 3.90^g	2.56 ± 0.14^c	3.78 ± 0.17^c
SE-10	5.68 ± 0.28^a	88.73 ± 4.97^f	2.44 ± 0.12^{bc}	3.43 ± 0.28^c
SE-12.5	5.70 ± 0.17^a	73.07 ± 2.65^e	2.36 ± 0.07^{ab}	2.81 ± 0.34^{bc}
SE-15	6.00 ± 0.40^a	56.73 ± 2.22^d	2.34 ± 0.13^a	2.73 ± 0.28^{bc}
SE-17.5	5.01 ± 0.37^b	49.00 ± 2.85^c	2.29 ± 0.03^{ab}	2.15 ± 0.37^{ab}
SE-20	4.73 ± 0.02^b	37.43 ± 0.05^b	2.24 ± 0.04^a	1.74 ± 0.16^a
SE-22.5	4.50 ± 0.16^b	31.00 ± 2.61^a	2.19 ± 0.01^a	1.75 ± 0.30^a

注：数据以平均值±标准偏差表示。不同的字母表示数据之间有显著差异($P<0.05$)。

随着CPE浓度的增大，EB值则呈逐渐下降的趋势。这是由于在CPE和SPI分子之间形成了分子间相互作用，同时复合膜中过量的CPE可能破坏了SPI分子内部之间原有的氢键，使蛋白质卷曲结构有所变化，从而降低了膜的延展性和柔韧性。在测定拉力时，膜的厚度已在测试系统中输入，所以排除了厚度对膜机械性能的影响。

5.5.2.6　水蒸气透过系数分析

如表5-4所示，空白对照膜的WVP值最高为2.56×10^{-10} g/(mm² · s · Pa)，这是由SPI的亲水性造成的。当在膜中加入CPE后，复合膜的WVP值变小。CPE浓度从0%增大到22.5%，复合膜的WVP值从2.56×10^{-10} g/(mm² · s · Pa)分别下降到

$2.44×10^{-10}$ g/(mm^2·s·Pa)、$2.36×10^{-10}$ g/(mm^2·s·Pa)、$2.34×10^{-10}$ g/(mm^2·s·Pa)、$2.29×10^{-10}$ g/(mm^2·s·Pa)、$2.24×10^{-10}$ g/(mm^2·s·Pa)和$2.19×10^{-10}$ g/(mm^2·s·Pa)。这是由于膜中较高浓度的 CPE 可以使膜的孔隙变小，使水分子穿过膜的路径变得更曲折，从而使得水分子更难通过。此外，SPI 和 CPE 分子之间形成新的氢键，使复合膜中暴露在外的羟基基团减少，结合水的能力变差。在食品包装应用上，WVP 值的降低有利于延长食品的货架期。与 González 等[20]研究的 SPI/皂荚提取物复合膜相比，两者的水蒸气透过系数相差不大，但明显高于之前的 SPI/LRE 复合膜，表明 SPI/CPE 复合膜较之前的研究工作有了显著的改善与提升。

　　如表 5-4 所示，空白对照膜的 OP 值为 3.78 cm^3·mm/(m^2·d·atm)。随着复合膜中 CPE 浓度从 0%增大到 22.5%，OP 值从 3.78 cm^3·mm/(m^2·d·atm)降至 1.75 cm^3·mm/(m^2·d·atm)，降低了 53.70%。由于复合膜具有亲水性，因此对于非极性氧分子具有良好的屏障作用。CPE 添加到 SPI 膜中后，CPE 中的大量极性物质同时也被混合到膜中，因此非极性氧分子在复合膜中的结合能力也随之降低[37]。另外，与空白对照膜相比，CPE 的加入可能会使氧气的扩散路径变得更加曲折，进而使得氧气的扩散变得困难。

5.5.2.7　光学性能及色度分析

　　图 5-45 为 SPI/CPE 复合膜在 200～600 nm 范围内的透光率曲线。在 300～380 nm 范围内，SPI/CPE 复合膜的透光率为 0%，而空白对照膜具有较高的透光率，说明 CPE 添加到 SPI 膜后，使复合膜对紫外光有更好的阻隔效果。以 600 nm 为基线，空白对照膜、SE-10、SE-12.5、SE-15、SE-17.5、SE-20 和 SE-22.5 复合膜的透光率分别为 84.91%、23.14%、16.82%、14.53%、8.76%、7.27%和 6.57%，说明随着 CPE 浓度的增大，复合膜的透光率明显下降，即复合膜的透光性变差。

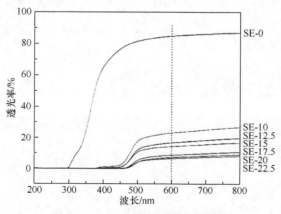

图 5-45　SPI/CPE 复合膜的透光率

如表 5-5 所示，SPI/CPE 复合膜的 L 值较低、a 与 b 值较高。空白对照膜的 L 值为 96.38，而添加 CPE 的复合膜的 L 值分别为 83.90、83.42、81.72、75.05、74.24、72.84，表明复合膜随着 CPE 浓度的增大而变暗。复合膜的 b 值从 10.67 增加到 93.94，表明复合膜的颜色偏向黄色。a 值由负值逐渐变成正值，表明复合膜的颜色发红。综上所述，复合膜的颜色呈棕黄色，这是由黄柏提取物本身呈现棕黄色所致。

表 5-5　SPI/CPE 复合膜的色度参数

编号	L	a	b
SE-0	96.38 ± 0.11^a	-1.80 ± 0.06^b	10.67 ± 0.57^a
SE-10	83.90 ± 0.12^b	-4.22 ± 0.13^a	87.92 ± 0.21^b
SE-12.5	83.42 ± 0.15^b	-3.85 ± 0.16^a	88.76 ± 0.94^b
SE-15	81.72 ± 0.14^c	-2.17 ± 0.15^b	89.85 ± 0.44^c
SE-17.5	75.05 ± 0.51^d	4.97 ± 0.48^c	93.16 ± 0.37^d
SE-20	74.24 ± 0.22^e	5.39 ± 0.01^c	93.55 ± 0.02^d
SE-22.5	72.84 ± 0.58^f	7.52 ± 0.54^e	$93.94 \pm 0.04d$

注：数据以平均值 ± 标准偏差表示。不同的字母表示数据之间有显著差异（$P < 0.05$）。

5.5.2.8　抑菌活性分析

食品中大肠杆菌（$E.\ coli$）和金黄色葡萄球菌（$S.\ aureus$）的存在严重威胁到了食品安全。因此，本节将 SPI/CPE 复合膜对 $E.\ coli$ 和 $S.\ aureus$ 的抑制效果作为检测指标。如图 5-46 所示，根据测量抑菌圈的大小来评估抑菌性的强弱。

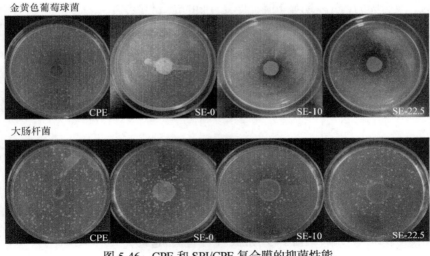

图 5-46　CPE 和 SPI/CPE 复合膜的抑菌性能

从图中可知，空白对照膜上没有抑菌圈。但 SPI/CPE 复合膜对 *S. aureus* 表现出明显的抑菌圈，而且抑菌圈随着 CPE 浓度的增大而增大。由表 5-6 可知，空白对照膜的抑菌圈为 0 mm，CPE 对 *S. aureus* 抑菌圈的大小为 21.29 mm，而对 *E. coli* 的抑菌圈为 10.00 mm；在膜中添加最小剂量 CPE 时，SE-10 复合膜对 *S. aureus* 的抑菌圈大小为 12.99 mm，随着 CPE 浓度的增大，抑菌圈也随之增大，当 CPE 浓度达到 22.5%时，抑菌圈达到了 18.36 mm。SPI/CPE 复合膜的抗菌活性是由于释放具有抑菌作用的生物碱类化合物而产生的，其抑菌机理包括抑菌物质致使细菌细胞表面结构的破坏，导致 Ca^{2+} 和 K^+ 从细胞释放，抑制或影响酶的活性，抑制 DNA 复制、RNA 转录和蛋白质生物合成[38]。然而，SPI/CPE 复合膜对 *E. coli* 抑菌性极弱。一般来说，脂多糖层的存在与革兰氏阴性菌的存活力有关，并且可能降低这些细菌对天然提取物的易感性[39]。虽然与百里香及牛至精油等分析纯活性物质制备的 SPI 复合膜的抑菌效果略有差异，但仍具备一定的抑菌特性，此结果与陈默等研究的 SPI/香兰素复合膜的研究结果相似，为后续的开发和改良提供了一定的理论基础[40, 41]。

表 5-6　CPE 和 SPI/CPE 复合膜的抑菌圈直径

菌种	抑菌圈直径/mm			
	CPE	SE-0	SE-10	SE-22.5
金黄色葡萄球菌	21.29 ± 0.49[d]	0.00 ± 0.00[a]	12.99 ± 0.26[b]	18.36 ± 0.57[c]
大肠杆菌	10.00 ± 0.00[a]	0.00 ± 0.00[a]	10.00 ± 0.00[a]	10.00 ± 0.00[a]

5.5.2.9　抗氧化性能分析

SPI/CPE 复合膜的 TPC 如图 5-47 所示。由图可知，空白对照膜的 TPC 最低，

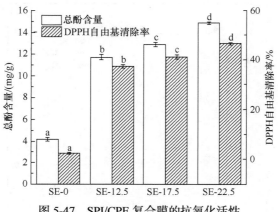

图 5-47　SPI/CPE 复合膜的抗氧化活性

为 4.17 mg/g。SPI/CPE 复合膜的 TPC 明显增加，呈上升趋势，其中，SE-22.5 复合膜具有最高的 TPC，为 14.87 mg/g，约是空白对照膜的 3.6 倍。在酚类化合物和 SPI 之间通过羟基和—NH_3^+ 基团形成新的氢键。

空白对照膜对 DPPH 自由基具有较小的清除活性，大约为 2.51%，这可能是由来自大豆蛋白水解产物小肽的清除活性引起的。SPI/CPE 复合膜对 DPPH 自由基的清除率随着 CPE 含量的增加而增大，当 CPE 浓度从 0% 上升到 22.5% 时，DPPH 自由基清除率从 2.51% 上升到 46.59%。添加 CPE 后，复合膜具有优良的抗氧化性能，其机理是：①CPE 中的活性成分给出电子可以清除自由基；②CPE 中存在的活性成分可与金属离子螯合，进而起到了抗氧化的作用；③CPE 中像酚类物质等大量活性成分可以有效抑制氧化酶，使其失去活性。综上所述，在 SPI 膜中加入 CPE 可以较大限度地提高膜的抗氧化活性，这对提高食品货架期具有重要意义。相比于程玉娇等[31]研发的 SPI/迷迭香复合膜和之前研究的 SPI/LRE 复合膜，SPI/CPE 复合膜的 ABTS 自由基的清除率略有降低，这是由于 CPE 自身的化学结构特性引起的，但总体来说相差不大。

5.5.2.10　释放实验

从图 5-48 中可以看出，采用 10% 乙醇食品模拟液对膜中抗氧化剂的释放效果最好，水的释放效果次之，95% 乙醇释放效果最差。并且试样在食品模拟液中释放 5 min 时，膜中抗氧化剂释放的效果各不相同，这与抗氧化物质在食品模拟液中的溶解度相关。由于 CPE 是在水中提取而来的，所以在接近水的释放剂中 CPE 中的抗氧化物质溶解度更高。此外，CPE 中含有的小檗碱等物质在乙醇中溶解度较高，所以试样在 10% 乙醇中释放效果好。该结果与 SPI/LRE 复合膜的结果相类似。

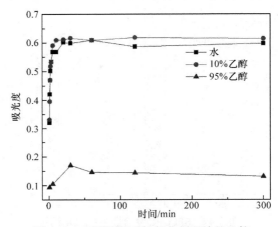

图 5-48　不同溶剂对抗氧化剂释放的比较

5.5.3 黄柏提取物对 SPI/NCC 膜性能的影响

5.5.3.1 机械性能分析

由表 5-7 可知，SPI/NCC 复合膜的力学性能随着 CPE 浓度的增大呈先上升后下降的趋势，在 CPE 浓度为 15%时达到最大值 6.61 MPa。与 SPI/CPE 复合膜相比，CPE 浓度相同时，SPI/NCC/CPE(SNE)复合膜拉伸强度高于 SPI/CPE 复合膜，这是由于 NCC 的加入与 SPI 及 CPE 分子之间发生了交联，且小分子的 NCC 填充了 SPI/NCC 复合膜的网络结构，使得膜结构变得更加紧密，从而提高了活性膜的拉伸强度。NCC 的加入弥补了 SPI/CPE 抑菌/抗氧化复合膜机械性能不佳的缺陷，使得复合膜在工业化应用中具有一定的价值。

表 5-7 SPI/NCC/CPE 复合膜的机械性能、水蒸气透过系数和透氧值

编号	TS/MPa	EB/%	WVP/[×10⁻¹⁰ g/(mm² · s · Pa)]	OP/[cm³ · mm/(m² · d · atm)]
SNE-10	6.04 ± 0.10^b	79.47 ± 6.23^b	2.45 ± 0.06^{ab}	3.23 ± 0.23^c
SNE-12.5	6.19 ± 0.44^b	74.20 ± 7.12^{ab}	2.41 ± 0.05^{ab}	2.59 ± 0.14^{bc}
SNE-15	6.61 ± 0.23^c	72.20 ± 1.64^{ab}	2.35 ± 0.04^{ab}	2.58 ± 0.33^{bc}
SNE-17.5	5.40 ± 0.06^a	71.07 ± 1.81^{ab}	2.46 ± 0.02^{ab}	1.94 ± 0.08^{ab}
SNE-20	5.33 ± 0.03^a	67.80 ± 4.53^a	2.64 ± 0.01^c	1.72 ± 0.22^a
SNE-22.5	5.20 ± 0.10^a	65.87 ± 4.31^a	3.07 ± 0.04^d	1.51 ± 0.16^a

注：SNE-10、SNE-12.5、SNE-15、SNE-17.5、SNE-20 和 SNE-22.5 代表 CPE 添加量分别为 10%、12.5%、15%、17.5%、20%和 22.5%的 SPI/NCC/CPE 复合膜。数据以平均值±标准偏差表示。不同的字母表示数据之间有显著差异($P<0.05$)。

SPI/NCC/CPE 复合膜的断裂伸长率与 SPI/CPE 复合膜一致，都是随着 CPE 浓度的增大而呈下降趋势。这是由于 SPI/NCC/CPE 复合之后，分子之间的相互作用使膜的刚性增强，导致膜的柔韧性和延展性降低。与 Qazanfarzadeh 等[16]研究的乳清蛋白/燕麦壳 NCC 复合膜相比，SPI/NCC/CPE 复合膜的拉伸强度和断裂伸长率仍高出至少 1 倍以上；但与之前研究的 SPI/NCC 复合膜相比，CPE 的加入略微降低了复合膜的机械性能，这是由膜结构的变化引起的。

5.5.3.2 水蒸气透过系数和透氧值分析

由表 5-7 可见，CPE 浓度从 0%增大到 15%时，复合膜的 WVP 值逐渐减小，SNE-15 复合膜的 WVP 值最小，其原因可能是 CPE 的加入使得 SPI/NCC 复合膜的网络结构变得更加紧密，水分子不易渗透。然而，当 CPE 浓度超过 15%时，复合膜的 WVP 值开始增大，这是由于复合膜中分子过多使得暴露在表面的亲水基团增多，使得更多的水分子结合在膜上，对水分的阻隔性能降低。

此外，复合膜的 OP 值随着 CPE 浓度的增大而减小，这与复合膜的致密性密切相关，NCC 与 CPE 在膜中的添加，使得复合膜的网络结构稳定，孔隙被细小颗粒填充，使得氧气通过复合膜的途径变得更加曲折，因此对氧气具有良好的阻隔性能。相比于之前的 SPI/LRE 复合膜，其水蒸气透过系数仍然维持在较低的状态。

5.5.3.3 光学性能及色度分析

如图 5-49 所示，SPI/NCC/CPE 复合膜的透光性随着 CPE 的加入而显著降低。在 200～400 nm 区域内，复合膜的透光率为 0%，而未添加 CPE 的复合膜具有较高的透光率，说明 CPE 的加入对紫外光有很好的屏蔽作用。在可见光区，与 600 nm 处的透光率进行比较，SNE-0、SNE-10、SNE-12.5、SNE-15、SNE-17.5、SNE-20 和 SNE-22.5 复合膜的透光率分别为 84.91%、39.58%、28.23%、23.70%、17.99%、11.47%和 6.57%，透光率随着 CPE 浓度的增大而明显下降，但从右侧透光图中仍然可以看到透光膜下面的文字。透光率的下降对于需要避光保存的食品有极大的优势。

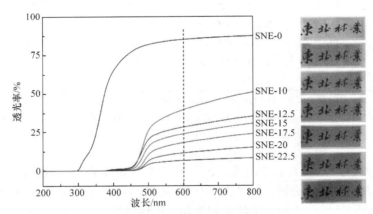

图 5-49　SPI/NCC/CPE 复合膜的透光性

表 5-8 是 SPI/NCC/CPE 复合膜的色度数据。从表中可以看出，随着 CPE 浓度的增大，复合膜的 L 值越来越小，说明复合膜的亮度变暗，这是由 CPE 中本身含有的深色物质引起的。a 和 b 值呈上升趋势，说明 CPE 的添加使得膜颜色更趋向于棕黄色。

表 5-8　SPI/NCC/CPE 复合膜的色度参数

编号	L	a	b
SNE-0	96.38 ± 0.13[a]	−1.80 ± 0.08[b]	10.67 ± 0.69[a]
SNE-10	82.36 ± 0.43[b]	−2.98 ± 0.53[a]	96.80 ± 0.39[b]

续表

编号	L	a	b
SNE-12.5	79.10 ± 0.66[c]	1.07 ± 0.77[b]	94.22 ± 0.46[b]
SNE-15	78.83 ± 0.76	1.88 ± 0.83	98.62 ± 0.41[c]
SNE-17.5	74.84 ± 0.21[d]	5.97 ± 0.29[c]	100.54 ± 0.12[d]
SNE-20	74.57 ± 0.54[e]	6.55 ± 0.55[c]	100.15 ± 0.27[d]
SNE-22.5	73.07 ± 0.53[f]	7.90 ± 0.42[e]	98.32 ± 4.83d

注：数据以平均值 ± 标准偏差表示。不同的字母表示数据之间有显著差异($P<0.05$)。

5.5.3.4 SPI/NCC/CPE 复合膜在猪油和牛油包装中的应用

1) 猪油和牛油的过氧化值变化

图 5-50(a)和(b)分别为猪油和牛油新鲜时及储藏 10 d、20 d 和 30 d 时的过氧

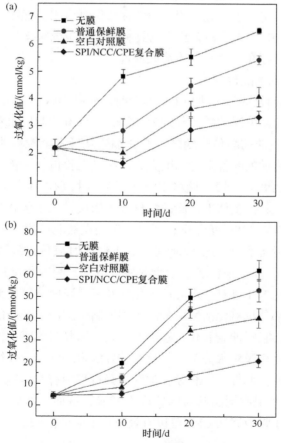

图 5-50 猪油(a)和牛油(b)的过氧化值变化

化值变化。

0 d 时，猪油的过氧化值为 2.21 mmol/kg，牛油为 4.55 mmol/kg。室温下储藏 1 d 后，无膜及普通保鲜膜包装的猪油过氧化值明显上升，而空白对照膜和 SPI/NCC/CPE 复合膜包装的猪油过氧化值下降，这是由于油脂在新鲜时已经有部分氧化，而在 SPI/NCC/CPE 复合膜的包装下，复合膜中有效抗氧化剂的释放使得油脂的过氧化值有所降低。储藏 20 d 和 30 d 后，不同包装的猪油过氧化值大小依次是无膜包装＞普通保鲜膜＞空白对照膜＞SPI/NCC/CPE 复合膜。

牛油在储藏过程中，过氧化值随着储藏时间增加呈上升趋势，且不同包装牛油的过氧化值大小始终保持无膜包装＞普通保鲜膜＞空白对照膜＞SPI/NCC/CPE 复合膜。从图 5-50(b)中可以发现，SPI/NCC/CPE 复合膜包装的牛油，过氧化值变化程度最小，说明牛油氧化程度较为缓慢。综上所述，SPI/NCC/CPE 复合膜对于油脂保鲜具有良好的效果。这是由于 SPI 和 CPE 中含有的酚类等物质，对于油脂可以起到一定的抗氧化作用。CPE 在膜保鲜应用中起缓释的效果，其释放量微小，而且 CPE 作为一种天然产物具有安全性、抗氧化、抗菌的药理作用，因此在食品中微量存在不会对人体造成危害。

2) 猪油和牛油的酸价变化

图 5-51(a)和(b)分别为猪油和牛油新鲜时及储藏 10 d、20 d 和 30 d 时的酸价变化。猪油和牛油新鲜时的酸价分别为 0.200 mg/g 和 1.119 mg/g，随着储藏时间的增加，猪油和牛油的酸价也随之上升，油脂从感官上没有明显差异。在储藏 10 d 时，牛油和猪油的酸价上升幅度大小依次是无膜包装＞普通保鲜膜＞空白对照膜＞SPI/NCC/CPE 复合膜。储藏 20 d 和 30 d 时，不同包装的猪油和牛油的酸价变化程度不均一，但整体上油脂的酸价大小依次是无膜包装＞普通保鲜膜＞空白对照膜＞SPI/NCC/CPE 复合膜。猪油、牛油在储藏过程中的酸价均未超过国家标准的上限，这是因为动物油脂在常温下储存时氧化过程较为缓慢。综上所述，SPI/NCC/CPE 复合膜包装下油脂的酸价最低，酸败程度最小，这是由于一方面，复合膜中的 SPI 具有一定的抗氧化性及复合膜中抗氧化剂的存在，在对油脂包裹的过程中部分抗氧化活性成分渗入到油脂中抑制了油脂的氧化，复合膜中的抗氧化剂同时会吸附油脂氧化过程中的产物，因此对油脂的保鲜起到了重要作用；另一方面，复合膜对水分及氧气具有较好的阻隔性能，使得油脂缺少了发生酸败所必需的条件。此外，复合膜在油脂储藏过程中有效抑制了油脂中微生物的生长，使得油脂产生有利脂肪酸的速度变缓慢，进而也有效地延缓了油脂的酸败。所以，在 SPI 膜中添加 CPE 可以有效阻止油脂的酸败。

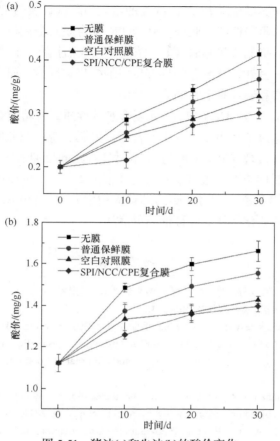

图 5-51　猪油(a)和牛油(b)的酸价变化

与 Zhang 等[33]研究的 SPI/蓝莓提取物复合膜相比，包覆猪油 20 d 时，猪油的酸价和过氧化值分别为 0.87 mg/g 和 4.24 mmol/kg，而包覆 SPI/NCC/CPE 复合膜的猪油，在第 20 天时的酸价和过氧化值分别为 0.28 mg/g 和 2.58 mmol/kg，相关指标值均低于前者，表明 SPI/NCC/CPE 复合膜具备更好地延缓猪油变质的效果。且该复合膜对牛油也具有优秀的延缓氧化能力，填补了牛油用可食活性膜的研究空白。

5.5.4　小结

本节首先将 SPI、甘油与 CPE 混合制备了具有天然抗菌/抗氧化的复合膜，SPI/CPE 复合膜的拉伸强度由于分子间形成新的相互作用而略有增加。随着复合膜中 CPE 浓度的增大，复合膜的断裂伸长率逐渐降低，水蒸气透过系数、透氧值下降。透光性和亮度也随着 CPE 浓度的增大而降低，表明 CPE 的添加增强了复合膜对紫外光的阻隔性能。此外，SPI/CPE 复合膜对金黄色葡萄球菌具有较佳的抑制效果，并且抑制效果随着 CPE 浓度的增大而提高。但复合膜对大肠杆菌抑制效果不明显。另外，该复合膜具有良好的抗氧化性能。研究发现 SPI/CPE 复合膜对于食品包装和储存有潜在的应用价值。

其次，研究了 SPI/NCC/CPE 三元复合膜的性质，并将复合膜应用于猪油和牛油的包装上，探讨了油脂在空气中、普通保鲜膜、空白对照膜和复合膜包装下的氧化酸败程度。发现 CPE 浓度为 15%时复合膜的拉伸强度最大，WVP 值最小。复合膜的断裂伸长率、透氧值及透光性能随着 CPE 浓度的增大而降低，且复合膜的颜色为棕黄色。在对油脂的储藏应用中发现，SPI/NCC/CPE 三元复合膜可以延缓油脂的氧化，从而保证油脂的品质。

参 考 文 献

[1] 陈珊珊, 陶宏江, 王亚静, 等. 葵花籽壳纳米纤维素/壳聚糖/大豆分离蛋白可食膜制备工艺优化. 农业工程学报, 2016, 32(8): 306-314.

[2] Marsalek R. Particle size and zeta potential of ZnO. APCBEE Procedia, 2014, 9: 13-17.

[3] Tian H F, Xu G Z, Yang B, et al. Microstructure and mechanical properties of soy protein/agar blend films: Effect of composition and processing methods. Journal of Food Engineering, 2011, 107(1): 21-26.

[4] Guerrero P, Nur Hanani Z A , Kerry J P, et al. Characterization of soy protein-based films prepared with acids and oils by compression. Journal of Food Engineering, 2011, 107(1): 41-49.

[5] Shankar S, Teng X N, Li G B, et al. Preparation, characterization, and antimicrobial activity of gelatin/ZnO nanocomposite films. Food Hydrocolloids, 2015, 45: 264-271.

[6] Xu F J, Dong Y M, Zhang W, et al. Preparation of cross-linked soy protein isolate-based environmentally-friendly films enhanced by PTGE and PAM. Industrial Crops and Products, 2015, 67: 373-380.

[7] De Moura M R, Aouada F A, Avena-Bustillos R J, et al. Improved barrier and mechanical properties of novel hydroxypropyl methylcellulose edible films with chitosan/tripolyphosphate nanoparticles. Journal of Food Engineering, 2009, 92(4): 448-453.

[8] Yoksan R, Chirachanchai S. Silver nanoparticle-loaded chitosan-starch based films: Fabrication and evaluation of tensile, barrier and antimicrobial properties. Materials Science and Engineering: C, 2010, 30(6): 891-897.

[9] Wang Z, Sun X X, Lian Z X, et al. The effects of ultrasonic/microwave assisted treatment on the properties of soy protein isolate/microcrystalline wheat-bran cellulose film. Journal of Food Engineering, 2013, 114(2): 183-191.

[10] Li Y, Chen H, Dong Y M, et al. Carbon nanoparticles/soy protein isolate bio-films with excellent mechanical and water barrier properties. Industrial Crops and Products, 2016, 82: 133-140.

[11] Hassannia-Kolaee M, Khodaiyan F, Pourahmad R, et al. Development of ecofriendly bionanocomposite: Whey protein isolate/pullulan films with nano-SiO$_2$. International Journal of Biological Macromolecules, 2016, 86: 139-144.

[12] Hassannia-Kolaee M, Shahabi-Ghahfarrokhi I, Hassannia-Kolaee M. Development and characterization of a novel ecofriendly biodegradable whey protein concentrate film with nano-SiO$_2$. International Journal of Food Engineering, 2016, 86: 139-144.

[13] 陈珊珊. 葵花籽壳纳米纤维素的制备及其在大豆分离蛋白基可食膜中的应用. 长春: 吉林大学, 2016.

[14] 李磊. 削弱淀粉中氢键的机理研究. 镇江: 江苏科技大学, 2011.

[15] 邹小武. 可生物降解大豆蛋白膜的改性研究. 广州: 中山大学, 2010.

[16] Qazanfarzadeh Z, Kadivar M. Properties of whey protein isolate nanocomposite films reinforced with nanocellulose isolated from oat husk. International Journal of Biological Macromolecules, 2016, 91: 1134-1140.

[17] Zhang Q Y, Ye M. Chemical analysis of the Chinese herbal medicine Gan-Cao (licorice). Journal of Chromatography A, 2009, 1216(11): 1954-1969.

[18] Fu Y, Chen J, Li Y J, et al. Antioxidant and anti-inflammatory activities of six flavonoids separated from licorice. Food Chemistry, 2013, 141(2): 1063-1071.

[19] Vichasilp C, Sai-Ut S, Benjakul S, et al. Effect of longan seed extract and BHT on physical and chemical properties of gelatin based film. Food Biophysics, 2014, 9(3): 238-248.

[20] González A, Barrera G N, Galimberti P I, et al. Development of edible films prepared by soy protein and the galactomannan fraction extracted from *Gleditsia triacanthos* (Fabaceae) seed. Food Hydrocolloids, 2019, 97: 105227.

[21] Siripatrawan U, Harte B R. Physical properties and antioxidant activity of an active film from chitosan incorporated with green tea extract. Food Hydrocolloids, 2010, 24(8): 770-775.

[22] Friesen K, Chang C, Nickerson M. Incorporation of phenolic compounds, rutin and epicatechin, into soy protein isolate films: Mechanical, barrier and cross-linking properties. Food Chemistry, 2015, 172: 18-23.

[23] Pruneda E, Peralta-Hernández J M, Esquivel K, et al. Water vapor permeability, mechanical properties and antioxidant effect of Mexican oregano-soy based edible films. Journal of Food Science, 2008, 73(6): 488-493.

[24] Mathew S, Abraham T E. Characterisation of ferulic acid incorporated starch-chitosan blend films. Food Hydrocolloids, 2008, 22(5): 826-835.

[25] Li J H, Mao J, Wu J L, et al. Preparation and characterization of active gelatin-based films incorporated with natural antioxidants. Food Hydrocolloids, 2014, 37: 166-173.

[26] Vilela C, Pinto R J B, Coelho J, et al. Bioactive chitosan/ellagic acid films with UV-light protection for active food packaging. Food Hydrocolloids, 2017, 73: 120-128.

[27] Liu F, Avena-Bustillos R J, Chiou B S, et al. Controlled-release of tea polyphenol from gelatin films incorporated with different ratios of free/nanoencapsulated tea polyphenols into fatty food simulants. Food Hydrocolloids, 2017, 62: 212-221.

[28] López de Dicastillo C, Rodríguez F, Guarda A, et al. Antioxidant films based on cross-linked

methyl cellulose and native Chilean berry for food packaging applications. Carbohydrate Polymers, 2016, 136: 1052-1060.

[29] Peng Y, Wu Y, Li Y F. Development of tea extracts and chitosan composite films for active packaging materials. International Journal of Biological Macromolecules, 2013, 59: 282-289.

[30] Floegel A, Kim D O, Chung S J, et al. Comparison of ABTS/DPPH assays to measure antioxidant capacity in popular antioxidant-rich US foods. Journal of Food Composition and Analysis, 2011, 24(7): 1043-1048.

[31] 程玉娇, 应丽莎, 李大虎, 等. 迷迭香大豆分离蛋白膜的制备及其性能. 食品科学, 2014, 35(22): 33-38.

[32] 中华人民共和国国家卫生和计划生育委员会. 食品安全国家标准 食用动物油脂: GB 10146—2015. 北京: 中国标准出版社, 2016.

[33] Zhang C, Guo K, Ma Y, et al. Incorporations of blueberry extracts into soybean-protein-isolate film preserve qualities of packaged lard. International Journal of Food Science & Technology, 2010, 45(9): 1801-1806.

[34] Salari R, Bazzaz B B S, Rajabi O, et al. New aspects of *Saccharomyces cerevisiae* as a novel carrier for berberine. DARU Journal of Pharmaceutical Sciences, 2013, 21(1): 73.

[35] Liu X R, Kang H J, Wang Z, et al. Simultaneously toughening and strengthening soy protein isolate-based composites via carboxymethylated chitosan and halloysite nanotube hybridization. Materials, 2017, 10(6): 653.

[36] El Miri N, Abdelouahdi K, Zahouily M, et al. Bio-nanocomposite films based on cellulose nanocrystals filled polyvinyl alcohol/chitosan polymer blend. Journal of Applied Polymer Science, 2015, 132(22): 42004.

[37] Ustunol Z, Mert B. Water solubility, mechanical, barrier, and thermal properties of cross-linked whey protein isolate-based films. Journal of Food Science, 2006, 69(3): 129-133.

[38] Wojtyczka R D, Dziedzic A, Kępa M, et al. Berberine enhances the antibacterial activity of selected antibiotics against coagulase-negative *Staphylococcus* strains *in vitro*. Molecules, 2014, 19(5): 6583-6596.

[39] Sivarooban T, Hettiarachchy N S, Johnson M G. Physical and antimicrobial properties of grape seed extract, nisin, and EDTA incorporated soy protein edible films. Food Research International, 2008, 41(8): 781-785.

[40] Emiroğlu Z K, Yemiş G P, Coşkun B K, et al. Antimicrobial activity of soy edible films incorporated with thyme and oregano essential oils on fresh ground beef patties. Meat Science, 2010, 86(2): 283-288.

[41] 陈默, 胡长鹰, 王志伟, 等. 香兰素对大豆分离蛋白膜抗菌作用的影响. 包装工程, 2008(10): 83-85.

6 植物多糖胶基活性膜

6.1 决明子胶基活性膜

决明子胶(*Cassia* gum，CG)即决明子多糖，是由决明的种子——决明子的胚乳研磨提纯而来，是水溶性胶体，与其他种子类胶如瓜尔豆胶、塔拉胶、刺槐豆胶的分子结构非常相似，是以甘露糖为单位通过 β-1,4-糖苷键连接组成的长链结构，5～6 个甘露糖分子连接 1 个半乳糖分子，平均分子质量为 10 万～30 万 Da，且甘露糖与半乳糖的质量比约为 5：1。决明(*Cassia tora* Linn，CTR)，系豆科，决明属，其原产地为中国，并广泛分布在长江以南的各个省区市[1]，且在整个亚洲、非洲、美洲、大洋洲[2]均有分布，在植物群落里生命力极其旺盛，由于决明子植株的生长周期很短，投入比较少但是产值高，是综合了经济、生态和社会效益的经济林木品种。其种子——决明子入中药，已被用作食用和药用资源，具有良好的清肝明目、通便等功能[3]，用于治疗高脂血症、高血压、头痛、眼疾等[4, 5]，且长期深受亚洲多国青睐，应用为保健茶或传统草药[6]。由于决明子胶的可食性及良好的流变性、稳定性等特性，广泛应用于造纸、染整、食品、医药及化工领域[7-10]。以其为成膜基质，既符合国家倡导的可持续与绿色发展战略，又能缓解石油资源短缺及生态平衡恶化等一系列问题，同时还能保证食品在包装层面上的安全，因此，探究决明子胶的成膜性能具有深远而重要的意义。决明植株、决明子、决明子胶及其分子结构如图 6-1 所示。

(a)

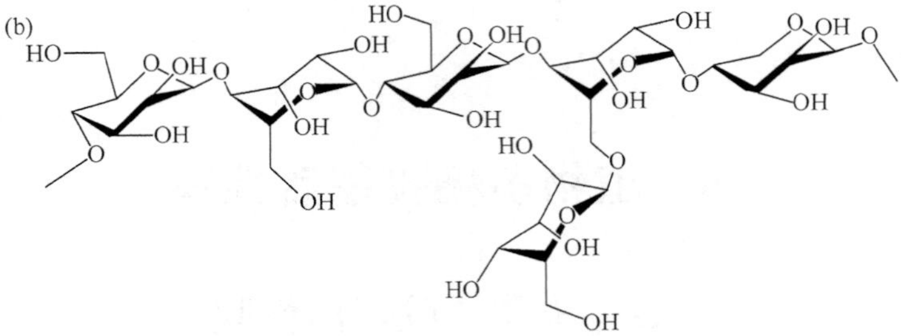

图 6-1　(a) 决明子、决明子胶的图片；(b) 决明子胶的分子结构

6.1.1　决明子胶成膜性能研究

6.1.1.1　概述

CG 单独成膜时无法揭下完整的膜，且膜较脆、无柔韧性，因此考虑加入增塑剂来改善其柔韧性及力学性能。探讨 CG 合适的成膜浓度，并以甘油(G)、山梨醇(S)及亚麻籽油(LO)为增塑剂探究其用量对 CG 成膜性能的影响，确定最佳的增塑剂及用量。

6.1.1.2　CG 膜的制备

通过对不同浓度 CG 水溶液进行流变性能测定及分析发现，当其浓度为 0.6 g/100 mL 时，其流动性好、黏度适中。同时还发现，添加 LO 后可以揭下完整的膜，但由于 LO 的疏水性，与 CG 的共混相容性较差而出现了分相现象，且膜较脆；G 和 S 添加量低于 30%(W/W，以 CG 质量为对照)时，膜的柔韧性依然很差，而当添加量超过 50%时，膜特别黏、不易揭膜及后续处理。因此，为了主要探究 G 及 S 不同用量对 CG 成膜性能的影响，其添加量分别为 30%、35%、40%、45%和 50%。采用流延法成膜，具体如下：一定质量的 CG 分散在少量乙醇中后溶于蒸馏水，在 45℃恒温水浴下以 500 r/min 的速度搅拌 30 min 后，分别加入 30%、35%、40%、45%和 50%的 G 或 S 于 CG 溶液中，继续搅拌 15 min。将成膜溶液倒入成膜模具(28 cm × 29 cm × 5 cm)，并于 65℃下干燥约 24 h，干燥后冷却揭膜，在进行各项性能测定前将样品膜置于相对湿度为 53%(53%RH)的环境中恒定 12 h。

6.1.1.3　结果与分析

1) CG 水溶液浓度的确定

浓度为 0.4 g/100 mL、0.6 g/100 mL、0.8 g/100 mL 及 1.0 g/100 mL 的 CG 水溶液分别记为 CG-0.4、CG-0.6、CG-0.8 及 CG-1.0。不同浓度的 CG 水溶液的稳态流变学测试结果如图 6-2 所示，Ostwald-de Waele 模型及 Cross 模型拟合曲线如图 6-3 和图 6-4 所示，其参数如表 6-1 所示。

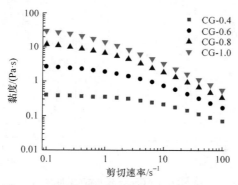

图 6-2　不同浓度 CG 水溶液的稳态流变曲线

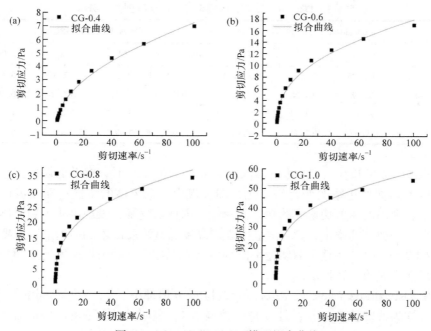

图 6-3　Ostwald-de Waele 模型拟合曲线

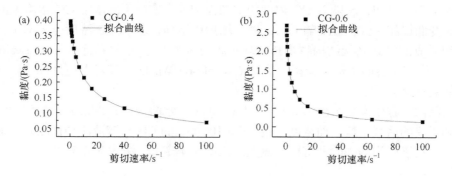

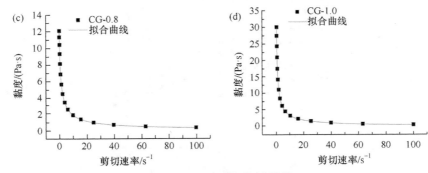

图 6-4　Cross 模型拟合曲线

表 6-1　Ostwald-de Waele 模型和 Cross 模型拟合参数

CG 水溶液	Ostwald-de Waele 模型拟合参数			Cross 模型拟合参数			
	κ	n	R^2	η_0 /(Pa · s)	K	m	R^2
CG-0.4	0.5685	0.5529	0.9924	0.4028	0.1576	0.7551	0.9995
CG-0.6	2.5592	0.4228	0.9838	2.9329	0.5217	0.7650	0.9998
CG-0.8	7.7834	0.3398	0.9743	14.2839	1.0753	0.7767	1.0000
CG-1.0	15.0674	0.2946	0.9660	38.5863	1.6953	0.7829	0.9999

　　由图 6-2 可知，当 CG 水溶液浓度为 0.4 g/100 mL 时，在低剪切速率下其表观黏度不随剪切速率的变化而变化，即表现出牛顿流体的特性；在高剪切速率下，其表观黏度随剪切速率的增大而降低，即剪切变稀，表现出非牛顿流体的特性。在同一剪切速率下，CG 溶液的表观黏度随其浓度的增加而增加；浓度高于 0.4 g/100 mL 时，在整个剪切速率范围内其表观黏度均随剪切速率增加而降低，表现出非牛顿流体特性。

　　由 Ostwald-de Waele 模型拟合参数可知，n 值都小于 1，表明不同浓度的 CG 水溶液均为假塑性流体[11]；且 n 越来越偏离 1，表明其随着浓度的增加流体的假塑性越强。拟合度均高于 0.966，表明该模型可用于分析该流体。再由 Cross 模型拟合参数可知，η_0 随着 CG 浓度的增加而增加，这与不同浓度 CG 水溶液的稳态流变曲线相一致；K 值随 CG 浓度的增加而增加，表明 CG 浓度越大 CG 分子链间形成的复杂网状结构越难被破坏；拟合度均高于 0.999 且高于 Ostwald-de Waele 模型，表明 Cross 模型相较于 Ostwald-de Waele 模型可以更好地对该流变性能进行解析[12]。

　　测试过程中发现浓度为 0.4 g/100 mL 的 CG 水溶液流动性很强，溶剂太多将不利于膜的后续干燥；而浓度超过 0.6 g/100 mL 的 CG 水溶液流动性较差，黏度太大不利于气泡的去除及溶剂的蒸发。因此，确定 CG 浓度为 0.6 g/100 mL。

2) 增塑剂对成膜溶液流变性能的影响

(1) 稳态流变性能。

不同 G 添加量(0%、30%、35%、40%、45%、50%)的成膜溶液分别记为 CG，CG-30G，CG-35G，CG-40G，CG-45G，CG-50G；不同 S 添加量(0%、30%、35%、40%、45%、50%)的成膜溶液分别记为 CG，CG-30S，CG-35S，CG-40S，CG-45S，CG-50S。成膜溶液的稳态流变学曲线如图 6-5 所示，Ostwald-de Waele 模型和 Cross 模型拟合参数如表 6-2 所示。

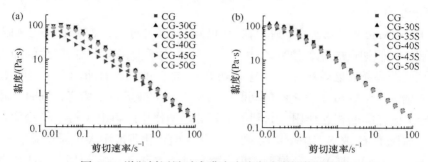

图 6-5　增塑剂用量对成膜溶液稳态流变性能的影响

表 6-2　Ostwald-de Waele 模型和 Cross 模型拟合参数

成膜溶液	Ostwald-de Waele 模型拟合参数			Cross 模型拟合参数			
	κ	n	R^2	η_0 /(Pa · s)	K	m	R^2
CG	9.489	0.189	0.936	1.938	1.327	0.283	0.960
CG-30G	9.087	0.200	0.954	1.938	1.336	0.255	0.957
CG-35G	8.732	0.202	0.962	1.788	1.378	0.186	0.956
CG-40G	8.363	0.203	0.959	1.976	1.460	0.243	0.955
CG-45G	6.055	0.244	0.985	1.700	1.344	0.106	0.964
CG-50G	4.717	0.275	0.989	1.918	1.308	0.230	0.953
CG-30S	8.762	0.200	0.962	2.018	1.366	0.178	0.962
CG-35S	8.373	0.217	0.972	1.922	1.321	0.210	0.962
CG-40S	8.636	0.213	0.969	1.960	1.345	0.196	0.961
CG-45S	7.551	0.222	0.970	1.905	1.164	0.105	0.965
CG-50S	8.135	0.216	0.969	1.940	1.290	0.169	0.959

由图 6-5 可知，G 和 S 加入后成膜溶液的表观黏度都随剪切速率的增大而

减小，表明成膜溶液依旧是剪切变稀的流体，这是因为 CG 分子链之间形成的错综复杂的氢键结构及网状结构在高剪切速率下被破坏，且无法在短时间内复原[13]。G 或 S 添加量由 0%增加到 45%时，成膜溶液的黏度逐渐减小，这是因为 G 的加入破坏了 CG 分子链内部或分子链之间原有的氢键结构且与 CG 分子链形成了新的复杂多级的氢键作用；而当 G 或 S 用量为 50%时，成膜溶液的黏度稍有增加，这可能是因为大量 G 或 S 的加入使 G 与 G、S 与 S 分子间也形成大量的氢键作用。黏度过高会导致除泡困难，使干燥过程缓慢[14]且导致成膜的不均匀性[15]。

由 Ostwald-de Waele 模型拟合参数可知，n 值小于 1，表明 G 或 S 加入后成膜溶液仍为假塑性的非牛顿流体[11]；且 n 值变化不大，表明 G 或 S 的加入对成膜溶液的非牛顿性影响极小，同时 n 随着 G 或 S 的加入有所增大，表明 G 或 S 的加入增大了 CG 分子链之间的间距，对 CG 水溶液进行了稀释，同时也减少了 CG 分子链之间的相互作用，起到了很好的增塑作用。再由 Cross 模型拟合参数可知，η_0 随着 G 或 S 用量的增加稍有变化，但变化程度不大；对于添加 G 的成膜溶液，Ostwald-de Waele 模型的拟合度整体上高于 Cross 模型，表明前者相较于后者可以更好地对该流体性质进行解析[12]。

(2) 动态流变性能。

动态流变学可以用来对高分子材料的形态及结构进行分析，主要测量的是分子链的柔顺性、对场外的响应及弛豫行为等，可对于小变形的黏弹性进行测定。G 用量对成膜溶液黏性、弹性行为的影响如图 6-6 所示。图 6-6(a)为未添加甘油的成膜溶液，在整个测试角频率范围内，G' 及 G'' 均随着角频率的增大而增加，且 $G'>G''$，表明其具有弱凝胶的特性[16]。加入少量 G 后成膜溶液依然呈现弱凝胶特性；当 G 用量≥40%时，在低角频率下其 $G'>G''$，而在高角频率下其 $G''>G'$，呈现了典型的凝胶特性，表明 CG 分子链与 G 分子之间形成了复杂多级的氢键作用，尽管氢键作用的键能较弱(25～40 kJ/mol)，但是由于其数量非常庞大，CG 分子链与 G 分子之间形成了物理交联作用，构成了新的稳定的网络结构[17]。图 6-7 为 S 用量对成膜溶液黏弹性的影响，少量添加时成膜溶液与添加 G 的成膜溶液相似，为弱凝胶特性；当 S 用量增加到 40%时，G'' 与 G' 之间的交点也表明流体呈现出典型的凝胶性质，且 S 也破坏了 CG 分子链间原有的氢键作用，并与之形成新的复杂多级的氢键结构。当 S 用量继续增大时，成膜溶液又转变为弱凝胶性质，这是因为 S 的分子量大于 G，且分子中所含羟基数量是 G 的 2 倍，体系中的氢键结构达到饱和，因此过量的 S 很可能游离于 CG 与 S 形成的网状结构之外，或者 S 分子间形成微弱的氢键结构。

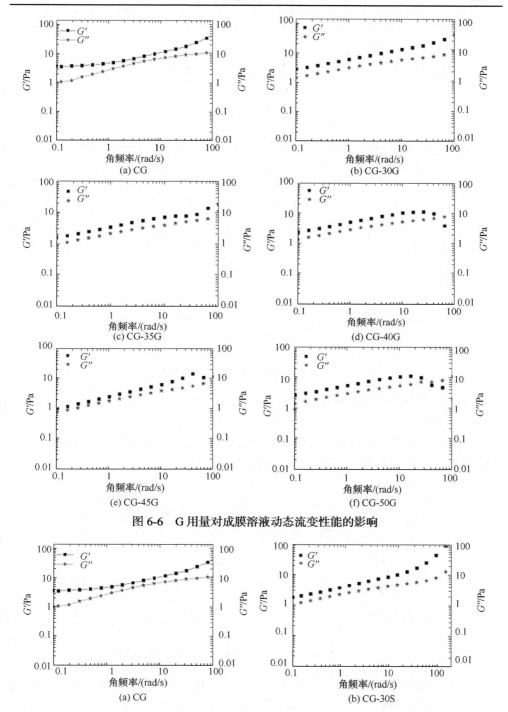

图 6-6 G 用量对成膜溶液动态流变性能的影响

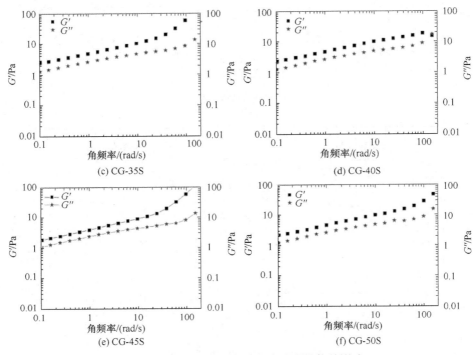

图 6-7　S 用量对成膜溶液动态流变性能的影响

3) 增塑剂对 CG 膜结构的影响

(1) FTIR。

图 6-8(a)为 G、CG 及添加不同量 G 的 CG 膜的红外光谱图，图 6-8(b)为 S、CG 及添加不同量 S 的 CG 膜的红外光谱图。

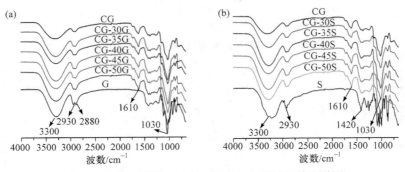

图 6-8　添加不同量 G(a)及 S(b)的 CG 膜的红外光谱图

G 和 S 有着极为相似的红外光谱图，其主要特征峰如下：$3650 \sim 3000$ cm^{-1} 为 —OH 的伸缩振动峰、$2930 \sim 2880$ cm^{-1} 为 C—H 的伸缩振动峰、$1640 \sim 1400$ cm^{-1}

为 C—O—H 的弯曲振动峰、$1120 \sim 1000 \text{ cm}^{-1}$ 为 C—O 的伸缩振动峰[18]。CG 的主要特征峰有：$3720 \sim 2990 \text{ cm}^{-1}$ 为 —OH 的伸缩振动峰、$2990 \sim 2800 \text{ cm}^{-1}$ 为 C—H 的伸缩振动峰[19]、在 868 cm^{-1}、1019 cm^{-1} 及 1146 cm^{-1} 附近的特征峰为多糖吡喃环的 C—O—C 和 —OH 的伸缩振动峰[20]。添加不同量 G 的 CG 膜及添加不同量 S 的 CG 膜与 CG 的红外光谱图极为相似，且没有新的特征峰出现，表明 G 及 S 与 CG 之间没有化学作用且共混相容性良好。随着 G 或 S 用量的增加，—OH 吸收峰强度变大，这是因为 G 及 S 都是富含羟基的小分子物质；同时 —OH 吸收峰向低波数偏移，表明 CG 分子间原有的氢键作用被 G 或 S 破坏，且与 G 或 S 形成了新的分子间氢键作用，同时膜中还存在着 CG 分子间氢键、G 分子间氢键或 S 分子间氢键，这与流变学测定结果相吻合。当 G 或 S 用量很少时，G 发挥着溶剂效应的作用，可以与 CG 分子间形成多级复杂的氢键作用；当其用量持续增加，G 或 S 中的游离羟基占主导地位[21]，减弱了 CG 分子间的相互作用。

(2) SEM。

图 6-9 为添加不同量 G 及 S 的 CG 膜的表面及断面的微观形貌。观察表面微观形貌可知，添加不同量 G 的 CG 膜致密，且随 G 用量的增加变得有些粗糙，但是仍然致密均匀，无孔洞出现，结构并未发生显著差异；观察其断面形貌可知，断面致密无孔洞，且随 G 用量的增加无明显差异，虽有些粗糙但仍然致密。添加不同量 S 的 CG 膜连续且致密，随其用量的增加表面有些褶皱但是仍然致密，无孔出现，部分膜表面有明显的线状或条状的痕迹，这是成膜模具上的划痕所致；其断面也致密连续。这与 Ghasemlou 等[22]报道的用多元醇类来增塑以开菲尔多糖(Kefiran Gum)为基质的可食膜材料表面和断面微观形貌的结果类似。SEM 分析结果也说明 G 或 S 与 CG 之间有着良好的共混相容性。

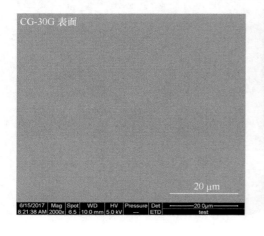
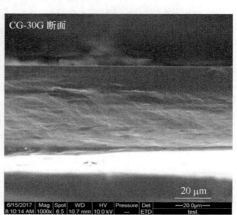

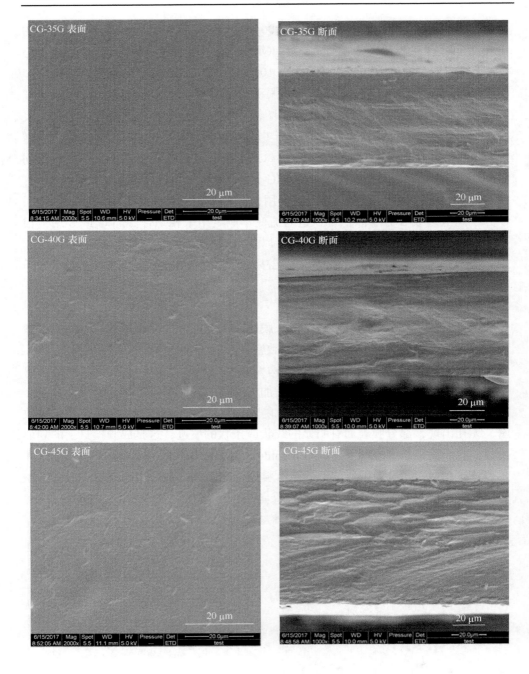

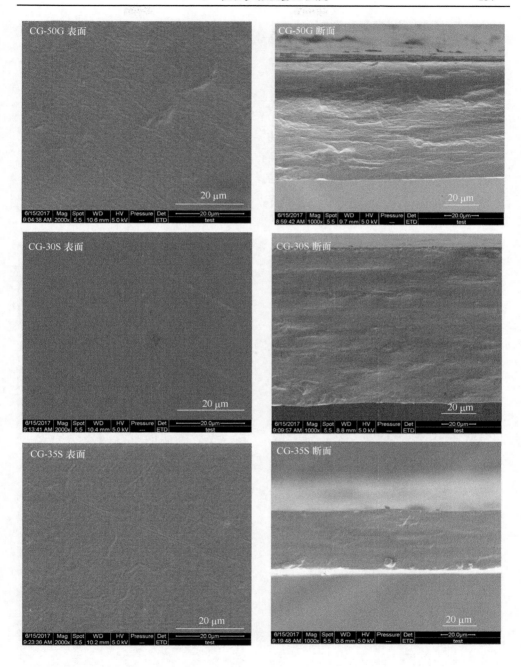

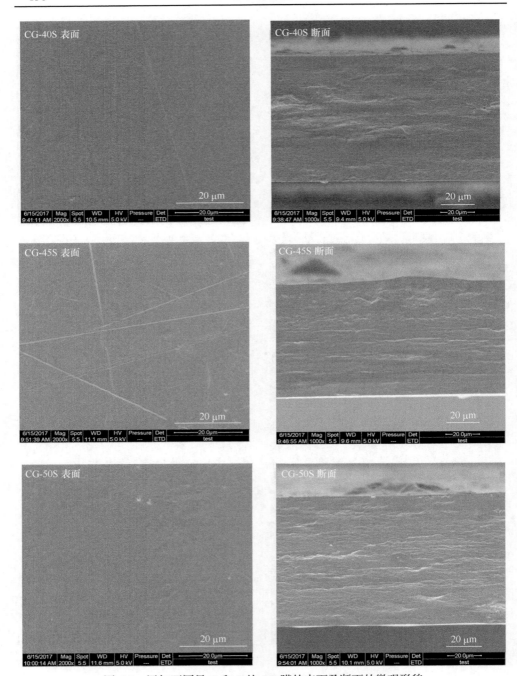

图 6-9　添加不同量 G 和 S 的 CG 膜的表面及断面的微观形貌

4) 增塑剂对 CG 膜各项性能的影响

(1) 透光性能。

膜材料的透光性能直接影响到消费者对所包被产品的接受程度，且经过调研发现，透明度高的更容易被接受[23]。除此之外，可以通过测定膜材料的透光性能来辅助证明复合膜材料各组分之间的相容性，若各组分间的相容性不好则光会在相界面上发生散射等[24]，从而导致透光率的急剧下降。添加不同量 G 及 S 的膜材料的透光性能结果如图 6-10 所示。由图 6-10 可知，随着 G 或 S 用量的增加，膜材料的透光性有着显著的差异。G 用量从 30%增加到 50%，其在 280 nm 处的透光率由 6.52%降低到 2.32%，无显著变化；在 600 nm 处透光率有着显著的变化，由 69.97%逐渐降低到 54.40%。与添加 G 的膜相似，当 S 用量从 30%增加到 50%时，其在 280 nm 处的透光率也没有显著的变化，由 4.99%降低到 2.46%；在 600 nm 处其透光率发生显著变化，由 73.00%迅速降低到 52.35%。这表明 G 或 S 的加入使 CG 膜的透光性有所下降，可以在一定程度上保护食品营养物质，避免风味变坏，延长其货架期[25]。这与颜田田等[26]研究的以塔拉胶为基质的膜材料的透光性相似，这是因为 G 或 S 液滴在 CG 膜中的分散破坏了 CG 膜原有的有序的网状结构。尽管随着 G 或 S 用量的增加，其透光率有所下降，但其仍然有着良好的透光性，透过用量为 50%的 G 或 S 的 CG 膜，图片及多肉植物仍然清晰可见，这也表明 G 或 S 与 CG 之间有着良好的共混相容性。

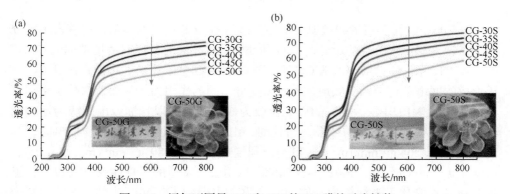

图 6-10　添加不同量 G(a)和 S(b)的 CG 膜的透光性能

(2) 阻隔性能。

对于食品包装材料来说，其阻隔性能尤为重要，因为良好的阻隔性能可以延长食品的货架期。因此对 CG 膜的 OP 及 WVP 进行测定分析。结果如表 6-3 所示，OP 随 G 或 S 用量的增加呈现上升的趋势，但是总体变化不显著，这是因为 G 或 S 的加入减弱了 CG 膜的致密性；在同等添加量情况下，添加 G 的 OP 值比添加 S 的高，这可能是因为 S 分子上所拥有的羟基数量是 G 的 2 倍，与 CG 分子间的结合作用更强[27]。以乳酸和凝沉酪蛋白为基质的复合膜[28]，以及以海藻酸盐为基质的可食性膜[29]也得到了相同的结论，即与以 G 为增塑剂相比，以 S 为增塑剂的膜的 OP 值更低。

表 6-3　添加不同量 G 和 S 的 CG 膜的阻氧和阻湿性能

膜样品	OP/[m³·mm/(cm²·d·MPa)]	WVP/[×10⁻¹⁰g/(m·s·Pa)]
CG-30G	0.213 ± 0.15^a	1.38 ± 0.03^a
CG-35G	0.285 ± 0.03^b	1.73 ± 0.05^b
CG-40G	0.286 ± 0.07^b	1.89 ± 0.01^c
CG-45G	0288 ± 0.13^b	2.16 ± 0.09^d
CG-50G	0.294 ± 0.02^b	2.45 ± 0.08^e
CG-30S	0.117 ± 0.06^c	0.74 ± 0.02^c
CG-35S	0.160 ± 0.13^a	0.75 ± 0.01^a
CG-40S	0.197 ± 0.04^d	0.78 ± 0.01^d
CG-45S	0.247 ± 0.10^b	0.79 ± 0.01^b
CG-50S	0.264 ± 0.24^e	0.82 ± 0.01^e

注：表中的数值均表示为平均值±标准偏差；不同字母代表有显著性差异（$P < 0.05$）。

WVP 随 G 或 S 用量的增加而增加，这与 G 及 S 自身的亲水性有着密不可分的关系，有利于水蒸气的透过；当 G 和 S 的用量相同时，以 S 为增塑剂的 CG 膜的 WVP 低于以 G 为增塑剂的 CG 膜，这是因为 G 分子量小，可以渗透到 CG 分子形成的网络结构中，有效地减弱了 CG 分子间的作用力，从而使水分子更加容易渗透[30]。颜田田等[26]研究的以卡拉胶为成膜基质，以甘油或山梨醇为增塑剂的复合膜也得到了类似的结果，当甘油、山梨醇分别由 0%增加至 1.5%时，其 WVP 由 5.2264 g·mm/(m²·d·kPa)分别增加至 10.5280 g·mm/(m²·d·kPa)、9.7977 g·mm/(m²·d·kPa)；不仅如此，以明胶为基质的可食性膜[31]及以氧化玉米淀粉和乙酰化玉米淀粉为基质的复合膜[32]也得到了相同的结果，即随增塑剂用量的增加，膜的 WVP 有所增加。

（3）力学性能。

G 及 S 用量对 CG 膜力学性能的影响如图 6-11 所示。断裂伸长率随 G 用量的增加而增加，由 22.67%增加到 38.00%，这是因为 G 的溶剂效应，以及 G 分子上的羟基与 CG 分子上的羟基形成了氢键(FTIR 图中羟基峰向低波数偏移)，提高了柔韧性；而拉伸强度呈现先增加后减小的趋势，当 G 用量为 45%时达到最大，为 18.53 MPa，继续增加 G 用量又有所下降，这是因为复杂多级氢键的存在会改善拉伸强度，而当 G 用量过多时，G 与 CG 分子间的氢键作用逐渐减弱，同时以物理交联的形式增加了 CG 分子间的空间位阻[33]。而添加 S 的膜的断裂伸长率和拉伸强度均随其用量的增加而增加，这是因为每个 S 分子上所含的羟基数量是 G 分子的 2 倍，S 与 CG 间的氢键作用更加复杂且数量更多，因此会逐渐增加 CG 分子间的空间距离，使断裂伸长率增加；而且在众多氢键的作用下其拉伸强度有所改善。与 G 不同的是，当 S 用量超过 45%时，拉伸强度仍然呈现上升趋势，这是因为 S 的分子量是 G 的 2 倍，在相同用量下，S 分子数约为 G 的一半，S 与 CG 分子间的作用点未达到饱和，因此其拉伸强度依然有所增加，最大为 18.2 MPa。但当 S 用量超过 50%后，其拉伸强度可能有所下降。研究人员发现，由于不同的增塑剂在分子组成、结构和尺寸上的差异，它们在薄膜网络中具有不同的功能[34]。图 6-12 为不同添加量 G 或 S 各成膜组分间的相互作用示意图。表 6-4 为文献中以不同多糖为基质构建的包装膜材料的力学性能、增塑剂及其用量。与文献中报道的多糖基膜材料的拉伸强度相比，CG 基膜的拉伸强度适中，高于魔芋胶基

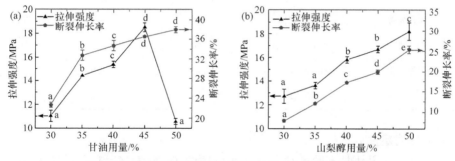

图 6-11 添加不同用量 G(a)和 S(b)的 CG 膜的力学性能

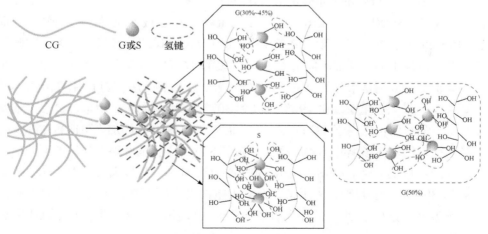

图 6-12 添加不同量 G 和 S 时成膜组分间的相互作用

膜[35]及鼠尾草种子胶基膜[36]；但普遍偏小，低于常见的塔拉胶基膜[23]、沙蒿胶基膜[37]、卡拉胶基膜[27]、结冷胶基膜[38]等，有待提高。

表 6-4　多糖基膜材料的拉伸强度

多糖	增塑剂及用量	测试速度/(mm/min)	拉伸强度/MPa	参考文献
玉米淀粉	甘油、40%	25	6.08	[39]
魔芋胶	—	250	8.93	[35]
鼠尾草种子胶	甘油、40%	125	16.56	[36]
塔拉胶	甘油、30%	300	25.69	[23]
马铃薯淀粉	甘油、20%	100	28.5	[40]
沙蒿胶	山梨醇、50%	300	29.92	[37]
结冷胶	甘油、200%	300	30.45	[38]
甘薯淀粉	甘油、3%	50	40.05	[41]
卡拉胶	山梨醇、30%	60	48.74	[27]
车前子胶	甘油、15%	14.31	50	[42]
海藻酸钠	甘油、3mL	60	76.46	[43]

(4) 热稳定性。

CG、G、S 及添加不同量 G 及 S 的 CG 膜的 TG 及 DTG 测试结果如图 6-13 所示。CG 在低于 106℃的失重峰是由于其中的水分蒸发，在 263~345℃的失重峰是由于 CG 分子热解[44]；G 及 S 只有一个失重峰，为 G 或 S 的热分解峰[45]，分别在 118~253℃、264~356℃，由于 S 分子量大于 G，碳原子数量比较多，因此其热分解温度高于 G。添加不同量 G 的 CG 膜的 TG 和 DTG 曲线非常相似，存在三个失重峰，分别是水分的蒸发、CG 的热解、G 的热分解，随 G 用量由 30%增加到 40%，最大失重温度由 292℃升高到 307℃；继续增加 G 用量，最大失重温度有所下降，但仍然高于 CG 的最大失重温度，这表明 G 的加入可改善 CG 膜的热稳定性，但总体影响并不大。添加不同量 S 的 CG 膜也展现出与添加不同量 G 的 CG 膜同样的趋势，随 S 用量由 30%增加到 40%，其最大失重温度由 292℃升高到 306℃；继续增加 S 用量，最大失重温度有所下降，但仍高于 CG 的最大失重温度，这也表明 S 的加入有助于提升 CG 膜的热稳定性，但是总体影响并不大。

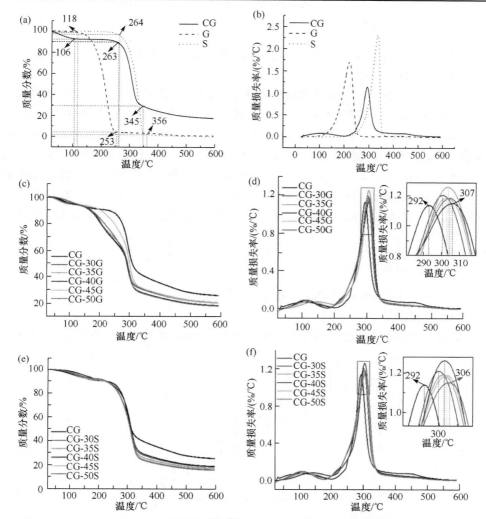

图 6-13 CG、G、S[(a)和(b)]及添加不同量 G[(c)和(d)]和 S[(e)和(f)]的 CG 膜的热稳定性

6.1.2 羧基化纳米纤维素纤丝增强决明子胶膜

6.1.2.1 概述

由 6.1.1 节研究发现，CG 不可单独成膜且无柔韧性，添加 G 可改善其柔韧性，但是其拉伸强度及阻隔性能较差，因此选用羧基化纳米纤维素纤丝(C-CNCW)作为增强相，探究其用量对成膜溶液流变性能的影响以解析 C-CNCW 与成膜溶液各组分间的相互作用；对所制备的膜材料进行结构表征及各项性能测试，探究 C-CNCW 的用量对所制备的膜材料各项性能的影响，从而制备出力学性能、阻隔性能及热封性能优良的包装膜材料。

6.1.2.2　C-CNCW 增强 CG 膜的制备

以 CG 为成膜基质，以 45% G(以 CG 质量为基准)为增塑剂。C-CNCW 增强 CG 膜的制备方法具体如下：

将一定质量的 CG 分散于少量乙醇中后，加入适量蒸馏水，在 45℃恒温水浴中以 500 r/min 的速度搅拌 30 min 后，加入已用超声细胞粉碎机分散好的 0%、2%、4% 和 6%(以 CG 质量为基准)的 C-CNCW，搅拌 15 min 后加入 45%(以 CG 质量为基准)的 G，继续搅拌 15 min 得成膜溶液。将成膜溶液倒入成膜模具 (28 cm × 29 cm × 5 cm)，并于 65℃下干燥 24 h，干燥后冷却揭膜。根据 C-CNCW 添加量的不同，成膜溶液和膜材料均分别命名为 CG-0C-CNCW、CG-2C-CNCW、CG-4C-CNCW 和 CG-6C-CNCW。在进行各性能测定前将其置于 53% RH 的环境中恒定 12 h。

6.1.2.3　结果与分析

1) C-CNCW 添加量对成膜溶液流变性能的影响

(1) 稳态流变性能。

成膜溶液的稳态流变学曲线如图 6-14 所示，Cross 模型拟合参数如表 6-5 所示。

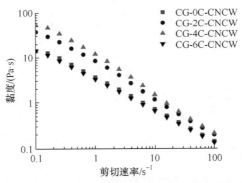

图 6-14　C-CNCW 添加量对成膜溶液稳态流变性能的影响

表 6-5　Cross 模型拟合参数

成膜溶液	η_0/(Pa·s)	K	m	R^2
CG-0C-CNCW	1.6192	0.7956	1.061	0.9991
CG-2C-CNCW	1.9191	0.9566	0.851	0.9999
CG-4C-CNCW	1.9205	0.9870	1.048	0.9993
CG-6C-CNCW	1.3139	0.6871	0.807	0.9998

由图 6-14 可知，不同 C-CNCW 添加量的成膜溶液的黏度均随剪切速率的增加而减小，呈现出剪切变稀的流体特性。这是因为在剪切作用下，CG 与 G 及 C-CNCW 之间的氢键作用有所改变[13]；而且在较高的剪切速率下，CG 分子间复杂的缠结网状结构被破坏，并在短时间内无法恢复原状。在同一剪切速率下，随 C-CNCW 添量由 0%增加到 4%，成膜溶液黏度呈现增大的趋势；而当 C-CNCW 添量为 6%时，成膜溶液的黏度有所减小。黏度的增加可归因于 CG 与富含羟基的 C-CNCW 之间强烈的相互作用，与 Wu 等[46]研究的氧化纳米壳聚糖对壳聚糖和姜黄素的作用结果相似。当 C-CNCW 添量≤4%时，CG 可与 C-CNCW 形成众多的氢键，尽管氢键键能较小，但由于其数量庞大，因此成膜组分间复杂的氢键作用使成膜溶液的流动性减弱及黏度的增加；而当 C-CNCW 添量为 6%时，C-CNCW 的不均匀分布及一定程度的团聚会破坏 CG 分子间的网状结构及各组分间的氢键作用，使成膜溶液的黏度降低。除此之外，C-CNCW 所带的负电荷也会改变 CG 与 G 或 C-CNCW 之间的相互作用，从而改变成膜溶液的黏度。这些现象均表明 C-CNCW 的加入改变了 CG 分子与 G 之间的相互作用。

为更好地了解 C-CNCW 的加入对成膜溶液稳态流变性能的影响，用 Cross 模型对所得数据进行拟合，如表 6-5 所示。结果表明，随 C-CNCW 添量由 0%增加到 4%，η_0 由 1.6192 Pa·s 逐渐增加至 1.9205 Pa·s；而当继续增加 C-CNCW 用量时，η_0 有所减小，为 1.3139 Pa·s。这可以解释为 C-CNCW 的适量添加会与 CG 和 G 分子形成众多氢键；而大量添加 C-CNCW 时，其在与 CG 及 G 分子之间形成氢键的同时，由于其自身的团聚及分布不均会破坏 CG 分子形成的致密的网状结构。K 与 η_0 有着同样的变化趋势，这进一步证实了上述结论。拟合相关系数 R^2 均大于 0.9990，表明 Cross 模型适合对该成膜溶液各分子间的相互作用进行解析。

(2) 动态流变性能。

在线性黏弹区探究 C-CNCW 添量对成膜溶液黏性、弹性行为的影响。由图 6-15 可知，未添加 C-CNCW 的成膜溶液在低角频率下 $G'>G''$，在高角频率下 $G''>G'$，呈现出典型的凝胶特性，这是因为 G 与 CG 分子间形成了复杂多级的氢键作用。少量 C-CNCW 的加入破坏了 CG 分子与 G 分子之间的相互作用，导致在整个测试频率下成膜溶液的 $G'>G''$，呈现出弱凝胶特性，主要表现出固体的弹性行为。当 C-CNCW 添量为 4%时，成膜溶液在低角频率下主要呈现出固体的弹性行为，而在高角频率下则呈现液体的黏性行为，这是由于氢键作用的增强，CG 分子与 C-CNCW 及 G 之间形成了稳定的网络结构。继续增加 C-CNCW 添量到 6%时，成膜溶液在整个测定范围内均呈现类似于固体的弹性行为，这是因为过量的 C-CNCW 破坏了各组分间的相互作用，减弱了流体的弹性模量。成膜溶液动态流变性能结果表明，适量添加 C-CNCW 使流体呈现出弹性行为而不是单纯的液体的黏性行为[12]，这与稳态流变学结果相一致。

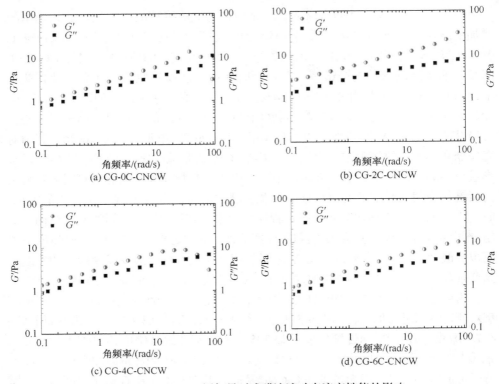

图 6-15　C-CNCW 添加量对成膜溶液动态流变性能的影响

2) C-CNCW 添加量对膜材料结构的影响

(1) FTIR。

由添加不同量 C-CNCW 的 CG 膜的红外光谱图(图 6-16)可知，未添加 C-CNCW 的膜的官能团来自 CG 及 G，具体如下：3272 cm^{-1} 附近是 O—H 的伸缩振动峰、2927～2882 cm^{-1} 处是 C—H 的伸缩振动峰[19]、1606 cm^{-1} 左右是 C=O 的伸缩振动峰、863 cm^{-1} 和 1021 cm^{-1} 处分别是糖苷键上 C—O—C 及吡喃糖上 O—H 的伸缩振动峰[20]。添加 C-CNCW 的膜与未添加 C-CNCW 膜的谱图相似，且没有新的官能团出现，表明 C-CNCW 与 CG、G 之间没有化学作用；随 C-CNCW 添加量由 0%增加到 4%，O—H 峰强度逐渐减弱，这是因为 C-CNCW 与 CG 及 G 之间形成了众多的氢键；而当继续增加 C-CNCW 添加量至 6%时，O—H 峰强度又有所增加，这是因为：一方面，C-CNCW 添加量的增加使得体系中羟基的数量增多；另一方面，C-CNCW 与 CG 及 G 之间的相互作用有所减弱。

(2) SEM。

由添加不同量 C-CNCW 的 CG 膜材料表面及断面的扫描电镜图(图 6-17)可

知，未添加 C-CNCW 的膜表面和断面均光滑、致密且连续。随 C-CNCW 添加量的增加，膜的表面及断面逐渐变得粗糙，但是依然连续；且 C-CNCW 的断面也逐渐清晰可见。当 C-CNCW 添加量为 6%时，其在膜表面上的微弱团聚也清晰可见。

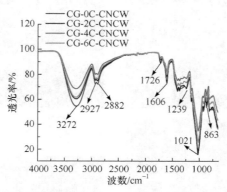

图 6-16 添加不同量 C-CNCW 的 CG 膜的红外光谱图

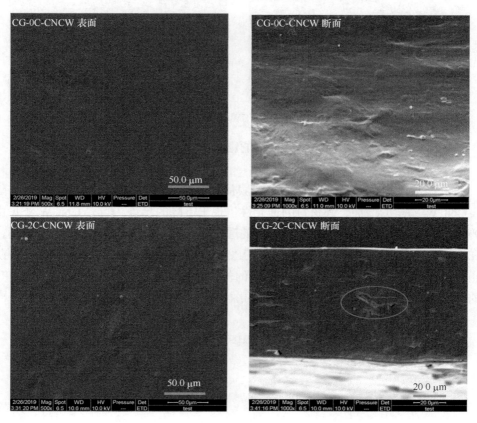

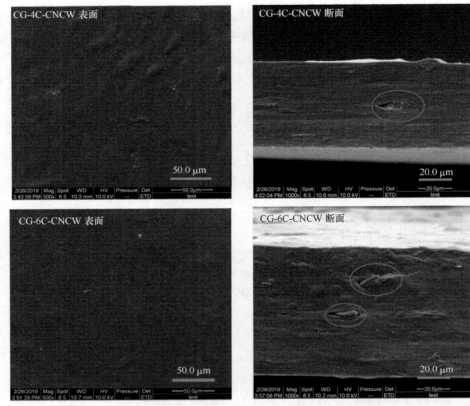

图 6-17　添加不同量 C-CNCW 的 CG 膜的表面及断面形貌

3) C-CNCW 添加量对膜材料性能的影响

(1) 透光性能。

由添加不同量 C-CNCW 的 CG 膜的透光性能及实物图(图 6-18)可知，随 C-CNCW 添量的增加，膜材料的透光性呈现出下降的趋势。当 C-CNCW 添量由 0%增加到 6%时，膜材料在 500 nm 处的透光率由 63.43%下降至 51.91%。然而，在 200～280 nm 的紫外光区其透光率几乎为 0%，表明该膜材料可以用于需要防止紫外光照射的食品(如油脂类食品等)的包装。尽管膜材料的透光率随 C-CNCW 的加入有所下降，但是被该膜所覆盖的图片依然清晰可见。

(2) 阻隔性能。

添加不同量 C-CNCW 的 CG 膜的阻隔性能如表 6-6 所示。

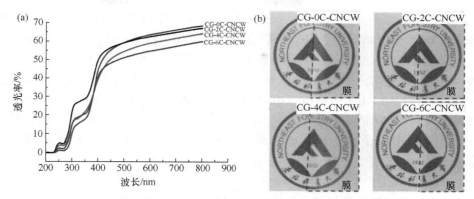

图 6-18　添加不同量 C-CNCW 的 CG 膜的透光曲线(a)和实物图(b)

表 6-6　添加不同量 C-CNCW 的 CG 膜的阻隔性能

膜试样	WVP/[×10⁻¹⁰g/(m·s·Pa)]	OP/[cm³·mm/(m²·d·MPa)]	PO/[g·mm/(m²·d)]
CG-0C-CNCW	3.466 ± 0.145^c	0.2077 ± 0.6656^a	0.550 ± 0.002^d
CG-2C-CNCW	3.365 ± 0.146^b	0.1961 ± 0.6830^b	0.180 ± 0.002^c
CG-4C-CNCW	2.505 ± 0.085^a	0.1678 ± 0.6751^c	0.064 ± 0.003^a
CG-6C-CNCW	2.612 ± 0.079^a	0.1689 ± 0.6685^{ab}	0.067 ± 0.002^b

注：PO 表示透油系数。

　　C-CNCW 添加量由 0%增加到 4%时，膜的 WVP 由 3.466×10^{-10} g/(m·s·Pa) 减小到 2.505×10^{-10} g/(m·s·Pa)，继续增加 C-CNCW 添加量到 6%时，膜的 WVP 稍有增大，为 2.612×10^{-10} g/(m·s·Pa)，但是低于未添加 C-CNCW 的 CG 膜的 WVP 值，表明 C-CNCW 的加入可以改善膜的阻湿性能，这是因为 C-CNCW 一定的疏水性阻碍了水蒸气的透过[47]，且其在 CG 网络中的分布使水蒸气的透过路径曲折而漫长。然而，过量添加 C-CNCW 会使 WVP 略有增加，这是因为 C-CNCW 的团聚效应使膜结构中的断点有所增加，促进了水蒸气的透过。

　　与 WVP 相似，当 C-CNCW 添加量由 0%增加到 4%时，OP 由 0.2077 cm³·mm/(m²·d·MPa)减小到 0.1678 cm³·mm/(m²·d·MPa)。这是因为 C-CNCW 与 CG 及 G 形成了更加致密且稳定的网状结构，影响了氧气分子的迁移[48]。这与 Ferrer 等[48]报道的关于纳米纤维素可改善复合材料的阻隔性能相一致，在复合材料中，纳米纤维素的含量很低，一般为 0.5%～20%，其在复合材料中的曲折分布起到了良好的作用；Follain 等[49]研究的以 3%～12%的异氰酸酯纳米纤维素接枝来增强聚己内酯薄膜，发现纳米纤维素可改善膜的均匀性或使膜足够坚硬以降低裂纹或其他缺陷的任何趋势。当 C-CNCW 添加量为 6%时，C-CNCW 的不均匀分散导致 OP 稍有增加，为 0.1689 cm³·mm/(m²·d·MPa)，但是仍然优于高密度聚乙烯膜材料的 OP 值

[4.27 cm^3 · mm/(m^2 · d · MPa)]$^{[50]}$。这是因为 CG 是带有支链的大分子物质，其分子链构成的网状结构比线型分子构成的网状结构更加致密，因此具有更好的阻氧效果。

为探究所制备的膜材料在油脂包装中的实际应用性，测定了其 PO。由表 6-6 可知，纯 CG 膜的透油系数为 0.550 g · mm/(m^2 · d)；添加2%、4%、6%的 C-CNCW 后，其 PO 值分别为 0.180 g · mm/(m^2 · d)、0.064 g · mm/(m^2 · d)、0.067 g · mm/(m^2 · d)。结果表明，C-CNCW 的加入可以改善膜材料的透油性，C-CNCW 在 CG 网状结构中的分散延长了油脂分子的通过路径，阻碍了油脂分子的渗透，表明该膜材料可以应用在富含油脂类食品的包装中。

(3) 力学性能。

力学性能对于包装材料来说是非常必要的，以承受产品在储存和运输过程中的拉伸和压力$^{[51]}$。因此，通过对膜材料拉伸强度及断裂伸长率的测定来探究 C-CNCW 添加量对其力学性能的影响。由图 6-19 可知，C-CNCW 的加入对改善膜材料的力学性能有着巨大的贡献。随着 C-CNCW 的添加量由 0%增加到 4%，膜的拉伸强度由 18.53 MPa 增加到 32.85 MPa，比纯 CG 膜的拉伸强度高出 77.28%。继续增加 C-CNCW 添加量至 6%，拉伸强度有所减小，为 29.27 MPa，但仍然高于纯 CG 膜的拉伸强度，表明 C-CNCW 与 CG 及 G 之间产生了较强的相互作用。这已由 FTIR 证实。C-CNCW 作为承重单元，承担和转移了本该由 CG 分子所承受的负荷，因此改善了其拉伸强度。这与 George 等$^{[52]}$研究的以细菌纳米纤维素增强明胶基膜的结果一致，当添加 4%的细菌纳米纤维素后，明胶基膜的拉伸强度由 83.7 MPa 增加至 108.6 MPa。但是，当 C-CNCW 的添加量增加至 6%时，拉伸强度有所下降，这是因为 C-CNCW 的不均匀分布导致的团聚使膜材料在拉伸过程中各部分的应力分布不均。随 C-CNCW 添加量的增加，断裂伸长率呈现下降的趋势，这是因为承重单元通过减小 CG 基质的自由体积来阻碍 CG 的移动。图 6-20 为添加不同量 C-CNCW 时各成膜组分间相互作用示意图。

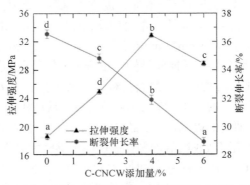

图 6-19　添加不同量 C-CNCW 的膜的力学性能

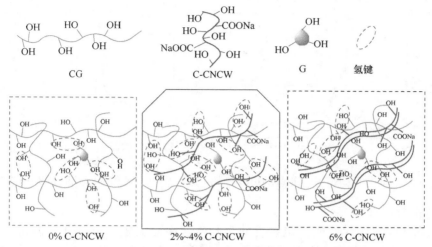

图 6-20　添加不同量 C-CNCW 时成膜组分间的相互作用

(4) 热稳定性。

由图 6-21 中 CG、C-CNCW、G 以及添加不同量 C-CNCW 膜的 TG 及 DTG 曲线可知，CG 有两个失重峰，分别是低于 106℃的水分的失重峰、263~345℃ 的 CG 分子的热解失重峰[44]；C-CNCW 有两个失重峰，低于 106℃的水分的蒸发 及 240~317℃的纤维素的热降解[53]；G 只有一个失重峰，为其热分解峰[45]。添 加不同量 C-CNCW 的膜的 TG 和 DTG 曲线非常相似，其质量损失分三个阶段： <110℃的水分的蒸发、110~253℃的 G 分子的分解、263~345℃的 CG 分子及 C-CNCW 的降解。C-CNCW 添加量由 0%增加到 4%时，在质量损失为 50%时， 其对应的温度由 290.77℃升高到 295℃；在同一温度即 293.5℃时，其对应的质 量损失率由 1.14%/℃下降至 0.96%/℃。因此，C-CNCW 的加入有利于提升该膜 材料的热稳定性，但是总体影响并不大。

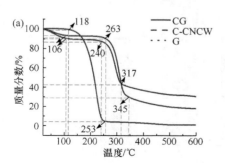

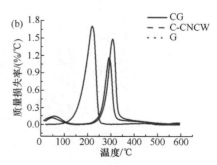

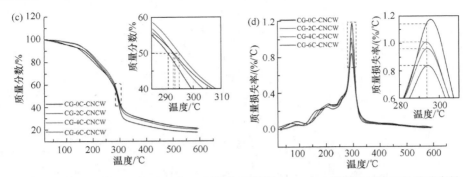

图 6-21　GG、C-CNCW、G[(a)和(b)]及添加不同量 C-CNCW 的膜[(c)和(d)]的热稳定性

(5) 热封性能。

膜材料的热封性能在包装袋的实际生产中至关重要。因此，测定了添加 C-CNCW 膜的热封强度来探究其实际应用价值。由图 6-22 可知，未添加 C-CNCW 的 CG 膜的热封强度为 1295.40 N/m，当添加 4% C-CNCW 后，其热封强度增加到 2218.78 N/m，约为纯 CG 膜的 1.7 倍，表明 C-CNCW 的加入可改善膜材料的热封性能及热封强度。值得注意的是，所制备的 CG/C-CNCW 共混膜的热封强度比其他膜的热封强度大很多，如明胶基膜的热封强度为 500~870 N/m[54]、西米淀粉基膜的热封强度为 375 N/m[55]、分蛋白/脂质乳剂膜的热封强度为 301~323 N/m[56]等。热封强度的提升是因为 C-CNCW 自身携带的大量羟基与 CG 分子及 G 分子上的羟基形成了复杂多级的氢键作用。当继续增加 C-CNCW 添加量至 6% 时，热封强度有所下降，这主要是因为过量 C-CNCW 在 CG 网状结构中的不均匀分布导致膜材料各部分在热封和拉伸过程中所受应力不均。

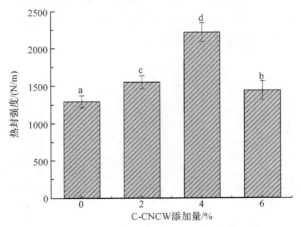

图 6-22　添加不同量 C-CNCW 的膜的热封强度

6.1.2.4 在玉米油包装中的应用

用 CG-0C-CNCW、CG-2C-CNCW、CG-4C-CNCW、CG-6C-CNCW 膜材料对玉米油进行包装，由图 6-23 可知，油包完整且没有漏油现象发生，玉米油也清晰可见，且该膜材料安全可食，可以应用在速食产品调味品的包装中，既可避免黏附在包装袋上的调味料的浪费与损失又不产生任何垃圾，实现免撕同食，同时还能保障食品安全，实现绿色可持续发展，具有一定的应用前景。

(a) CG-0C-CNCW   (b) CG-2C-CNCW

(c) CG-4C-CNCW   (d) CG-6C-CNCW

图 6-23 添加不同量 C-CNCW 的膜包装玉米油的油包

6.1.3 决明子胶基可食性智能膜

6.1.3.1 概述

由 6.1.2 节研究发现，C-CNCW 作为增强相可改善 CG 膜的力学性能、阻隔性能及热封性能，当 C-CNCW 添加量为 4%(以 CG 绝干质量为基准)时，CG/C-CNCW 膜的综合性能最优。近年来，人们对食品安全的重视程度随生活水平的提升而不断提高，因此对于包装材料也提出了新的要求——既能满足包装的目的，又能提供给消费者所包被产品的新鲜度等信息。因此，为赋予该包装膜材料一定的功能性，以紫甘蓝提取物(PCE)和大黄酸(Rhe)为 pH 响应因子，以 6.1.2 节研究的最佳成膜条件(45% G、4% C-CNCW)制备出 pH 响应膜材料。

紫甘蓝，系十字花科，常见于日常饮食中，含有相当丰富的色素。使紫甘蓝呈现紫色的主要成分是花色苷，即花色素与糖及有机酸相结合而成的糖苷。花色素在不同 pH 下显示出不同的颜色，这是因为其在不同 pH 下结构发生变化导致的。因此，借用花色素对 pH 的响应性，制备具有 pH 响应的膜材料。

Rhe 来自蓼科植物——掌叶大黄的根茎或唐古特大黄。由于其具有抗肿瘤活性、抗菌活性等性质而广泛应用于医药和保健品领域。其对 pH 也具有一定的响应性，可制备 pH 响应膜材料。

对添加不同量的 PCE 或 Rhe 的成膜溶液进行流变学分析，探讨两者与成膜溶液各组分之间的相互作用。通过对所制备的膜材料进行结构表征及各项性能测试，探讨 PCE 或 Rhe 用量对膜材料各项性能的影响。此外，探究所制备的 pH 响应膜对三乙胺及 pH 的响应性，并将其用于猪肉和鸡肉新鲜度变化的实时监测中，探讨其实际应用价值。

6.1.3.2　CG/C-CNCW 基 pH 响应膜的制备

采用 6.1.2 节得出的最佳成膜条件，即增塑剂 G 添加量为 45%、增强相 C-CNCW 添加量为 4%，分别以 PCE 和 Rhe 为响应因子制备 pH 响应膜。

考虑到花色素的热敏性，高温下易变性失活，所以稍微提高成膜溶液浓度(为 0.8 g/100 mL)，干燥温度降为 55℃。准确称取一定质量的 CG 分散在少量乙醇中后加入蒸馏水，在 45℃恒温水浴中以 500 r/min 的速度搅拌 30 min 后，加入 C-CNCW(CG 绝干质量的 4%)继续搅拌 15 min，之后加入增塑剂 G(CG 绝干质量的 45%)继续搅拌 15 min，最后分别加入 0%、2%、4%、6%及 8%(以 CG 绝干质量为基准)的 PCE，继续搅拌 15 min，得到浓度为 0.8 g/100 mL 的成膜溶液。将成膜溶液倒入成膜模具(28 cm × 29 cm × 5 cm)，并于 55℃下干燥约 30 h，干燥后冷却揭膜。根据 PCE 添加量的不同，膜材料分别命名为 CG-0PCE、CG-2PCE、CG-4PCE、CG-6PCE 和 CG-8PCE。在进行各项性能测定前置于 53% RH 的环境中恒定 12 h。

准确称取一定质量的 CG 分散在少量乙醇中后加入蒸馏水，在 45℃恒温水浴中以 500 r/min 的速度搅拌 30 min 后，加入 C-CNCW(CG 绝干质量的 4%)，分别加入已用 20 mL 乙醇完全溶解的 0%、1%、2%、3%及 4%(以 CG 绝干质量为基准)的 Rhe 继续搅拌 15 min，加入 C-CNCW(CG 绝干质量的 4%)继续搅拌 15 min，最后加入增塑剂 G(CG 绝干质量的 45%)继续搅拌 15 min，得到浓度为 0.6 g/100 mL 的成膜溶液。将成膜溶液倒入成膜模具(28 cm × 29 cm × 5 cm)，于 60℃下干燥约 24 h，干燥后冷却揭膜。根据 Rhe 添加量的不同，膜材料分别命名为 CG-0Rhe、CG-1Rhe、CG-2Rhe、CG-3Rhe 和 CG-4Rhe。在进行各项性能测定前置于 53%

RH 的环境中恒定 12 h。

6.1.3.3　结果与分析

1) PCE 的 pH 响应性

PCE 在不同 pH 溶液中的颜色及可见光吸收光谱如图 6-24(a)和(b)所示。由图 6-24(a)可知，PCE 在 pH 为 1～3 时呈现红色；在 pH 为 4～5 时呈现粉红色；在 pH 为 6～7 时呈现紫色；在 pH 为 8～10 时呈现蓝色；在 pH 为 11 时呈现黄绿色；在 pH 为 12～13 时呈现黄色。尽管其在酸碱条件下的颜色变化明显，但是当 pH 变化值为 1 时，其颜色非常相近。

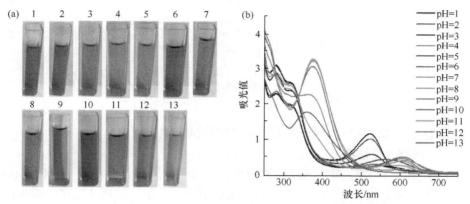

图 6-24　PCE 在不同 pH 溶液中的颜色照片(a)及吸收光谱曲线(b)

图 6-24(b)清晰地解释了 PCE 在不同 pH 溶液中呈现出不同的颜色的原因。当 pH 为 1～2 时，其在 521 nm 处有最大吸收峰，这是因为花色素以黄锌盐阳离子的形式存在[57]，主要呈现红色；当 pH 稍增大到 5，其最大吸收峰向长波长方向偏移，这是因为其存在酸碱、水合及环-链异构三种平衡[58]，部分黄锌盐阳离子失去氢离子变为蓝色的醌基阴离子，溶液中同时存在着黄锌盐阳离子、醌基阴离子与醌基，黄锌盐阳离子随 pH 的增加逐渐减少，而醌基阴离子却逐渐增加，且醌基会逐渐水化为无色的甲醇假碱，同时，甲醇假碱开环生成黄橙色的查耳酮，因此红色变浅；继续增大 pH 到 7 时，最大吸收峰出现在 605 nm 附近，红色基本消失，溶液由粉红色变为紫色，说明黄锌盐阳离子已不存在；当 pH 为 8～10 时，最大吸收峰继续向长波长偏移，为 611 nm，溶液为蓝绿色；继续增大 pH，最大吸收峰出现在非可见光区域，呈现黄色，花色素结构不稳定且失去了其特有的颜色[59]。可见，花色素在不同 pH 溶液中呈现出不同的颜色是由于其结构的变化，如图 6-25[60]所示。

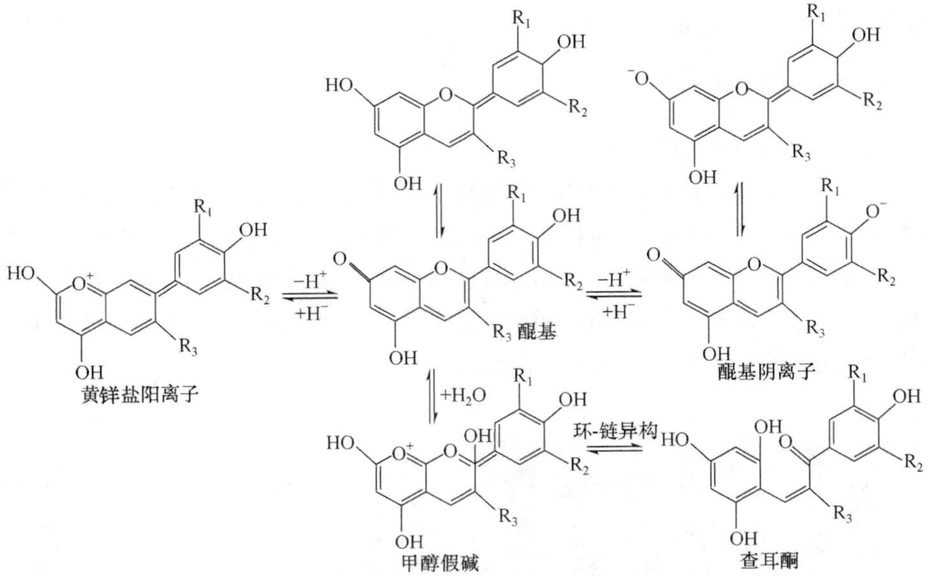

图 6-25　不同 pH 下花色素的结构变化[60]

2) PCE、Rhe 添加量对成膜溶液流变性能的影响

(1) 稳态流变性能。

PCE 和 Rhe 添加量对成膜溶液稳态流变性能的影响分别如图 6-26(a)和(b)所示。由图可知，PCE 或 Rhe 加入后，成膜溶液的黏度均随剪切速率的增加而减小，呈现出剪切变稀的流体特性，这是因为在剪切作用下，CG、G、C-CNCW 与 PCE 或 Rhe 之间复杂的氢键作用有所改变[13]；当剪切速率较高时，各组分之间形成的较为复杂的网络缠结结构被破坏，并于短时间内无法恢复。在同一剪切速率下，随 PCE 添加量的增加，成膜溶液黏度总体上呈现下降的趋势，这是因为 PCE 的小分子性使其更加容易渗透到 CG 分子形成的网络结构中，减弱该网络结构的致密性；PCE 与各组分形成更为复杂的氢键作用，起到了增塑稀化的作用。随 Rhe 添加量的增加，成膜溶液在同一剪切速率下的黏度呈现先减小后增加的趋势，但整体变化甚微，这是因为 Rhe 的加入也改变了各组分间的相互作用并与之形成了更为复杂的氢键作用。

用 Cross 模型对所得数据进行拟合以深入了解 PCE 或 Rhe 的加入对成膜溶液稳态流变性能的影响。由表 6-7 可知，随 PCE 添加量增加，η_0 总体上呈现减小趋势，PCE 添加量由 0%增加到 6%，η_0 由 50.0430 Pa·s 逐渐减小至 19.9569 Pa·s；继续增加其添加量到 8%时，η_0 有所增加，为 29.5359 Pa·s，但是仍然小于未添加 PCE 的成膜溶液。这是因为 PCE 的加入破坏了 CG 分子与 G、C-CNCW 之间原有的氢键作用，并与各组分形成了新的复杂的氢键，起到了增塑的作用。η_0

随 Rhe 添加量的增加呈现出先减小后增加的趋势，但是总体变化不大，说明 Rhe 的加入也破坏了 CG 分子与 G 及 C-CNCW 间原有的氢键作用，并有新的氢键产生。对两种体系而言，拟合相关系数 R^2 均不小于 0.9998，表明 Cross 模型适用于对该成膜溶液各组分间的相互作用进行解析。

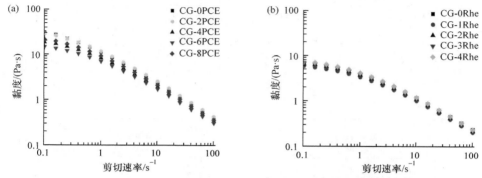

图 6-26　PCE(a)、Rhe(b)添加量对成膜溶液稳态流变性能的影响

表 6-7　Cross 模型拟合参数

成膜溶液	η_0 /(Pa·s)	K	m	R^2
CG-0PCE	50.0430	3.2128	0.7502	0.9999
CG-2PCE	41.5174	2.3999	0.7882	0.9999
CG-4PCE	25.5428	1.9436	0.7841	0.9999
CG-6PCE	19.9569	1.7180	0.7640	0.9999
CG-8PCE	29.5359	2.0688	0.7948	0.9999
CG-0Rhe	7.6749	0.9392	0.7950	0.9998
CG-1Rhe	6.9840	1.0787	0.7341	0.9999
CG-2Rhe	8.1258	1.1748	0.7438	0.9999
CG-3Rhe	8.6038	1.2497	0.7075	0.9999
CG-4Rhe	9.0752	1.1704	0.7441	0.9999

(2) 动态流变性能。

在线性黏弹区探究 PCE 或 Rhe 添加量对成膜溶液黏性、弹性行为的影响。由图 6-27 可知，未添加 PCE 的成膜溶液在低角频率下 $G''>G'$，在高角频率下 $G'>G''$，呈现出典型的凝胶特性，这是因为 CG 分子与 G 及 C-CNCW 之间形成了稳定的网状结构。PCE 的加入并未改变成膜溶液的凝胶特性，这是因为尽管 PCE 破坏了 CG 分子与 G 及 C-CNCW 之间的氢键作用，但是其仍然可以与各组分形成新的复杂的氢键以形成较为稳定的网络结构，因此成膜溶液在低角频率下主要呈现出固体的弹性行为，而在高角频率下则呈现液体的黏性行为。

Rhe 的少量加入使成膜溶液在整个测试角频率下 $G'>G''$，这是因为 Rhe 的加入破坏了各组分间原有的氢键作用，使其致密性下降，导致成膜溶液呈现出单纯的液体行为[12]，这与稳态流变学结果相一致；而当 Rhe 添加量增加至 2%或更高时，成膜溶液恢复了其凝胶特性，Rhe 与各组分间形成的复杂多级的氢键作用可使各组分间构成的网络结构更加稳定。成膜溶液动态流变性能结果表明 PCE

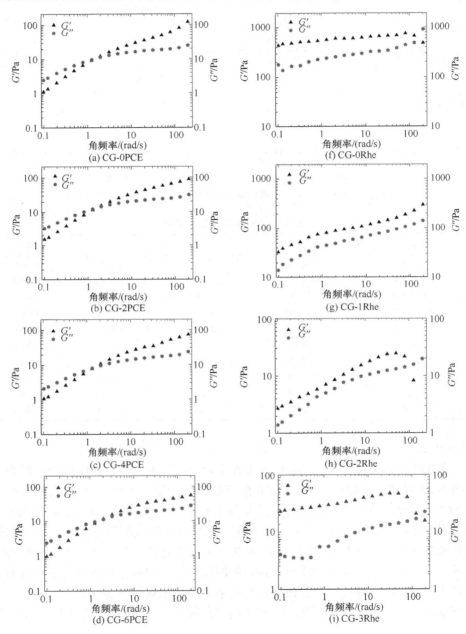

(a) CG-0PCE   (f) CG-0Rhe

(b) CG-2PCE   (g) CG-1Rhe

(c) CG-4PCE   (h) CG-2Rhe

(d) CG-6PCE   (i) CG-3Rhe

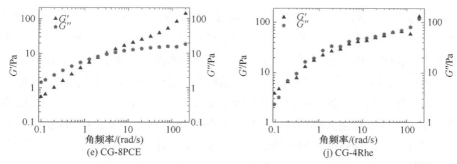

图 6-27 PCE[(a)～(e)]或 Rhe[(f)～(j)]添加量对成膜溶液动态流变性能的影响

或适量 Rhe 的加入使流体呈现出弹性行为而不是单纯的液体行为[12]。

3) PCE、Rhe 添加量对膜材料结构的影响

(1) FTIR。

PCE、未添加 PCE 的 CG 膜(CG-0PCE)与 PCE 添加量为 8%的膜(CG-8PCE)的 FTIR 图如图 6-28(a)所示；Rhe、未添加 Rhe 的 CG 膜(CG-0Rhe)与 Rhe 添加量为 4%的膜(CG-4Rhe)的 FTIR 图如图 6-28(b)所示。

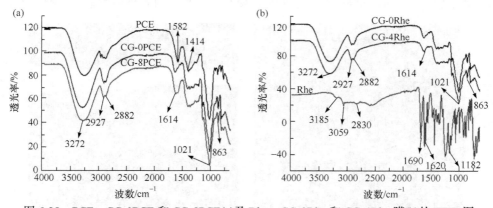

图 6-28 PCE、CG-0PCE 和 CG-8PCE(a)及 Rhe、CG-0Rhe 和 CG-4Rhe 膜(b)的 FTIR 图

PCE 主要特征峰归属：3272 cm^{-1} 左右的强宽峰归因于 O—H 的伸缩振动；2900～2882 cm^{-1} 范围内的峰归因于 C—H 的伸缩振动[19]；1582 cm^{-1} 附近的峰归因于芳香环上 C=C 的伸缩振动；1414 cm^{-1} 附近的峰归因于花色素中 C—O 的特异性角度变形；1021 cm^{-1} 处的尖峰归因于葡萄糖环上 C—O—C 的伸缩振动[61]。CG-8PCE 的 FTIR 图与 CG-0PCE 的 FTIR 图非常相似，表明 PCE 与各成膜组分间无化学作用；但是由于 PCE 的引入，CG-8PCE 膜显示出更强的 O—H 吸收峰，且各组分间复杂多级的氢键作用导致 O—H 的吸收峰稍向低波数方向偏移；C—H、C—O—C、C—C 吸收峰均有所加强。

Rhe 主要特征峰归属：3185 cm^{-1} 附近微弱的峰归因于 O—H 的伸缩振动；3059 cm^{-1} 左右的峰归因于苯环上 C—H 的伸缩振动；2830 cm^{-1} 的峰归因于—CH$_2$ 的伸缩振动；1690～1620 cm^{-1} 的峰归因于 C—C 的伸缩振动；1620 cm^{-1} 的峰归因于苯环中 C=C 的伸缩振动；1182 cm^{-1} 左右的峰归因于叔醇 O—H 的伸缩振动。CG-4Rhe 的 FTIR 图与 CG-0Rhe 的 FTIR 图非常相似，表明 Rhe 与各成膜组分间无化学作用；O—H 吸收峰强度有所增强，且其与各成膜组分之间形成新的复杂多级的氢键结构导致 O—H 吸收峰稍向低波数方向偏移；C—H、C—O—C、C—C 吸收峰也均有所加强。

(2) SEM。

不同添加量 PCE 及 Rhe 的 pH 响应膜表面及断面的 SEM 图如图 6-29 所示。未添加 PCE 及 Rhe 的 CG 膜表面连续且致密、无孔洞、有些许粗糙；其断面连续致密，且 C-CNCW 的断面也清晰可见。随 PCE 添加量的增加，膜表面越来越光滑，这是因为 PCE 的小分子性使其与 CG、C-CNCW 之间有着良好的共混相容性；其断面也仍然致密连续。而随 Rhe 添加量的增加，膜表面越来越粗糙，这是由 Rhe 的水溶性差所致；断面仍连续、致密。SEM 结果表明 PCE 或 Rhe 的加入对膜材料的结构影响不大。

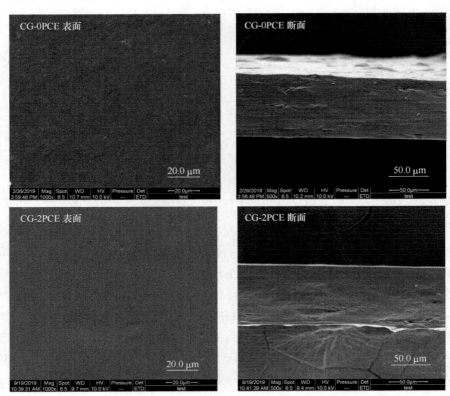

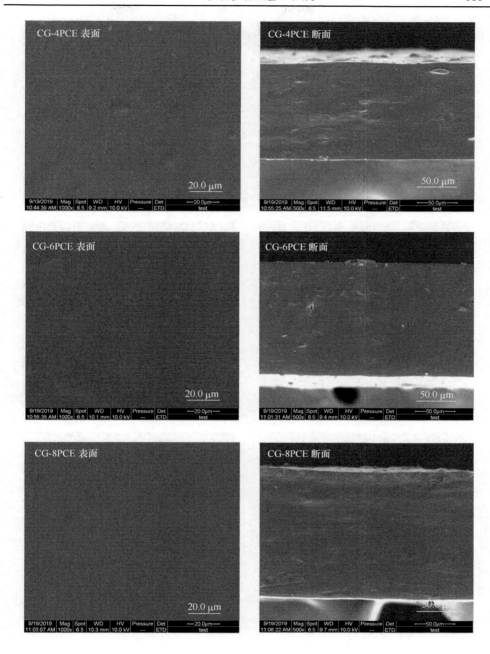

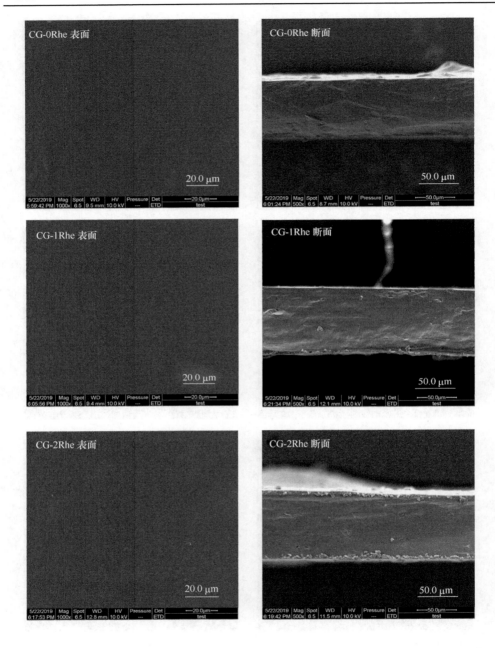

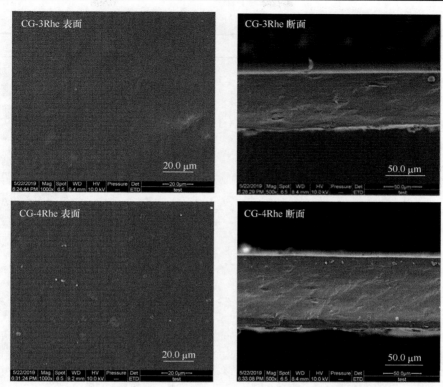

图 6-29 添加不同量 PCE 及 Rhe 的 pH 响应膜表面及断面的形貌

4) PCE、Rhe 添加量对膜材料性能的影响

(1) 色度。

不同添加量 PCE 及 Rhe 的 pH 响应膜的 L、a、b、ΔE 及照片如表 6-8 所示。其中 ΔE 的计算是以未添加 PCE 或 Rhe 的 CG 膜的平均色度值作为对照。由照片可以看出，随 PCE 添加量的增加膜越来越红；而随 Rhe 添加量的增加膜越来越黄。由亮度参数 L 可以看出，随 PCE 或 Rhe 添加量的增加膜的亮度逐渐减弱；红绿指数 a 随 PCE 或 Rhe 添加量的增加逐渐增加，说明膜颜色在红绿轴方向上逐渐变红。与未添加 PCE 或 Rhe 的膜材料色度值相比较，ΔE 随 PCE 或 Rhe 添加量的增加越来越大，且均大于 5，表明其颜色变化可被肉眼识别[62]。

表 6-8 不同 PCE 及 Rhe 添加量的 pH 响应膜的色度参数及照片

膜试样	L	a	b	ΔE	照片
CG-0PCE	87.74 ± 0.04^{e}	-0.24 ± 0.03^{a}	-4.80 ± 0.13^{a}	0.17 ± 0.12^{a}	

续表

膜试样	L	a	b	ΔE	照片
CG-2PCE	69.10 ± 0.44^d	8.63 ± 0.26^b	14.41 ± 0.06^d	28.06 ± 0.37^b	
CG-4PCE	56.37 ± 0.02^c	14.90 ± 0.01^c	15.89 ± 0.09^e	40.38 ± 0.03^c	
CG-6PCE	41.91 ± 0.70^b	18.82 ± 0.17^d	5.54 ± 0.50^c	50.59 ± 0.65^d	
CG-8PCE	34.10 ± 0.84^a	18.37 ± 0.40^d	4.29 ± 0.25^b	57.39 ± 0.61^e	
CG-0Rhe	87.74 ± 0.04^e	-0.24 ± 0.03^a	-4.80 ± 0.13^a	0.17 ± 0.12^a	
CG-1Rhe	80.48 ± 0.28^d	-0.45 ± 0.27^a	54.04 ± 1.11^b	59.29 ± 1.14^b	
CG-2Rhe	76.67 ± 0.14^c	5.65 ± 0.28^b	73.34 ± 0.40^d	79.15 ± 0.43^d	
CG-3Rhe	72.59 ± 0.06^a	15.54 ± 0.12^d	71.99 ± 0.24^d	79.84 ± 0.26^d	
CG-4Rhe	74.41 ± 0.24^b	13.98 ± 0.33^c	69.79 ± 0.32^c	77.10 ± 0.38^c	

(2) 透光性能。

添加不同量 PCE 及 Rhe 的 pH 响应膜的透光曲线及实物图如图 6-30(a)及(b)所示。随 PCE 及 Rhe 添加量的增加，膜的透光率呈现出下降的趋势。当 PCE 添加量由 0%增加到 8%时，其在 500 nm 处的透光率由 51.302%下降至 5.796%；在 400 nm 处的透光率由 41.111%降低至 0.159%；在 200～280 nm 的紫外光区域，其透光率几乎降为 0%，表明该膜材料对紫外光起到了很好的屏蔽作用；在 550 nm 左右出现了较左右两侧低的透光率，这是因为花色素在此位置有最大吸收峰。Rhe 添加量由 0%增加至 4%时，其在 500 nm 处透光率由 51.302%下降至 6.916%；在 300 nm 处的透光率由 14.803%降至 1.296%；且在 450 nm 附近出现了波谷，这是因为大黄酸在该位置有最大吸收峰。尽管膜的透光性随 PCE 或 Rhe 的加入有所降低，但是被膜覆盖的图片依然清晰可见。

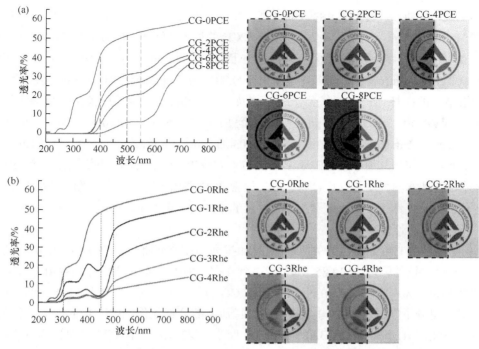

图 6-30　添加不同量 PCE(a)及 Rhe(b)的 pH 响应膜的透光曲线和实物图

(3) 阻隔性能——WVP 及 OP。

添加不同量 PCE 及 Rhe 的 pH 响应膜的阻隔性能如表 6-9 所示。

表 6-9　添加不同量 PCE 及 Rhe 的 pH 响应膜的阻隔性能

膜试样	WVP/[×10⁻¹⁰g/(m·s·Pa)]	OP/[cm³·mm/(m²·d·MPa)]
CG-0PCE	2.505 ± 0.004^a	0.1678 ± 0.001^a
CG-2PCE	2.782 ± 0.009^b	0.2142 ± 0.091^b
CG-4PCE	2.845 ± 0.035^c	0.2402 ± 0.042^c
CG-6PCE	3.090 ± 0.025^d	0.2561 ± 0.027^d
CG-8PCE	3.254 ± 0.004^e	0.2935 ± 0.081^e
CG-0Rhe	2.505 ± 0.004^a	0.1678 ± 0.001^a
CG-1Rhe	3.062 ± 0.002^b	0.1926 ± 0.043^b
CG-2Rhe	3.252 ± 0.008^c	0.3209 ± 0.074^c
CG-3Rhe	3.584 ± 0.004^d	0.3414 ± 0.097^d
CG-4Rhe	4.035 ± 0.004^e	0.4337 ± 0.079^e

PCE 的加入可减弱膜的阻隔性能，WVP 由 $2.505×10^{-10}$ g/(m·s·Pa)增加至 $3.254×10^{-10}$ g/(m·s·Pa)，一方面是因为 PCE 的加入破坏了 CG 分子与 C-CNCW 及 G 之间形成的网络结构；另一方面是因为 PCE 的亲水性。OP 由 0.1678 cm^3·mm/(m^2·d·MPa)逐渐增大至 0.2935 cm^3·mm/(m^2·d·MPa)，这是因为网络结构的破坏促进了氧气分子的迁移及透过。Rhe 的加入使其阻隔性能有所恶化，WVP 由 $2.505×10^{-10}$ g/(m·s·Pa)增加至 $4.035×10^{-10}$ g/(m·s·Pa)，OP 由 0.1678 cm^3·mm/(m^2·d·atm)逐渐增大至 0.4337 cm^3·mm/(m^2·d·atm)，尽管 Rhe 具有疏水性，但是其细小颗粒破坏了 CG 与 C-CNCW 及 G 形成的网络结构，致使孔隙变大，使水蒸气及氧气更容易透过。尽管 PCE 或 Rhe 的加入使膜的阻隔性能有所恶化，但是仍然优于低密度聚乙烯膜材料的 OP[$1.8×10^{-14}$ cm^3·cm/(cm^2·s·Pa)][50]。

(4) 力学性能。

由图 6-31 可知，PCE 的加入使膜的拉伸强度有所降低，当 PCE 由 0%增加至 8%时，拉伸强度由 32.85 MPa 减小到 18.16 MPa，而其断裂伸长率由 31.84%增大至 86.6%，表明 PCE 的引入破坏了 CG 分子链与 C-CNCW 及 G 之间的氢键作用，使分子间的刚性结构得到软化，起到了部分塑化作用[63]。Rhe 的引入使膜的拉伸强度有所减小，由 32.85 MPa 减小到 19.22 MPa，但其断裂伸长率有所改善，这是因为 Rhe 破坏了各成膜组分间原有的氢键作用，且 Rhe 细小颗粒的存在导致膜各部分在拉伸过程中所受应力不均。图 6-32 为添加 PCE 或 Rhe 后成膜组分间的相互作用示意图。

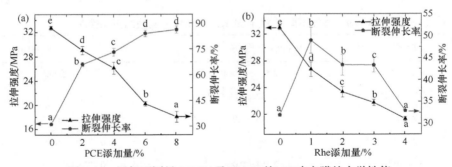

图 6-31　添加不同量 PCE(a)及 Rhe(b)的 pH 响应膜的力学性能

(5) 热稳定性。

CG、C-CNCW、G、PCE 及添加不同量 PCE 的 pH 响应膜的 TG 及 DTG 曲线如图 6-33 所示。

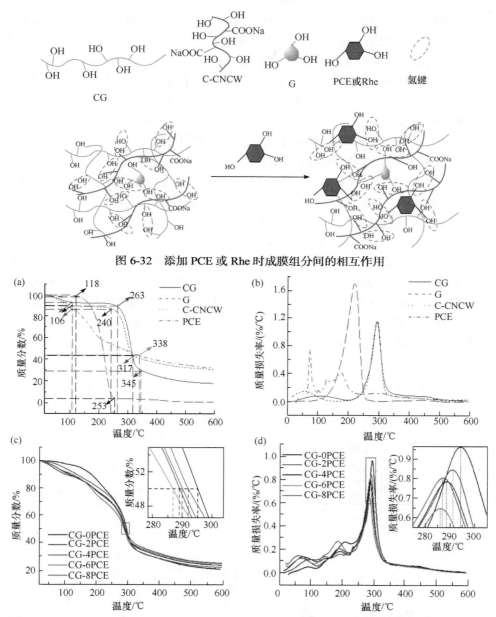

图 6-32　添加 PCE 或 Rhe 时成膜组分间的相互作用

图 6-33　GG、C-CNCW、G、PCE[(a)和(b)]及添加不同量 PCE 的 pH 响应膜[(c)和(d)]的热稳定性

　　CG 有两个失重峰，分别是低于 106℃的水分的失重峰、263～345℃的 CG 分子的热解失重峰[44]；C-CNCW 有两个失重峰，低于 106℃的水分的蒸发及 240℃～317℃的纤维素的热降解[53]；G 只有一个失重峰，为其热分解峰[45]。PCE 总体上有

五个失重峰，低于 106℃的水的失重峰、106～338℃的四个峰为 PCE 提取物的降解峰，这是因为 PCE 是在 30%乙醇中提取的，其中存在少量的水溶性多糖和种类繁多的紫甘蓝花色素。添加不同量 PCE 的 pH 响应膜的 TG 和 DTG 曲线非常相似，其质量损失分五个阶段：温度低于 110℃时的水分的蒸发、110～253℃时的 G 分子的分解、263～345℃时的 CG 分子及 C-CNCW 的降解、106～338℃时的 PCE 的降解。随着 PCE 的加入，在质量损失为 50%时，膜材料对应的温度总体上有下降的趋势，由 295℃下降到 286℃；最大质量损失温度由 294℃下降到 285℃。因此，可以认为 PCE 的加入减弱了膜材料的热稳定性，但是总体影响并不大。

CG、C-CNCW、G、Rhe 及添加不同量 Rhe 的 pH 响应膜的 TG 及 DTG 曲线如图 6-34 所示。Rhe 在 274～364℃只有一个失重峰，为其热分解峰。添加不同量 Rhe 的 pH 响应膜的 TG 和 DTG 曲线非常相似，其质量损失分四个阶段：＜110℃的水分的蒸发、110～253℃的 G 分子的分解、263～345℃的 CG 分子及 C-CNCW 的降解、274～364℃的 Rhe 的降解。随着 Rhe 的加入，在质量损失为 50%时，膜材料对应的温度总体上有上升的趋势，由 295℃升高到 306℃；最大质量损失温度由 294℃下降到 306℃。但由于生物质材料的特殊性及实验仪器存在的误差，其升高或降低的温度与 Rhe 添加量之间并未呈现出正相关关系。因此，可认为 Rhe 的加入改善了膜材料的热稳定性。

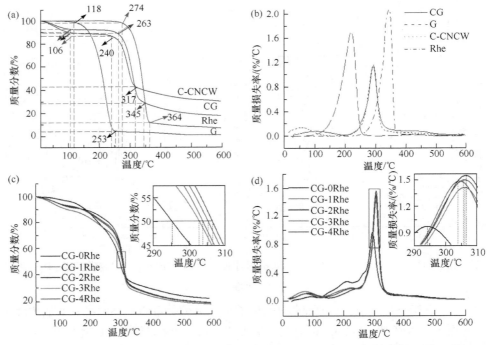

图 6-34　GG、C-CNCW、G、Rhe[(a)和(b)]及添加不同量 Rhe 的 pH 响应膜[(c)和(d)]的热稳定性

(6) pH 响应性。

CG-6PCE 及 CG-3Rhe 在不同 pH 下的色度参数及照片如表 6-10 所示，其中 ΔE 分别以未变色的 CG-6PCE 及 CG-3Rhe 为对照计算所得。

表 6-10 CG-6PCE 及 CG-3Rhe 膜在不同 pH 缓冲溶液中的色度参数及照片

pH	L	a	b	ΔE	照片
CG-6PCE					
1	37.22 ± 0.24^d	50.38 ± 0.07^k	26.10 ± 0.40^e	37.96 ± 0.31^g	
2	36.06 ± 0.37^d	30.58 ± 0.40^j	5.32 ± 0.28^d	13.15 ± 0.20^e	
3	41.40 ± 1.55^e	28.54 ± 0.49^{ef}	4.23 ± 0.05^c	12.36 ± 0.15^b	
4	35.33 ± 0.40^d	26.62 ± 0.20^i	3.65 ± 0.13^c	10.39 ± 0.13^d	
5	42.09 ± 0.75^e	20.40 ± 0.11^{gh}	4.26 ± 0.03^c	2.22 ± 0.16^b	
6	40.32 ± 0.61^e	19.21 ± 0.08^e	4.33 ± 0.20^c	2.62 ± 0.45^b	
7	34.99 ± 0.21^{cd}	17.88 ± 0.13^d	2.53 ± 0.11^b	10.26 ± 0.26^d	
8	36.97 ± 0.17^d	15.54 ± 0.01^h	1.43 ± 0.20^a	6.98 ± 0.24^c	
9	36.58 ± 0.73^d	14.47 ± 0.01^{fg}	1.59 ± 0.04^{ab}	6.68 ± 0.61^c	
10	33.07 ± 0.01^c	-14.29 ± 1.98^a	0.54 ± 1.16^c	34.48 ± 1.22^f	
11	30.66 ± 0.18^b	-18.47 ± 0.05^b	-5.63 ± 0.31^f	10.62 ± 0.02^d	
12	29.48 ± 0.04^a	-20.40 ± 1.19^c	-15.48 ± 0.16^f	41.14 ± 1.14^h	
13	55.10 ± 0.121^f	10.66 ± 0.04^d	57.84 ± 0.51^g	54.56 ± 0.52^i	

续表

pH	L	a	b	ΔE	照片
			CG-3Rhe		
1	80.93 ± 0.37^h	11.47 ± 0.64^b	86.71 ± 0.62^{ghi}	17.43 ± 0.54^{ef}	
2	81.08 ± 0.27^h	10.72 ± 0.39^b	84.95 ± 1.07^{fgh}	16.23 ± 1.10^{de}	
3	79.97 ± 0.24^{gh}	10.52 ± 0.16^b	86.92 ± 0.01^{ghi}	17.39 ± 0.06^{ef}	
4	80.15 ± 0.07^{gh}	11.41 ± 0.40^b	84.16 ± 1.50^f	14.97 ± 1.04^d	
5	79.27 ± 0.07^g	10.90 ± 0.03^b	87.25 ± 0.72^{hi}	17.30 ± 0.66^{ef}	
6	79.19 ± 0.25^g	11.49 ± 0.54^b	88.51 ± 0.19^i	18.26 ± 0.07^f	
7	74.68 ± 0.02^f	14.47 ± 0.42^c	84.49 ± 0.27^{fg}	12.73 ± 0.31^c	
8	79.84 ± 0.20^{gh}	8.04 ± 0.37^a	82.58 ± 0.87^f	14.89 ± 0.51^d	
9	71.00 ± 1.65^d	20.82 ± 1.81^d	79.20 ± 2.27^e	9.73 ± 0.42^b	
10	41.68 ± 0.31^c	49.03 ± 0.52^g	38.05 ± 0.80^c	56.83 ± 0.45^g	
11	32.00 ± 0.67^b	44.65 ± 0.76^{ef}	22.24 ± 0.71^b	70.51 ± 0.57^h	
12	32.34 ± 0.68^b	46.26 ± 0.88^f	23.43 ± 1.07^b	70.17 ± 0.77^h	
13	29.69 ± 0.76^a	43.22 ± 1.55^e	18.12 ± 0.83^a	74.25 ± 0.48^i	

由照片可以看出，CG-6PCE 在 pH 为 1 时显现出红色，这是因为花色素较稳定且以黄锌盐阳离子形式存在；pH 在 2～7 范围内变为紫红色，此时花色素大部分以甲醇假碱的形式存在；pH 为 8～9 时为紫色，因为花色素存在反酸现象；pH 为 10～12 时出现蓝绿色，此时花色素以蓝色的醌基阴离子形式存在；当 pH 为 13 时呈现黄色，花色素结构不稳定，失去其特有色泽。从色度参数来看，L 的变化无规律且不显著。a 随 pH 由 1 增加至 9 呈现减小的趋势，表明膜颜色在红绿轴上逐渐向绿色变化；当 pH 为 10～12 时，a 变为负值，表明膜颜色已转变为绿色；当 pH 为 13 时，a 又变为正值。b 随 pH 由 1 增加至 10 逐渐减小，表明在黄蓝轴上逐渐向蓝色变化；当 pH 为 11～12 时，b 变为负值，表明膜颜色已转变为蓝色；当 pH 为 13 时，b 又变为正值，表明膜颜色变为黄色。

CG-3Rhe 在不同 pH 下的照片显示，其在 pH 为 1～8 时为黄色，pH 为 9 时为橙红色，pH 为 10～13 时为紫红色。其 L 在 pH 为 1～8 时无显著变化；在 pH 增大至 9 后，明显减小，表明膜透明度变低。与 L 相似，a 在 pH 为 1～8 范围内无显著变化；在 pH 增大至 9 后，明显增加，表明膜颜色向红色变化。b 在 pH 为 1～8 范围内也无显著变化；在 pH 增大至 9 后，明显减小，膜颜色在黄蓝轴上向着蓝色的方向变化。

综上，尽管其在酸碱条件下的变色较为显著，但在相邻 pH 下的变色并不明显。

(7) 三乙胺响应性。

图 6-35(a) 为 CG-6PCE 膜在不同湿度下对三乙胺响应过程中的图片，图 6-35(b)、(c) 及 (d) 是 CG-6PCE 膜在响应过程中 a、b 及 ΔE 的实时变化。由图 6-35(a) 可看出，该膜对三乙胺有一定的响应性，且在 120 min 时已达到初步平衡。响应平衡时，膜颜色变化随湿度的增加越来越明显，在 22%RH 和 33%RH 条件下，CG-6PCE 颜色没有明显变化；在 53% RH 和 75% RH 条件下，CG-6PCE 由紫红色变为蓝绿色，表明其对三乙胺的响应性良好，同时对湿度也有一定的响应性。在响应过程中，CG-6PCE 的 a 值均呈现减小趋势，表明膜颜色在红绿轴上向着绿色方向变化；且在同一响应时间下，a 值的变化幅度随湿度的增加而增大，尤其是在 75% RH 下变化最显著直至负值，表明膜颜色已经转变为绿色。在响应过程中 b 值呈现增加的趋势，表明在黄蓝轴上膜颜色向着蓝色方向变化；且变化幅度随湿度的增大而增加。ΔE 与 b 值呈现相同的趋势，表明膜颜色变化随响应时间的延长而逐渐显著。膜色度参数的变化也表明其对三乙胺有响应性，且湿度越大响应越敏感，这与其在响应过程中的照片相吻合。

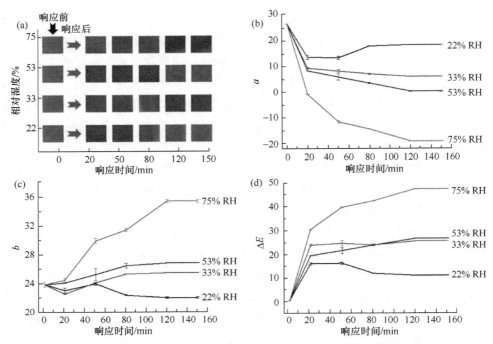

图 6-35　CG-6PCE 膜在不同湿度下对三乙胺的响应过程中的图片(a)及 *a*(b)、*b*(c)、Δ*E*(d)

图 6-36(a)为 CG-3Rhe 膜在不同湿度下对三乙胺响应过程中的图片，图 6-36(b)、(c)及(d)是 CG-3Rhe 在响应过程中 *a*、*b* 及 Δ*E* 的实时变化。由图 6-36(a)可看出，该膜对三乙胺的响应敏感，20 min 时已有颜色变化且在 120 min 时已达到初步平衡。响应平衡时，膜的颜色变化随湿度的增加也越来越明显，在 22% RH 和 33% RH 条件下，其颜色由黄色变为红色；在 53% RH 和 75% RH 条件下，其颜色由黄色变为紫红色，表明该膜对三乙胺的响应性良好，同时对湿度也有一定的响应性。在响应过程中，CG-3Rhe 的 *a* 值总体上呈现增加趋势，表明膜颜色在红绿轴上向着红色方向变化；且在同一响应时间下，*a* 值的变化幅度与湿度呈正相关，即湿度越大其变化幅度越大。*b* 值在响应过程中逐渐减小，表明在黄蓝轴上膜的黄色基调越来越淡；其变化幅度也随湿度的增大而增加。Δ*E* 与 *a* 值呈现相同的趋势，表明膜颜色变化随响应时间的延长而逐渐明显。膜色度参数的变化也表明该膜材料对三乙胺有较好的响应性，且相对湿度越大响应越敏感。

6.1.3.4　智能膜在监测猪肉、鸡肉新鲜度中的应用

选择 CG-6PCE 及 CG-3Rhe 膜对猪肉、鸡肉的新鲜度进行实时监测，探究以 PCE 及 Rhe 为响应因子的 pH 响应膜在实时监测肉制品新鲜度方面的应用价值。

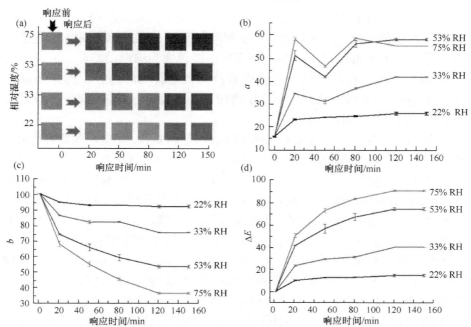

图 6-36　CG-3Rhe 膜在不同湿度下对三乙胺的响应过程中的图片(a)及色度参数 *a*(b)、*b*(c)、Δ*E*(d)

图 6-37(a)为 CG-6PCE 及 CG-3Rhe 膜监测猪肉新鲜度的照片，当猪肉分别放置 20 h 及 18 h 时，膜颜色变化明显，前者由紫红色变为蓝黑色，后者由黄色变为橙红色。

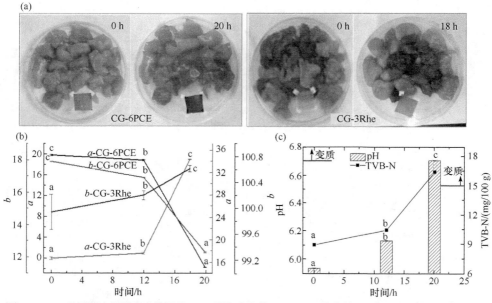

图 6-37　(a) 监测猪肉新鲜度实物图片；(b) 膜色度参数 *a*、*b*；(c) 猪肉的 pH 和 TVB-N 随时间的变化

图 6-37(b)为 CG-6PCE 及 CG-3Rhe 膜在监测猪肉新鲜度变化过程中，其红绿指数 a 及黄蓝指数 b 的变化趋势。随时间的延长，CG-6PCE 的 a 值逐渐减小直至负值，表明在红绿轴上膜颜色呈现出由红色变为绿色的趋势；b 值也逐渐减小，表明其颜色在黄蓝轴上有着由黄色向蓝色转变的趋势，但并不显著。CG-3Rhe 的 a 值随时间的延长而逐渐增加，表明膜颜色在红绿轴上由绿色向红色方向变化；b 值无明显变化。

图 6-37(c)为猪肉在放置不同时间下的 pH 及 TVB-N。研究所用新鲜猪肉，即放置 0 h 时，其 pH 为 5.89；而随放置时间的延长，pH 在逐渐增大，当放置时间为 12 h 及 20 h 时，pH 分别为 6.695 及 6.700，由《食品安全国家标准 食品 pH 值的测定》(GB 5009.237—2016)[64]的规定知此时的猪肉已经处于临近变质状态。其 TVB-N 在 0 h 为 8.859 mg/100 g；TVB-N 随时间的延长也在持续增加，放置 12 h 及 20 h 时分别为 15.868 mg/100 g 和 16.372 mg/100 g，由《食品安全国家标准 鲜(冻)畜、禽产品》(GB 2707—2016)[65]的规定知此时的猪肉已经变质。结合 CG-6PCE 及 CG-3Rhe 膜的颜色变化可知，当其颜色分别由紫红色变为蓝黑色、由黄色变为橙红色时猪肉已经处于变质状态。尽管 CG-3Rhe 的灵敏度相较于 CG-6PCE 稍高一些，即提前 2 h，但是灵敏度仍不够，虽然对猪肉及鸡肉的新鲜度作出了指示，但是仍然不能避免肉制品的浪费，因此急需提高 pH 响应膜的精准度。

图 6-38(a)为 CG-6PCE 及 CG-3Rhe 膜监测鸡肉新鲜度的照片，当鸡肉放置 15 h 时，膜颜色变化明显，前者由紫红色变为蓝黑色，后者由黄色变为橙红色。

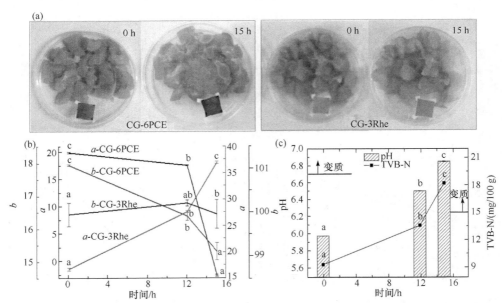

图 6-38　(a) 监测鸡肉新鲜度实物图片；(b) 膜色度参数 a、b；(c) 鸡肉的 pH 和 TVB-N 随时间的变化

图 6-38(b)为 CG-6PCE 及 CG-3Rhe 膜在监测鸡肉新鲜度变化过程中，其红绿指数 a 及黄蓝指数 b 的变化趋势。随时间的延长，CG-6PCE 的 a 值逐渐减小直至负值，表明膜颜色有由红色变为绿色的趋势；b 值也逐渐减小，表明其颜色在黄蓝轴上有着由黄色向蓝色转变的趋势，但是变化并不显著。CG-3Rhe 的 a 值随时间的延长而逐渐增加，表明在红绿轴上膜颜色由绿色向红色方向变化；b 值无明显变化。

图 6-38(c)为鸡肉在放置不同时间下的 pH 及 TVB-N。研究所用新鲜鸡肉，即放置时间为 0 h 时，其 pH 为 5.982；pH 随放置时间的延长在逐渐增大，当放置时间为 15 h 时，pH 为 6.856，由《食品安全国家标准 食品 pH 值的测定》(GB 5009.237—2016)[64]的规定知此时的鸡肉已经处于变质状态。其 TVB-N 在 0 h 为 9.344 mg/100 g；且 TVB-N 随时间的延长也在持续增加，放置 15 h 时为 18.273 mg/100 g，由《食品安全国家标准 鲜(冻)畜、禽产品》(GB 2707—2016)[65]的规定知此时的鸡肉已经变质。说明尽管 CG-6PCE 及 CG-3Rhe 的颜色呈现出明显变化，但是其灵敏度不够。

尽管其灵敏度不够，但是仍然优于部分研究，例如，Liu 等[66]以卡拉胶(Car)为成膜基质，以姜黄素(Cur)为 pH 智能响应因子，制备了 Car/Cur pH 响应膜并将 Cur 添加量为 3%的 pH 响应膜(Car-Cur3)用于对猪肉、淡水虾新鲜度的监测中，当猪肉放置 3 d，TVB-N 为 31.11 mg/100 g 时，Car-Cur3 膜颜色由黄色变为橙色，尽管对猪肉的新鲜度作出了指示，但是此时的猪肉已经严重变质，此时虾的 TVB-N 为 41.53 mg/100 g，早已超出《食品安全国家标准 鲜、冻动物性水产品》(GB 2733—2015)[67]中对新鲜淡水鱼虾 TVB-N≤20 mg/100 g 的规定。

通过验证 CG-6PCE 及 CG-3Rhe pH 响应膜对猪肉、鸡肉新鲜度的监测，发现两者均可通过明显的颜色变化对其新鲜度变化进行指示，但是精准度不高。

6.1.4 槲皮素纳米晶对膜性能的影响

6.1.4.1 概述

氧气是食品腐败变质的又一重要影响因素，大部分食品对氧气非常敏感，可与其发生不同程度的氧化反应，致使食品变味、变色、酸败等。因此，脱氧型或抗氧化型涂料[68]和包装材料[69]问世。人工合成的抗氧化剂[70, 71]已被广泛应用于降低氧气引起的食品降解，但是其对人们的身体健康存在潜在威胁并对生态环境造成一定的破坏。因此，天然抗氧化剂用于延长食品的货架期逐渐成为研究热点。蛋白质涂层通常为氧气的转移提供良好的屏障[72]且其抗氧化性[73]已被证实，Guerrero 等[68]以大豆分离蛋白及明胶为基质，制备了抗氧化涂层溶液，并将其涂布于牛肉表面用于对牛肉的保鲜，结果表明，该涂层提高了牛肉的品质参数，降低了牛肉中脂质的氧化并延长了牛肉的货架寿命，也进一步证实了大豆分离蛋白的抗氧化特性。López-de-Dicastillo 等[74]以乙烯醇共聚物为成膜基质，分别以抗坏血酸、槲皮素、阿魏酸及绿茶提取物为抗氧化剂，制备了一系列抗氧化膜材料，探究其对 DPPH 自由基的清除率，并将其应用于咸沙丁鱼的保鲜中，结果发现添加绿茶提取物的膜对咸沙丁鱼的保鲜效果最好，当咸沙丁鱼存储 15 d 时，与未包装的相比其过氧化值从 34 mg 当量/kg 脂肪降至 24 mg 当量/kg 脂肪；丙二醛的浓度也降低了，约为未包装的 75%。He 等[75]以槲皮素(Q)为抗氧化剂，与 PVA 共混制备了 PVA-槲皮素复合膜，该复合膜对 DPPH 具有良好的清除作用，当槲皮素浓度为 0.8 mg/mL 时，对 DPPH 的清除率＞90%；但是由于槲皮素的水不溶性，其拉伸强度由 39.31 MPa 降至 35.28 MPa；其水蒸气透过系数 (WVP) 由 3.14×10^{-11} g·mm/(s·m²·Pa) 增加至 4.73×10^{-11} g·mm/(s·m²·Pa)；二氧化碳渗透系数由 1.22×10^{-7} cm³/(m²·d·MPa) 增加至 6.17×10^{-7} cm³/(m²·d·MPa)。Souza 等[76]以壳聚糖为成膜基质，将槲皮素与壳聚糖乙酸水溶液共混，制备了壳聚糖-槲皮素复合膜，其拉伸强度由 6.67 MPa 降至 5.48 MPa；其 WVP 由 23.38×10^{-11} g·mm/(s·m²·Pa) 增加至 24.0×10^{-11} g·mm/(s·m²·Pa)。

尽管槲皮素具有良好的抗氧化性，但是通过直接共混方式制备的膜材料由于槲皮素的水不溶性导致膜材料各项性能有所恶化，因此急需解决该问题。以乙醇作为槲皮素的溶剂，将槲皮素的乙醇溶液与 CG 水溶液共混，探究不同槲皮素用量在膜中的结晶状态对膜材料结构及性能的影响，制备出高强度抗氧化包装膜。

6.1.4.2　高强度抗氧化膜的制备

以 CG 为成膜基质，以 45% G(以 CG 质量为基准)为增塑剂。高强度抗氧化膜的制备方法具体如下：准确称取一定质量的 CG 分散在少量乙醇中后溶于蒸馏水，在 45℃恒温水浴下以约 500 r/min 的速度搅拌 30 min 后，分别加入 0%、0.5%、1.0%、1.5%、2.0%、2.5%、3.0%、3.5% 及 4.0%(以 CG 绝干质量为基准)已用 40 mL 乙醇溶解的槲皮素，继续搅拌 90 min 后加入增塑剂 G(CG 绝干质量的 45%)继续搅拌 15 min。将成膜溶液倒入成膜模具(28 cm × 29 cm × 5 cm)，并于 70℃下干燥约 20 h，干燥后冷却揭膜。根据槲皮素添加量的不同，膜材料分别命名为 CQ0、CQ0.5、CQ1.0、CQ1.5、CQ2.0、CQ2.5、CQ3.0、CQ3.5 和 CQ4.0。在进行各项性能测定前将其置于 53 %RH 的环境中恒定 12 h。

6.1.4.3　结果与分析

1) 槲皮素添加量对膜材料结构的影响

(1) FTIR。

槲皮素及添加不同量槲皮素膜的 FTIR 图分别如图 6-39(a)和(b)所示。

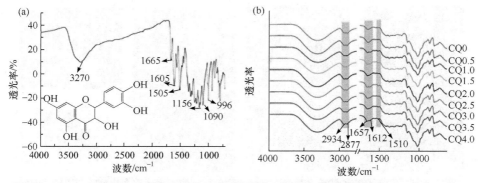

图 6-39　槲皮素(a)和添加不同量槲皮素复合膜(b)的 FTIR 图

图 6-39(a)是槲皮素的 FTIR 图和化学结构。～3270 cm^{-1}、1665 cm^{-1} 和 1605 cm^{-1} 处分别是 O—H、C=O 的伸缩振动峰；～1505 cm^{-1} 处是芳香族的特征峰。1156 cm^{-1} 和 1090 cm^{-1} 处的谱带是 C—O—C 的伸缩振动，而～996 cm^{-1} 处的谱带是芳香族 C—H 的弯曲振动[77]。图 6-39(b)是添加不同量槲皮素的薄膜的 FTIR 图。对于 CQ0 膜，其官能团来自 CG 及 G，主要特征峰如下：3285 cm^{-1} 附近的强宽峰归因于 O—H 的伸缩振动、2927～2884 cm^{-1} 处的峰是由于 C—H 的伸缩振动[19]、1606 cm^{-1} 左右是 C=O 的伸缩振动峰、1239 cm^{-1} 附近是 C—C 的伸缩振动峰、863 cm^{-1} 和 1021 cm^{-1} 处分别是糖苷键上 C—O—C 及吡喃糖上 O—H 的伸缩振动峰[20]。含有槲皮素的薄膜的光谱，随着槲皮素剂量的增加，O—H、C—H、C=O 和 C—O—C 的吸收峰强度增强，并且在～1510 cm^{-1} 出现了一个新的芳香族环的特征峰，表明槲皮素已被引入到复合膜中。

(2) 体视显微镜和 SEM。

添加不同量槲皮素复合膜的体视显微镜微观形貌如图 6-40 所示。CQ0 薄膜表面光滑且连续。槲皮素颗粒在 CQ 薄膜中可见，并且它们在薄膜中均匀分散，当添加量低于 3.0%时，其以单根针状晶体均匀分散；随着添加量增加至 3.0%，针状晶体重叠并形成海胆状聚集体，导致分散性差。为了充分解析槲皮素颗粒，使用 SEM 对其微观形貌进行观察，槲皮素是直径约为 150 nm 的棒状晶体；当添加量低于 3.0%时，其在薄膜中形成直径约为 50 nm 的针状结构；继续增加其添加量，形成直径约为 80 nm 的海胆状晶体。由于槲皮素很好地分散并溶解在乙醇中，并且 CG 溶液呈弱酸性，pH 为 5.711，因此可能会导致其更易于分散在成膜溶液中；较高的温度(70℃)和较长的干燥时间(～20 h)也有助于晶体结构的自生长。因此，低添加量时会形成针状晶体；当浓度太高时，由于聚集而产生海胆状晶体。据报道，乙醇可用于制备淀粉纳米颗粒，并且是槲皮素的良好溶剂，几乎不溶于水，能形成槲皮素晶体并存在于表面[78-80]。

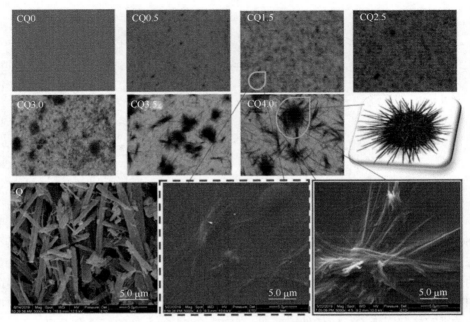

图 6-40　添加不同量槲皮素的复合膜的体视显微镜及 SEM 照片

2) 槲皮素添加量对膜材料性能的影响

(1) 透光性能。

添加不同量槲皮素的 CQ 膜的紫外光区域透光性如图 6-41 所示。与纯 CG 膜相比，添加槲皮素的膜材料透光率更低，且随槲皮素添加量的增加，其透光率逐渐降低。当槲皮素添加量为 0.5%时，膜在 400 nm 处的透光率由 39.102%降低至 1.955%；当槲皮素添加量为 3.0%时，其透光率降低至 0%。在 315 nm 处，当槲

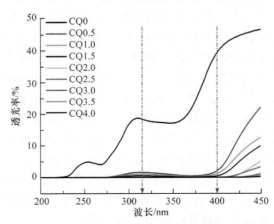

图 6-41　添加不同量槲皮素的 CQ 膜的透光曲线

皮素添加量由 0%增加到 3.0%时，膜的透光率从 18.489%降低到 0%。结果表明添加了槲皮素的薄膜可用于包装需要防紫外光的食品(如猪油等)。

(2) 阻隔性能——WVP 及 OP。

添加不同量槲皮素的阻隔性能如图 6-42 所示。CG 膜的 WVP 为 2.16×10^{-10} g/(m·s·Pa)，槲皮素添加量为2.5%时 WVP，降至 1.45×10^{-10} g/(m·s·Pa)；另外，槲皮素添加量为 4.0%时，WVP 增加至 2.53×10^{-10} g/(m·s·Pa)。结果表明，槲皮素的适量添加可以改善复合膜的阻隔性能，这是因为槲皮素针状晶体分布均匀，可以形成弯曲的通道以延长水蒸气的透过路径；此外，槲皮素的疏水性在一定程度上阻碍了水蒸气的渗透。然而，海胆状槲皮素晶体的不均匀分布导致复合膜内部结构的中断[81]，进而导致 WVP 的增加。

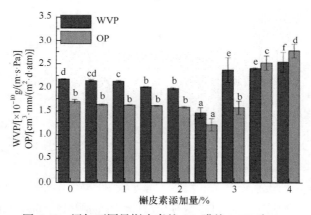

图 6-42 添加不同量槲皮素的 CG 膜的 WVP 和 OP

阻氧性能优异的膜材料可延长食品的货架期。纯 CG 膜的 OP 为 1.69 cm^3·mm/$(\text{m}^2 \cdot \text{d} \cdot \text{atm})$；当槲皮素添加量为2.5%时，其OP 降低至 1.20 cm^3·mm/$(\text{m}^2 \cdot \text{d} \cdot \text{atm})$；继续增加槲皮素添加量至 4%，OP 增加至 2.765 cm^3·mm/$(\text{m}^2 \cdot \text{d} \cdot \text{atm})$。表明针状槲皮素晶体的存在以及槲皮素和 CG 之间的相互作用使薄膜结构致密，从而提高了氧气阻隔性。然而，当槲皮素添加量过多时，海胆状槲皮素的聚集和不均匀分布加速了氧的传递。CQ4.0 薄膜的 OP 增至 2.765 cm^3·mm/$(\text{m}^2 \cdot \text{d} \cdot \text{atm})$，但是仍然优于低密度聚乙烯膜材料的阻氧性度 PE 薄膜的 6.45%[50]。这是因为具有分支的 CG 分子链之间形成的网络比 PE 更密集。

(3) 力学性能。

添加不同量槲皮素的 CQ 膜的力学性能及成膜组分间可能的相互作用分别如图 6-43(a)和(b)所示。槲皮素的添加对机械性能有积极的贡献。当槲皮素添加量从 0%增加到 2.5%时，TS 从 22.08 MPa 提高到 47.19 MPa，比纯 CG 膜高出113.72%；而当槲皮素添加量超过 2.5%时 TS 则下降。Giteru 等[82]研究的将槲皮素添加到壳聚糖、明胶及 Bai 等[83]研究的将槲皮素掺入羧甲基壳聚糖制备薄膜时，也得到了相似的结果。TS 的增强可能是由于 CG 链和槲皮素的多羟基之间的强分子间相互作用。薄膜中的针状槲皮素晶体可以充当承重单元，并且随着槲皮素的增加，针状晶体间的轻微交叉堆叠而表现出更好的承重能力。然而，过量的槲皮素会形成类似海胆状的晶体，破坏膜的连续性并削弱槲皮素与 CG 分子和甘油之间的分子间相互作用，从而导致 TS 降低。EB 表现出与 TS 类似的趋势。针状槲皮素晶体之间的壁滑以及拉伸过程中 CG 链，甘油和槲皮素之间的氢键可能会导致 EB 的增加，而槲皮素的聚集破坏了膜的致密性，从而导致 EB 的降低。图 6-43(b)为可能的成膜机制示意图。但是，Souza 等[76]发现槲皮素并没有改变壳聚糖膜的 EB。不同的结果表明，槲皮素共混膜的机械性能可能会受到成膜物质特性的影响。

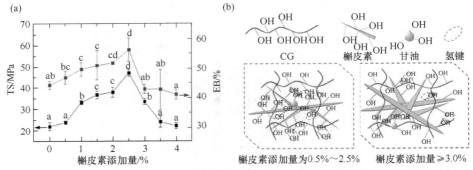

图 6-43　添加不同量槲皮素的 CG 膜的力学性能(a)和成膜组分间的相互作用示意图(b)

(4) 抗氧化性能。

使用 50%和 95%(V/V)乙醇/水溶液分别作为含乙醇类食品和脂肪类食品，评估薄膜的抗氧化活性。如图 6-44(a)所示，复合膜在乙醇类食品模拟物中的 TPC 从 0.71 mg 没食子酸/g 薄膜增加到 21.97 mg 没食子酸/g 薄膜，而在脂肪类食品中 TPC 从 0.71 mg 没食子酸/g 薄膜增加到 20.51 mg 没食子酸/g 薄膜。结果证明 CG 本身具有弱的抗氧化性能，这与大多数多糖是一致的。如所预期的，含有槲皮素的薄膜的 TPC 显著增加，并且随着槲皮素添加量的增加而增加。CQ 复合膜在 50%乙醇中的 TPC 高于在 95%乙醇中的 TPC。这是因为 CG 作为亲水性多糖在水中显示出较高的水溶性，使 CQ 膜逐渐溶胀并分散成碎片，加速了槲皮素向食品模拟物中的扩散[84]。尽管乙醇是槲皮素的良好溶剂，但由于脂肪类食品模拟物中的水分太少，薄膜的溶胀受到了限制。两种模拟物中槲皮素的有效释放均导致 TPC 增加。Bai 等[83]在羧甲基壳聚糖-槲皮素复合膜中也观察到了相似的结果。

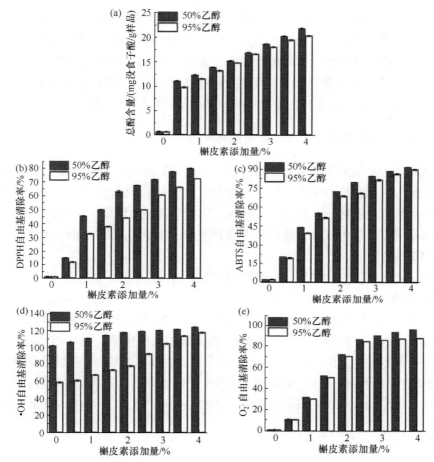

图 6-44　添加不同量槲皮素的 CG 膜的总酚含量(a)及对 DPPH(b)、ABTS (c)、·OH (d)和 O_2^-·
(e)的清除活性

　　图 6-44(b)、(c)、(d)和(e)分别为膜材料在乙醇类食品和脂肪类食品模拟物中对 DPPH、ABTS、·OH 和 O_2^-·的清除活性。含有槲皮素的膜自由基清除率远高于纯 CG 膜，当槲皮素添加量由 0%增加至 4.0%时，其在乙醇类食品模拟物中对 DPPH 的清除率从 1.24%增加到 80.07%，对 ABTS 的清除率从 2.47%增加到 92.15%，对·OH 的清除率从 102.12%增加到 124.42%，对 O_2^-·的清除率从 1.82%增加到 96.92%。而在脂肪类食品模拟物中，其对 DPPH、ABTS、·OH 和 O_2^-·的清除率分别从 1.23%增加到 72.68%、从 2.47%增加到 90.36%、从 59.02%增加到 118.26%、从 1.78%增加到 88.77%，这与总酚含量的结果一致。在两种食品模拟物的刺激下纯 CG 膜释放的抗氧化活性可忽略不计，并且由于 CG 的亲水性 CQ

共混膜在50%乙醇中释放出更多的槲皮素，因此对四种自由基具有更高的清除活性。无论在哪种食物模拟物中，CQ 复合膜均对四种自由基表现出较好的清除活性，并且随槲皮素添加量的增加而增加，表现出更强的自由基清除力与抗氧化性能。因为槲皮素是一种具有五个羟基的类黄酮，它们是自由基的受体。因此，CQ 膜在油脂等需要防止氧化等的食品包装中具有广泛的应用前景。

6.1.4.4　高强度抗氧化膜在猪油保鲜中的应用

猪油富含不饱和脂肪酸，容易被氧化生成过氧化氢，过氧化氢可被进一步氧化并分解为一系列小分子化合物，导致酸败。用 CQ 薄膜包装猪油，并在 20 d 后测定猪油的理化参数，包括 AV 和 POV，以探索在包装脂肪食品中的实际应用价值。将暴露于空气中以及已使用商业高密度 PE 膜包装的猪油用作对照。结果如图 6-45 所示。

图 6-45(a)显示了未包装和包装好的带有 PE 和 CQ2.5 胶片的猪油的照片。新鲜猪油的 AV 和 POV 分别为 0.156 mg/g 和 0.029 g/100 g。暴露于空气 20 d 后，分别增加到 1.198 mg/g 和 0.181 g/100 g。对于用 PE 膜包装的样品，AV 值为 1.082 mg/g，POV 为 0.174 g/100 g，低于未包装的样品，表明 PE 膜对空气具有一定的阻隔性。如图 6-45(b)所示，用纯 CG 膜和 CQ 复合膜包装的猪油的 AV 和 POV 值有所增加，但是它们远低于用 PE 膜包装样品。当槲皮素添加量从 0%增加至 4.0%时，AV 从 0.660 mg/g 降低至 0.206 mg/g，POV 从 0.120 g/100 g 降低至

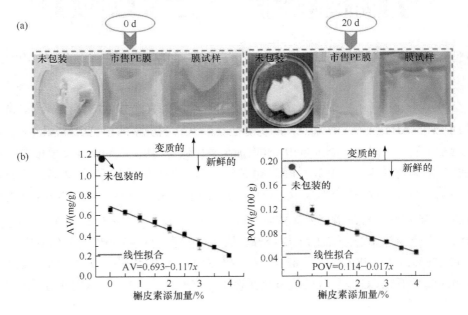

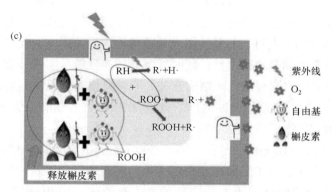

图 6-45 猪油包装实物图(a)、猪油 AV 及 POV 随时间的变化(b)和抗氧化机理示意图(c)

0.047 g/100 g。CQ 膜良好的氧气阻隔性能限制了氧气向包装内部的渗透，如阻隔性能部分所述。氧化期间产生的部分自由基由于槲皮素的抗氧化活性而被清除。CQ 复合膜优异的抗紫外光性能也对防止猪油的光氧化具有较强的作用，如图 6-45(c)所示。总之，CQ 复合膜优异的抗氧化性是良好的阻氧性能、抗紫外光性能和槲皮素的协同作用。分析表明，AV 和 POV 与槲皮素的添加量具有良好的线性关系，并且随着槲皮素添加量的增加而降低，这表明适度添加槲皮素可以延缓猪油的氧化。因此，CQ 复合材料可延缓油脂的氧化，在包装脂肪食品方面有着广泛的应用前景。

6.1.5 小结

以林下资源天然多糖 CG 为成膜基质，探究其成膜性能并通过添加增塑剂 G 及 S 来改善其柔韧性；为改善其力学性能及阻隔性能，添加了 C-CNCW；为赋予其智能性添加了天然可食 pH 响应因子——PCE 及 Rhe；为赋予膜材料抗氧化性同时又能改善其力学性能，添加了槲皮素的乙醇溶液。对成膜溶液的流变性能进行分析；对所制备的膜材料的结构、各项性能进行表征及测定，以充分解析各成膜组分之间的相互作用。通过探究膜材料对 pH 及三乙胺响应性后，将其用于猪肉、鸡肉新鲜度变化的实时监测中；在探究膜材料的抗氧化性能后将其用于猪油的保鲜中。主要结论如下：

(1) 通过流变学分析确定 CG 成膜浓度为 0.6 g/100 mL，但 CG 自身无法形成完整的膜，膜较脆、无柔韧性，因此通过添加 G、S 及 LO 以改善其柔韧性。LO 的添加虽然可使 CG 形成完整的膜，但是膜依然很脆、易断。G、S 的加入改善了 CG 膜的柔韧性，且两者加入后成膜溶液仍然呈现出剪切变稀的非牛顿流体特性，成膜溶液黏度随两者添加量的增加呈现先减小后增大的趋势，成膜溶液呈现弱凝胶或凝胶特性，表明两者的加入破坏了 CG 间的氢键作用并与 CG 形成新的氢键。FTIR 及 SEM 表明，两者的加入对膜结构无显著影响。此外，两者的加入可改善膜的力学性能及热稳定性；同时减弱其透光性能及阻隔性能，这与 G 或 S 的加入破坏了 CG 间原有的致密结构有关。膜材料放置一段时间后，由于 S 分子量较大，其与 CG 共混相容性不佳而有所析出。综合各性能，确定以 G 为增塑剂，添加量为 CG 绝干质量的 45%。

(2) 直径为 3~10 nm、长度为 100~500 nm 的带羧基的 C-CNCW 的加入改变了 CG 分子链与 G 分子间的相互作用，并与两者均形成了新的复杂多级的氢键作用，但是成膜溶液依旧为剪切变稀的非牛顿流体，FTIR 也证实了氢键的存在。SEM 表明，C-CNCW 的加入使膜材料表面及断面变得粗糙，但是依然致密连续；随 C-CNCW 添加量的增加，其透光性能减弱，尤其在紫外光区域透光率几乎为 0%；适量 C-CNCW 的加入可改善膜材料的阻氧、阻湿、拉伸强度、热封强度及热稳定性，过量添加时，C-CNCW 分散不均使膜材料的各项性能有所恶化。C-CNCW 添加量由 0% 增加到 4% 时，透油系数由 0.550 g·mm/(m^2·d) 减小到 0.064 g·mm/(m^2·d)、拉伸强度由 18.53 MPa 增加到 32.85 MPa、热封强度由 1295.40 N/m 提升到 2218.78 N/m，因此 4% 添加量下，其各项性能最优。玉米油包装实验证明，所制备的膜材料具有良好的应用前景，可用于速食产品中调味料等产品的包装，不仅方便且无污染。

(3) 采用 30% 乙醇结合超声波辅助法成功获得 PCE，紫外示差法测定其总花色苷含量为 2.43 g/L，PCE 溶液对 pH 具有良好的响应性，随 pH 的变化呈现出不同的颜色。PCE 或 Rhe 加入后，成膜溶液依然为非牛顿流体，但其引入改变了 CG 分子与 C-CNCW、G 之间的相互作用，并与各成膜组分间形成新的氢键作用。PCE 及 Rhe 的加入对膜材料微观形貌无显著影响，但其透光率、拉伸强度、阻氧、阻湿性能均随 PCE 或 Rhe 添加量的增加而逐渐下降。PCE 的加入使膜材料由无色变为紫红色，Rhe 的加入使膜材料由无色变为黄色且赋予膜材料一定的pH 响应性。CG-6PCE 及 CG-3Rhe 对 pH 及三乙胺具有良好的响应性，且相对湿度越大颜色变化越明显，响应性越灵敏。对猪肉、鸡肉新鲜度实时监测结果表明，CG-6PCE 及 CG-3Rhe 可通过明显的颜色变化对肉品的新鲜度进行指示，但是精准度不够，当膜颜色发生明显变化时，肉已经处于变质状态，指示滞后，限制了其实用价值。

(4) 研究将槲皮素溶于乙醇后再与决明子胶溶液共混制备的决明子胶-槲皮素复合膜与传统的直接将槲皮素添加到成膜溶液中所制备的膜材料相比，其对 DPPH、ABTS，·OH 和 O$_2^-$· 自由基的清除率分别高达 80.07%、92.15%、

124.42%、96.92%。在干燥过程中，槲皮素通过自生长为直径约为 50 nm 的针状晶体，改善了复合膜的拉伸强度及阻隔性能，拉伸强度由 22.08 MPa 提高至 47.19 MPa；水蒸气透过系数由 2.16×10^{-10} g/(m·s·Pa)降至 1.45×10^{-10} g/(m·s·Pa)；透氧值由 1.69 cm^3·mm/(m^2·d·atm)降至 1.20 cm^3·mm/(m^2·d·atm)。猪油包装实验证明其可减缓油脂的氧化，可至少延长其货架期 20 余天。

该研究弥补了 CG 成膜性能的研究空白，将可食性天然色素与 CG 共混制备了可食性智能响应膜，而且开创性地将槲皮素的乙醇溶液与 CG 溶液共混制备了高强度的抗氧化膜，既可提升膜材料的力学性能又可延缓油脂的货架期，为拓宽 CG 应用领域，同时也为保障食品安全及推进食品质量监测的普及进程提供理论与技术依据。

6.2　沙蒿胶基智能膜

沙蒿胶(*Artemisia sphaerocephala* Krasch. gum，ASKG)是从沙蒿种子外部提取的一种还原性多糖。有研究表明，沙蒿胶的黏度是明胶的 1800 倍，可吸收自身 60 倍质量的水分。由于 ASKG 具有黏度高、保水性强、分散性好、成膜性能优良及黏着力强等优点，常作为稳定剂、增稠剂、成膜剂等应用于食品、化工及医药领域。目前，ASKG 常用于食品、医药及化工领域，而在可食膜材料领域却未有研究。

6.2.1　沙蒿胶成膜性能研究

可食膜所使用的增塑剂为多元醇类及酯类，如甘油、山梨醇、聚乙烯醇及柠檬酸三乙酯等[21, 85]。因此，本节以 ASKG 为成膜基质，研究了甘油(G)、山梨醇(S)和柠檬酸三乙酯(TEC)三种不同的增塑剂及含量对其成膜性能的影响，并对成膜机制进行解析，从而确定最适宜的增塑剂及含量。

6.2.1.1　增塑剂对成膜溶液流变性能的影响

1) 增塑剂对成膜溶液静态流变性能的影响

添加不同量甘油的成膜溶液分别标记为 G0、G20、G30、G40 及 G50；添加不同量山梨醇的成膜溶液分别标记为 S0、S20、S30、S40 及 S50；添加不同量 TEC 的成膜溶液分别标记为 TEC0、TEC20、TEC30、TEC40 及 TEC50。添加三种不同量增塑剂的 ASKG 成膜溶液的表观黏度随剪切速率的变化如图 6-46 所示，Cross 模型拟合结果如表 6-11 所示。

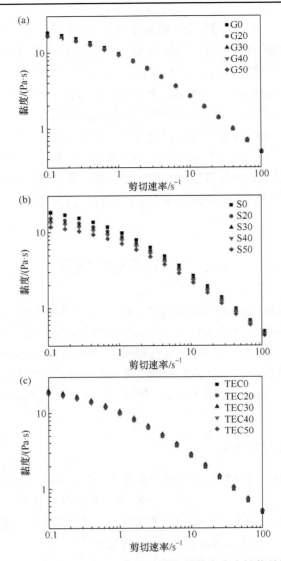

图 6-46　增塑剂含量对 ASKG 成膜溶液静态流变性能的影响

表 6-11　Cross 模型拟合数据

膜溶液	η_0 /(Pa·s)	K	p	R^2
G0	1.3560 ± 0.0592	1.3962 ± 0.0101	0.7444 ± 0.0030	0.99999
G20	1.3203 ± 0.0684	1.1906 ± 0.0107	0.7474 ± 0.0041	0.99999
G30	1.3124 ± 0.0787	1.1875 ± 0.0126	0.7397 ± 0.0047	0.99999
G40	1.3082 ± 0.0806	1.2099 ± 0.0133	0.7336 ± 0.0048	0.99998
G50	1.3047 ± 0.0743	1.1623 ± 0.0118	0.7441 ± 0.0046	0.99999

膜溶液	$\eta_0 / (\text{Pa} \cdot \text{s})$	K	p	R^2
S0	1.3560 ± 0.0592	1.3962 ± 0.0101	0.7444 ± 0.0030	0.99999
S20	1.2709 ± 0.0773	1.1483 ± 0.0131	0.7452 ± 0.0052	0.99998
S30	1.2268 ± 0.0646	1.0251 ± 0.0107	0.7581 ± 0.0052	0.99998
S40	1.2102 ± 0.0520	1.0293 ± 0.0091	0.7400 ± 0.0042	0.99999
S50	1.1459 ± 0.0343	0.9322 ± 0.0063	0.7409 ± 0.0034	0.99999
TEC0	1.3560 ± 0.0592	1.3962 ± 0.0101	0.7444 ± 0.0030	0.99999
TEC20	1.3589 ± 0.0816	1.2856 ± 0.0127	0.7394 ± 0.0042	0.99999
TEC30	1.3760 ± 0.0703	1.3329 ± 0.0109	0.7478 ± 0.0035	0.99999
TEC40	1.3338 ± 0.0656	1.2710 ± 0.0107	0.7429 ± 0.0036	0.99999
TEC50	1.3419 ± 0.0822	1.2715 ± 0.0131	0.7420 ± 0.0045	0.99999

由图 6-46(a)可知，随着剪切速率的增大，添加甘油的 ASKG 成膜溶液均呈现出剪切变稀现象，表明成膜溶液均具有非牛顿流体的特性。该结果表明，ASKG 的网状结构以及甘油与 ASKG 之间的氢键作用在剪切力的作用下被破坏，并且原来的网状结构在一定时间内无法复原。根据表 6-11 的拟合结果所示，Cross 模型成功地对添加甘油的 ASKG 成膜溶液进行了拟合。拟合结果显示，随着甘油含量的增加，成膜溶液在零剪切时的表观黏度呈下降趋势；p 值均小于 1，表明成膜溶液为假塑性流体；K 值为与流体内部的分子结构破坏相关的时间常数，K 值越大表明流体内部的分子间形成的结构越稳定。

由拟合结果可知，甘油的加入使得 K 值明显减小，说明 ASKG 分子的流体动力学尺寸变小，运动自由度受到的限制也变小，需要较少的时间来形成新的网状结构和氢键作用，表明甘油破坏了 ASKG 分子链之间形成的复杂网状结构；然而当甘油含量增加到 40%时，K 值略有增大，表明该增塑剂含量下甘油与 ASKG 重新形成了稳定的网状结构，继续增加甘油的含量 K 值反而减小，这是由于甘油的含量过高使得甘油之间的氢键作用较易形成，从而进一步增加了 ASKG 分子的自由度。添加山梨醇为增塑剂的结果与添加甘油为增塑剂的结果类似，然而通过比较可以得出，添加山梨醇的成膜溶液在零剪切时的表观黏度随着其含量的增加降低的效果比添加甘油的明显，且 K 值较添加甘油的低，这是由于山梨醇具有 6 个—OH，而甘油只有 3 个—OH，因此，山梨醇的增塑效果优于甘油。

相比于甘油和山梨醇，TEC 的增塑结果最差且没有明显的规律，表明 TEC 并未起到良好的增塑效果，这是由于 TEC 仅有 1 个—OH，增塑官能团数量过少。综上所述，甘油和山梨醇均能对 ASKG 起到良好的增塑作用，而 TEC 未起到良好的增塑作用；当甘油和山梨醇的含量为 40%时，增塑的效果最好，并且山梨醇的增塑效果优于甘油。

2) 增塑剂对成膜溶液动态流变性能的影响

根据线性黏弹性测试结果，以应力为 0.1%对成膜溶液进行测试。由图 6-47 可知，未添加增塑剂的 ASKG 溶液在低角频率区域(0.1～3.17 rad/s)的损耗模量 G''高于储存模量 G'，当角频率超过 3.17 rad/s 时，两者成相反结果，并且随着角频率的逐渐增大两者差距越来越明显。上述结果表明，未添加增塑剂的 ASKG 溶液是一种典型的弱凝胶系统。随着角频率的增大，溶液的复合黏度 η^*呈下降趋势，此结果与静态流变学相吻合，表明 ASKG 溶液为非牛顿流体。

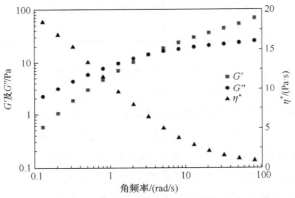

图 6-47   无增塑剂的 ASKG 成膜溶液的动态流变学曲线

图 6-48 为添加不同量的甘油、山梨醇及 TEC 的 ASKG 成膜溶液的动态流变学测试结果，表 6-12 为 G'及 G''的交点所对应的角频率大小。由图可知，成膜溶液在低角频率区时 G''占主导地位，而在高角频率区时 G'占主导地位，此结果与未添加增塑剂的 ASKG 溶液相同，表明增塑剂的加入并未改变成膜溶液的弱凝胶状态。因此，成膜溶液仍然具有良好的成膜性能。此外，所有成膜溶液的 η^*均随着频率的增大呈下降趋势，表明增塑剂的加入并未改变成膜溶液为非牛顿流体的特性。然而，由表 6-12 发现，随着增塑剂甘油及山梨醇含量的增加，G'及 G''的交点对应的角频率明显增大，这是由于甘油及山梨醇的加入促进了凝胶系统中氢键作用的形成，并重建了 ASKG 和增塑剂之间的网状结构，表明添加甘油及山梨醇的成膜溶液为复杂的纠缠的网状系统[86]。而添加 TEC 的成膜溶液 G'及 G''的交点位置并未随着 TEC 含量的增加发生明显变化。上述结果表明，甘油及山梨醇两种增塑剂的增塑效果优于 TEC。

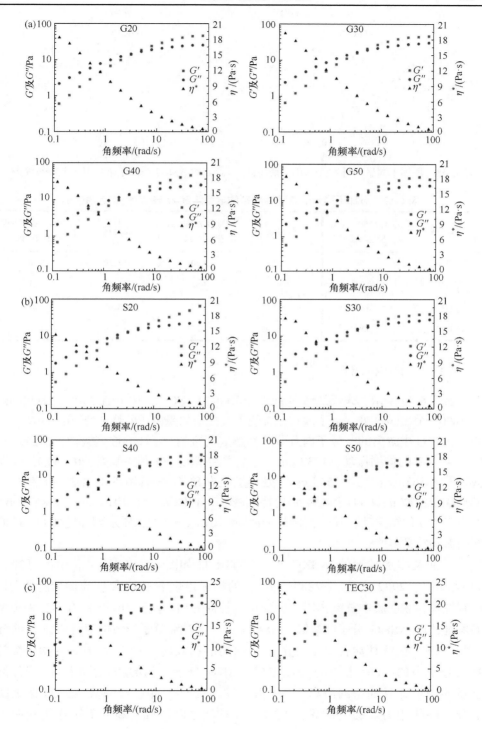

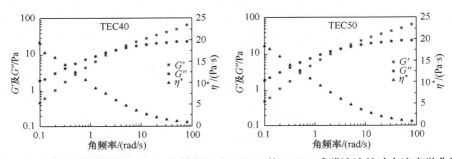

图 6-48　添加不同量的甘油(a)、山梨醇(b)及 TEC(c)的 ASKG 成膜溶液的动态流变学曲线

表 6-12　添加不同量的 3 种增塑剂的成膜溶液 G' 与 G'' 的交点横坐标

膜溶液	G' 与 G'' 的交点横坐标/(rad/s)	膜溶液	G' 与 G'' 的交点横坐标/(rad/s)	膜溶液	G' 与 G'' 的交点横坐标/(rad/s)
G20	3.59	S20	3.60	TEC20	3.16
G30	3.71	S30	3.82	TEC30	3.21
G40	3.80	S40	3.84	TEC40	3.22
G50	3.95	S50	4.31	TEC50	3.22

6.2.1.2　FTIR 分析

如图 6-49 所示，未添加增塑剂的 ASKG(G0、S0 及 TEC0)在 3700～2800 cm^{-1} 及 1800～650 cm^{-1} 处产生了碳水化合物以及残留的蛋白质的特征峰[21]；3307 cm^{-1} 处为 ASKG 中游离的、分子内及分子间形成氢键的 O—H 的伸缩振动；2922 cm^{-1} 处为 C—H 的伸缩振动；1737 cm^{-1} 为酯类羰基(C=O)和羧基离子(COO$^-$)的伸缩振动[87]；1635 cm^{-1} 及 1544 cm^{-1} 处分别是 ASKG 中残留的蛋白质中的酰胺Ⅰ(C=O)及酰胺Ⅱ(N—H 和 C—N)的特征峰[21]；1058 cm^{-1}、1015 cm^{-1} 及 867 cm^{-1} 处为 C—O 伸缩振动。其中，1058 cm^{-1} 和 1015 cm^{-1} 处为脱水葡萄糖环 O—C 的伸缩振动特征峰[88]。

甘油及添加甘油的 ASKG 膜的 FTIR 图如图 6-49(a)所示。由图可知，3307 cm^{-1}、2922 cm^{-1} 及 2883 cm^{-1} 处的峰强度随着甘油含量的增加而增大且略有红移，表明膜中氢键作用发生变化，甘油的加入使膜内部可能存在三种类型的氢键，即 ASKG 分子间氢键、ASKG 分子和甘油分子形成的氢键以及甘油分子间氢键。在低甘油含量下，由于甘油的溶剂效应，ASKG 中的—OH 将与甘油分子中的—OH 相互作用以取代 ASKG 分子之间的相互作用。随着甘油含量的增加，甘油中的游离—OH 占主导地位[21]，并且会降低 ASKG 链之间的分子间作用力。综上所述，ASKG 和甘油之间形成了新的氢键作用且两者之间具有良好的相容性。

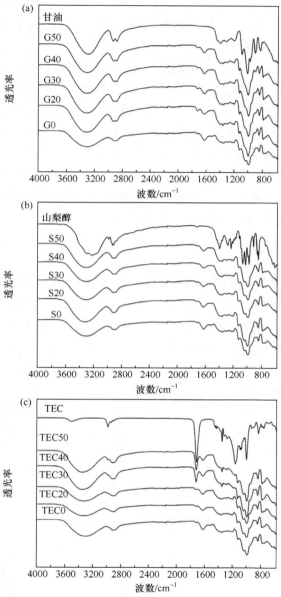

图 6-49 添加不同量的甘油(a)、山梨醇(b)及 TEC(c)的 ASKG 膜红外光谱图

山梨醇及添加山梨醇的 ASKG 膜的 FTIR 图如图 6-49(b)所示。由图可知，添加山梨醇为增塑剂的 ASKG 膜的结构变化与添加甘油为增塑的 ASKG 膜的

结构变化相似，并且山梨醇增塑 ASKG 膜的 FTIR 图与纯 ASKG 的 FTIR 图之间没有明显的变化。此结果与 Zhang 等[88]和 Haq 等[21]研究的山梨醇对植物胶结构的影响相同。综上所述，ASKG 和山梨醇之间形成了新的氢键作用且两者之间具有良好的相容性。

TEC 及添加 TEC 的 ASKG 膜的 FTIR 图如图 6-49(c)所示。由 TEC 的 FTIR 图可知，在 3497 cm^{-1}、2982 cm^{-1}、1731 cm^{-1}、1500～1250 cm^{-1} 及 1250～950 cm^{-1} 处分别为 O—H 的伸缩振动、C—H 的伸缩振动、C═O 的伸缩振动、C—H 的弯曲振动及 C—O 的伸缩振动。添加 TEC 后，ASKG 膜在 3307 cm^{-1} 处的峰蓝移至 3497 cm^{-1}，说明 ASKG 分子间的氢键作用被 TEC 破坏，这是由于 TEC 分子中只有一个—OH，不易与 ASKG 形成氢键作用。随着 TEC 含量的增大，在 2983 cm^{-1}、1736 cm^{-1}、1370 cm^{-1} 及 1184 cm^{-1} 处出现新的峰，表明膜中存在 TEC。综上所述，TEC 与 ASKG 的相容性较差。

6.2.1.3　TG 分析

为了分析增塑剂对膜的空间构象以及热稳定性能的影响，本节采用 TG 对所制备的 ASKG 膜进行表征。由图 6-50 可知，未添加增塑剂的 ASKG(G0、S0 及 TEC0)在 25～600℃的范围内存在两个质量损失峰。在 73.99℃的第一个质量损失峰为吸附水的损失峰。在 310.49℃的第二个质量损失峰为 ASKG 的分解峰。

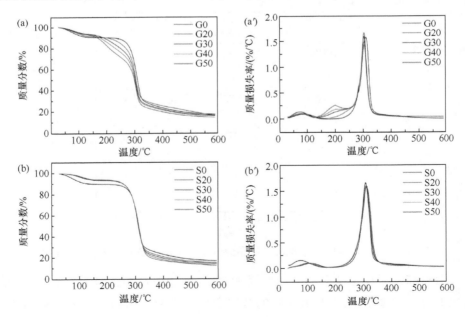

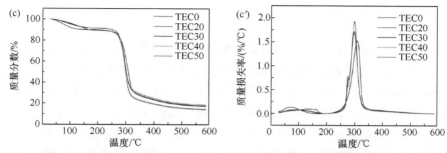

图 6-50　添加不同量的甘油[(a)及(a')]、山梨醇[(b)和(b')]和 TEC[(c)及(c')]的 ASKG 膜 TG 及 DTG 曲线

添加甘油的 ASKG 膜的 TG 及 DTG 曲线如图 6-50(a)及(a')所示。可以观察到，添加甘油的 ASKG 膜具有三个质量损失峰。其中，在 76.35℃的第一个峰为吸附水的质量损失峰。在 198.02℃的第二个峰为甘油的分解峰，并且该峰随着甘油含量的增加而增强。在 304.16℃的第三个峰为 ASKG 的分解峰，与未添加增塑剂的 ASKG 相比，该峰向低温方向转移。上述结果表明，甘油破坏了 ASKG 链之间稳定的相互作用，但影响不大。

添加山梨醇的 ASKG 膜的 TG 及 DTG 曲线如图 6-50(b)及(b')所示。可以观察到，添加山梨醇的 ASKG 膜仍具有两个质量损失峰，并未有新的质量损失峰产生。在 98.57℃的第一个峰为吸附水的质量损失峰，与未添加增塑剂的 ASKG 相比，该峰向高温方向转移，这可能是由山梨醇的亲水性造成的。在 310.15℃的第二个峰是 ASKG 的分解峰，该峰与未添加增塑剂的 ASKG 相比并未发生明显变化。上述结果表明，山梨醇对 ASKG 的热稳定性影响较小。

添加 TEC 的 ASKG 膜的 TG 及 DTG 曲线如图 6-50(c)及(c')所示。可以观察到，添加 TEC 的 ASKG 膜具有三个质量损失峰。TEC 的加入使得膜中吸附水的质量损失温度由 73.99℃提高到 158.93℃，并且峰宽变宽。在 276.97℃处的第二个峰为 TEC 的特征分解峰，并且该峰随着 TEC 含量的增加而增强。在 299.81℃的第三个峰为 ASKG 的分解峰，与未添加增塑剂的 ASKG 相比，该峰向低温方向转移。上述结果表明，TEC 破坏了 ASKG 分子链之间的稳定结构，从而降低了膜的热稳定性，但影响不大。通过上述结果比较发现，增塑剂对 ASKG 膜的热稳定性的影响程度顺序为 TEC＞甘油＞山梨醇。但增塑膜在低于 100℃的温度下仍然稳定，所有膜均可用作食品包装材料。

6.2.1.4　SEM 分析

由图 6-51 可见，添加甘油及山梨醇的 ASKG 膜的表面及断面形貌非常均匀、平滑且致密。随着增塑剂含量的增加，并未发现明显的结构差异。以上结果与 Ghasemlou 等[22]研究的添加多元醇类增塑剂的开菲尔多糖基可食膜的表面及断面结果相同。然而，添加 TEC 的 ASKG 膜的表面较为粗糙，当 TEC 含量增加到40%时，膜的表面出现了孔结构，继续增加 TEC 含量，膜的表面上的孔结构明显增多，断面非常粗糙且存在较多的孔结构，并且孔结构的数量随着 TEC 含量

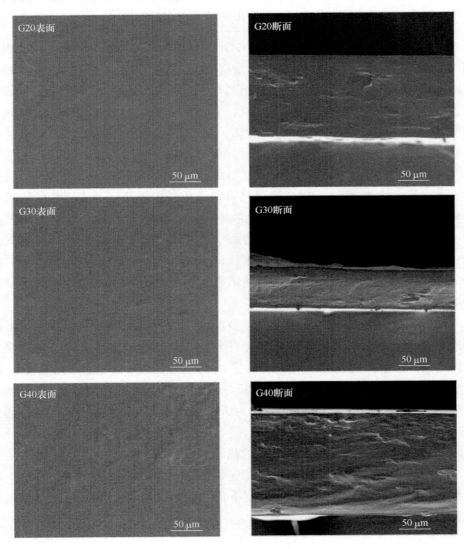

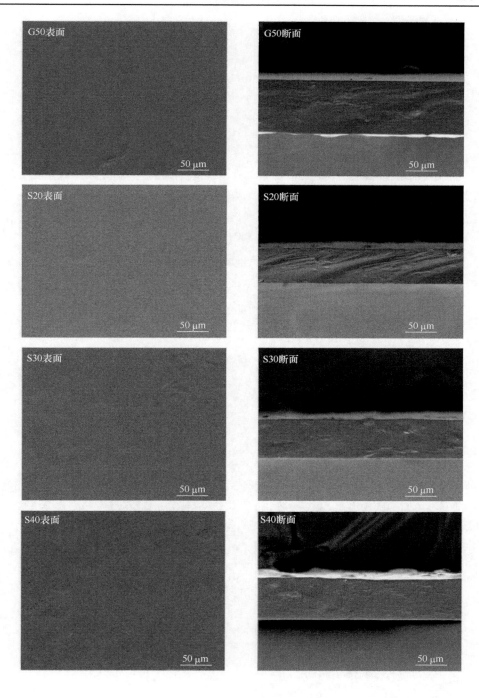

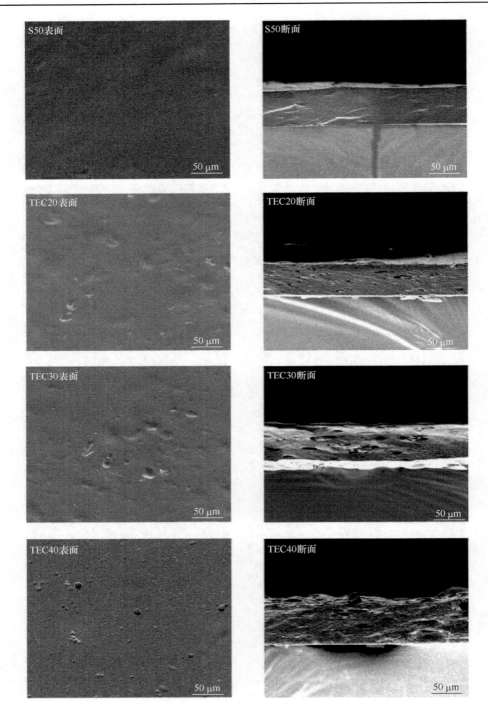

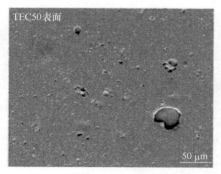
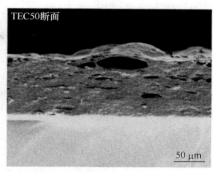

图 6-51 添加不同量增塑剂的 ASKG 膜的表面及断面形貌

的增加而显著增多。上述结果表明，甘油、山梨醇与 ASKG 具有良好的相容性，而 TEC 与 ASKG 的相容性较差。

根据上述分析结果，添加甘油及 TEC 的 ASKG 膜的成膜机制分别如图 6-52(a) 及(b)所示。

6.2.1.5 增塑剂对膜力学性能的影响

由于未添加增塑剂的 ASKG 膜过于脆而无法揭膜，其力学性能无法用设备进行测量。因此，本部分结果以添加20%、30%、40%及50%的三种增塑剂的 ASKG 膜的力学性能进行分析。甘油、山梨醇及 TEC 含量对 ASKG 膜力学性能的影响如

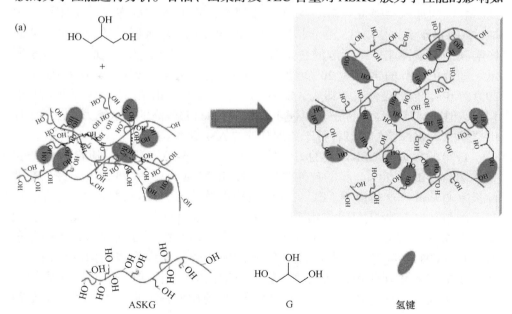

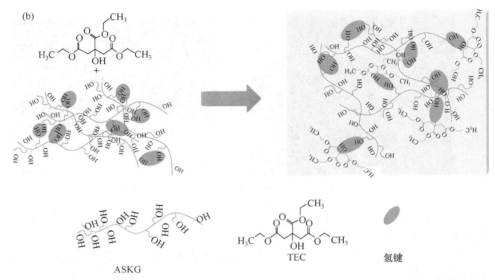

图 6-52　添加甘油的 ASKG 膜(a)及添加 TEC 的 ASKG 膜(b)的成膜机制示意图

图 6-53 所示。甘油的含量对 ASKG 膜力学性能的影响如图 6-53(a)所示。随着甘油的含量从 20%增加到 50%，膜的拉伸强度从 47.53 MPa 降到 29.86 MPa，但断裂伸长率却从 19.27%提高到 66.87%，这是由于甘油的加入增加了 ASKG 分子链之间的空间距离。此外，—OH 数量的增加也会增加 ASKG 膜内部的氢键数量。因此，甘油的加入会降低 ASKG 分子间作用力，软化 ASKG 膜结构的刚性，增加 ASKG 分子的移动性[45]。同时，甘油的存在也会增加膜中的含水量，从而影响膜的力学性能。山梨醇的含量对 ASKG 膜的力学性能影响如图 6-53(b)所示。随着山梨醇的含量从 20%增加到 50%，膜的拉伸强度从 54.04 MPa 降到 29.92 MPa，但断裂伸长率却从 4.20%增加到 44.13%。山梨醇的增塑效果与甘油相似，但山梨醇和甘油的分子量不同，并且甘油具有较高的持水能力，使得添加山梨醇的 ASKG 膜的柔韧性低于添加甘油的 ASKG 膜。

　　TEC 的含量对 ASKG 膜的力学性能影响如图 6-53(c)所示。随着 TEC 的含量从 20%增加到 50%，膜的拉伸强度从 72.56 MPa 降到 40.73 MPa，并且断裂伸长率非常低。这是由于 TEC 的化学结构以及其与 ASKG 之间的不相容性使其不能与 ASKG 形成氢键作用[89]。此外，与添加甘油及山梨醇的 ASKG 膜相比，添加 TEC 的 ASKG 膜的拉伸强度较高，这是由于甘油和山梨醇的分子量小且—OH 数量多，两者更容易穿透 ASKG 分子链间形成的网状结构，削弱分子链间的相互作用，从而改变膜的力学性能，而 TEC 与 ASKG 之间的相互作用较小，使得添加 TEC 的 ASKG 膜的拉伸强度更接近未添加增塑剂的 ASKG 膜。

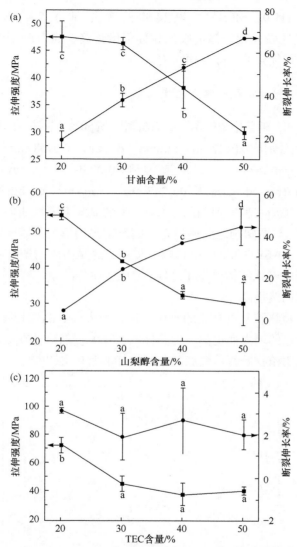

图 6-53　甘油(a)、山梨醇(b)及 TEC(c)的含量对 ASKG 膜力学性能的影响

综上所述，三种增塑剂中，甘油和山梨醇的增塑效果较好，TEC 的增塑效果最差，此结果与成膜溶液的流变学结果互相吻合。以力学性能为评估标准，通过甘油和山梨醇两种增塑剂的增塑效果比较，添加甘油的 ASKG 膜的力学性能较为优异，综合考虑成本及力学性能，甘油的含量以 40%为宜。

以相同甘油含量(30%)为基础，通过与塔拉胶、决明子胶可食膜的力学性能比较发现，沙蒿胶、塔拉胶和决明子胶的拉伸强度分别为 46.30 MPa、

45.36 MPa[90]和 11.02 MPa[91]；断裂伸长率分别为 37.73%、44.00%[90]和 22.27%[91]。通过比较发现，沙蒿胶的拉伸强度最高，且其断裂伸长率处于中等水平，表明其具有优异的实际应用潜力。

6.2.1.6 增塑剂对膜氧气阻隔性能的影响

由图 6-54 可知，随着增塑剂含量从 20%增大到 50%，甘油、山梨醇及 TEC 增塑 ASKG 膜的 OP 值分别从 0.0137 cm³·mm/(m²·d·atm)、0.0108 cm³·mm/(m²·d·atm) 及 0.0116 cm³·mm/(m²·d·atm) 增大到 0.0239 cm³·mm/(m²·d·atm)、0.0236 cm³·mm/(m²·d·atm)及 0.0243 cm³·mm/(m²·d·atm)。

由图可知，添加三种增塑剂的 ASKG 膜的氧气阻隔性能均较好，这归因于膜内部的 ASKG 与增塑剂之间通过有序的氢键作用形成了紧密的结构。随着增塑剂含量的增加，ASKG 膜的 OP 值略有提高，这是由于增塑剂对 ASKG 分子链之间形成的紧密的网状结构产生了影响。但整体而言，所制备的 ASKG 膜对于氧气的阻隔作用仍然很高。

通过与其他植物胶基可食膜的对比发现，绝大多数的植物胶基可食膜的 OP 值均随增塑剂含量的增大而提高，但整体的 OP 值仍然维持在极小的范围内，均可忽略不计，表明植物胶基可食膜的阻氧性能非常优异[21, 88]。

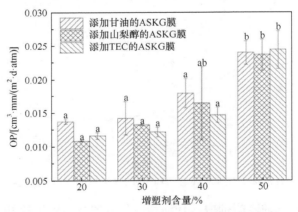

图 6-54 甘油、山梨醇及 TEC 含量对 ASKG 膜阻氧性能的影响

6.2.1.7 增塑剂对膜水蒸气阻隔性能的影响

由图 6-55 可知，随着增塑剂含量从 20%增大到 50%，添加甘油、山梨醇及 TEC 的 ASKG 膜的 WVP 值分别从 10.9518×10⁻¹¹ g/(m·s·Pa)、3.2849×10⁻¹¹ g/(m·s·Pa) 及 6.0900×10⁻¹¹ g/(m·s·Pa)增大到27.7636×10⁻¹¹ g/(m·s·Pa)、7.5027×10⁻¹¹ g/(m·s·Pa)

及 8.4129×10^{-11} g/(m·s·Pa)。

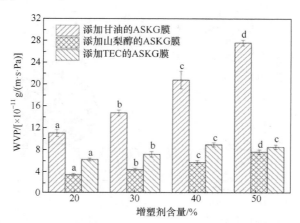

图 6-55 甘油、山梨醇及 TEC 含量对 ASKG 膜阻湿性能的影响

其中，添加甘油的 ASKG 膜的 WVP 值始终高于添加山梨醇及 TEC 的 ASKG 膜，而且添加山梨醇的 ASKG 膜的 WVP 值最低。随着增塑剂含量的增加，ASKG 膜的 WVP 值逐渐提高，这是由于增塑剂降低了 ASKG 分子链之间的分子间作用力，从而扩大了 ASKG 分子链的自由体积并促进了分子链的运动，使得水分子更容易透过。但整体而言，所制备的 ASKG 膜对水蒸气的阻隔作用仍然很高。

通过与其他植物胶可食膜比较也可发现，多糖类的可食膜的 WVP 值均维持在 10^{-10} 数量级左右，相差不大，均有良好的阻湿效果[45, 92]。

6.2.1.8 增塑剂对膜透光性能的影响

膜材料的透光性能对其在食品包装中的应用具有重要意义。图 6-56 为添加不同含量的三种增塑剂的 ASKG 膜的透光曲线。由图可知，ASKG 膜的透光率随着增塑剂含量的增加而降低，这是由于增塑剂的光阻作用以及膜的内部结构变化引起的。增塑剂的加入改变了 ASKG 分子链之间的排列，从而使得光束发生了散射或折射，从而降低了膜的透光率。通过比较发现，添加甘油及山梨醇的 ASKG 膜的透光率较添加 TEC 的 ASKG 膜高。当增塑剂的含量从 20%增加到 50%时，在 600 nm 波长处，添加甘油、山梨醇及 TEC 的 ASKG 膜的透光率分别从 57.30%、61.34%及 24.40%降低到 51.40%、47.60%及 2.33%。此外，添加 TEC 的 ASKG 膜的透光率最低，这可能是由 TEC 增塑膜内部存在一些微孔结构增加了光束的反射及散射作用引起的。

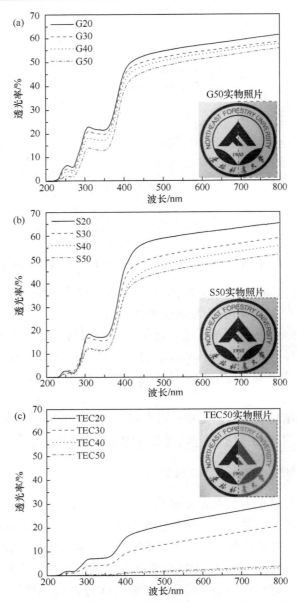

图 6-56　甘油(a)、山梨醇(b)及 TEC(c)含量对 ASKG 膜透光性能的影响

6.2.2　ASKG/CMC/RCA 智能膜

为了制备出能被肉眼更易观察的可食性智能膜材料，本节以近期研究较为广泛且变色范围较广的紫甘蓝花色苷(RCA)为指示剂制备可食性智能膜，同时，根据静电吸引理论，采用阴离子的 CMC 为锁定剂来与阳离子的 RCA 发生静电吸

引作用，从而锁定 RCA。通过紫外测试分析 RCA 在不同 pH 下的颜色及结构变化；通过 Zeta 电位测试确定 CMC 与 RCA 是否发生了静电吸引作用；通过流变学测试分析不同 RCA 的添加量对成膜溶液各组分间相互作用的影响；通过FTIR、XRD、TG 及 SEM 对智能膜的微观结构进行表征及分析，并且对智能膜的力学性能、阻隔性能、透光性能及对水的敏感性进行测试；通过释放实验评估RCA 是否被锁定在智能膜中。此外，通过所制备智能膜对不同 pH 的标准缓冲溶液及 NH₃ 的色度变化来验证其实际响应效果。

6.2.2.1 RCA 对成膜溶液 Zeta 电位的影响

图 6-57 为不同 RCA 添加量的成膜溶液的 Zeta 电位图。由图可知，ACR0 成膜溶液的 Zeta 电位为-19.7 mV，这是由 CMC 中的 COO^- 引起的。随着 RCA 添加量从 0%增加到 15%，成膜溶液的 Zeta 电位从-19.7 mV 增大到-15.2 mV，这是由于 RCA 结构中的黄锌盐阳离子与 CMC 中的 COO^- 阴离子通过静电吸引作用形成了复合物，从而使成膜溶液的 Zeta 电位向正电荷方向变化。上述结果表明，RCA 成功地通过静电吸引作用被锁定在成膜体系中。

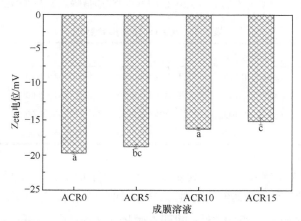

图 6-57 不同 RCA 添加量的成膜溶液的 Zeta 电位

6.2.2.2 RCA 对成膜溶液静态流变性能的影响

ACR0、ACR5、ACR10 和 ACR15 成膜溶液的表观黏度随剪切速率的变化如图 6-58 所示，Cross 模型拟合结果如表 6-13 所示。由图 6-58 可知，随着剪切速率的增大，成膜溶液均呈现出剪切变稀现象，表明成膜溶液均为非牛顿流体。上述结果表明，ASKG、CMC、甘油与 RCA 之间的氢键作用在剪切力的作用下被破坏，并且原来的复杂结构在一定时间内无法复原，这是由于 RCA 的分子量较小，更容易渗透 ASKG、CMC 与甘油之间形成的复杂的网状结构，从而破坏了之前的氢键作用以及 ASKG 分子链之间的复杂的纠缠状态，并与 ASKG、CMC 及甘油之间形成了新的氢键作用。此外，RCA 与 CMC 之间的静电吸引作用形成的复合物也破坏了 ASKG、CMC 及甘油形成的网状结构。因此，随着剪切力的增大，成膜溶液的黏度呈明显下降趋势。

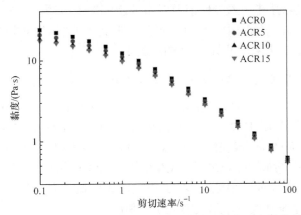

图 6-58　RCA 添加量对 ASKG/CMC 成膜溶液静态流变性能的影响

表 6-13　Cross 模型拟合数据

膜溶液	$\eta_0 / (Pa \cdot s)$	K	p	R^2
ACR0	1.4842 ± 0.1258	1.7354 ± 0.0202	0.7252 ± 0.0041	0.99999
ACR5	1.4176 ± 0.1435	1.5401 ± 0.0239	0.7154 ± 0.0057	0.99998
ACR10	1.3596 ± 0.1098	1.3801 ± 0.0186	0.7233 ± 0.0053	0.99998
ACR15	1.3308 ± 0.0899	1.2821 ± 0.0150	0.7256 ± 0.0048	0.99998

　　表 6-13 的拟合结果表明，Cross 模型成功对添加了 RCA 的 ASKG/CMC 成膜溶液进行了拟合($R^2 > 0.9999$)。随着 RCA 添加量的增加，成膜溶液在零剪切时的表观黏度呈下降趋势，表明 RCA 的加入破坏了 ASKG、CMC 与甘油之间形成的网状结构；p 值均小于 1，表明成膜溶液为假塑性流体；K 值呈下降趋势，表明 RCA 的加入破坏了 ASKG、CMC 与甘油之间形成的氢键作用并与三者形成了新的氢键作用。以上结果表明，RCA 在一定程度上也起到了增塑的作用。

6.2.2.3　RCA 对成膜溶液动态流变性能的影响

　　该部分采用的测试应力根据线性黏弹性测试结果选为 0.5%。图 6-59 为不同 RCA 添加量的 ASKG/CMC 成膜溶液的动态流变学测试结果，表 6-14 为 G' 及 G'' 的交点所对应的角频率大小。

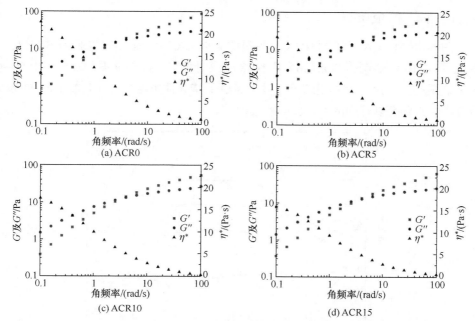

图 6-59 不同 RCA 添加量的成膜溶液的动态流变学曲线

表 6-14 不同 RCA 添加量的成膜溶液 G' 与 G'' 的交点横坐标

膜溶液	G' 与 G'' 的交点横坐标/(rad/s)
ACR0	2.81
ACR5	3.11
ACR10	3.39
ACR15	3.47

由图 6-59 可知，所有成膜溶液均呈现出在低角频率区时 G'' 占主导地位，而在高角频率区时 G' 占主导地位。该结果表明，RCA 的加入并未改变成膜溶液的弱凝胶状态，成膜溶液仍然具有良好的成膜性能。此外，所有成膜溶液的 η^* 均随着频率的增大呈下降趋势，表明 RCA 的加入并未改变成膜溶液的非牛顿流体的特性。

由表 6-14 可知，随着 RCA 添加量的增加，G' 及 G'' 的交点对应的角频率呈增大趋势，这是由于 RCA 与 CMC 的静电吸引作用在一定程度上改变了三者组成的复杂网状系统，重建了 ASKG、CMC 及甘油之间的缠结网状结构并与三者形成了新的氢键作用，但 RCA 的加入并未改变成膜溶液的网状系统特性。上述结果表明，RCA 在一定程度上起到了增塑效果，此结果与成膜溶液的静态流变学结果互相吻合。

6.2.2.4　FTIR 分析

图 6-60 为 RCA 及不同 RCA 添加量的 ASKG/CMC/RCA 智能膜的 FTIR 图。RCA 的 FTIR 图表明，3308 cm^{-1} 及 1638 cm^{-1} 处为 O—H 伸缩振动及芳环中 C=C 的伸缩振动；1414 cm^{-1} 处为花色苷中 C—O 的特异性角度变形；1045 cm^{-1} 处为花色苷中脱水葡萄糖环中的 O—C 伸缩振动[45]。

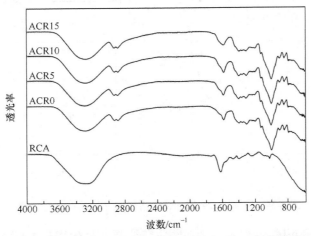

图 6-60　RCA 及不同 RCA 添加量的 ASKG/CMC/RCA 智能膜的 FTIR 图

ACR0 智能膜的 FTIR 图表明，3308 cm^{-1} 处为分子内及分子间形成氢键作用的 O—H 伸缩振动；2924 cm^{-1} 及 2879 cm^{-1} 处为 ASKG、CMC 及甘油中的 C—H 伸缩振动；1642 cm^{-1}、1594 cm^{-1} 及 1418 cm^{-1} 处分别为 C=O 伸缩振动、COO$^-$不对称伸缩振动及 COO$^-$对称伸缩振动[21]；1022 cm^{-1}、921 cm^{-1} 处为 C—O 伸缩振动，867 cm^{-1} 处为脱水葡萄糖环中的 O—C 伸缩振动[93]。RCA 加入后，3308 cm^{-1} 处的 O—H 伸缩振动峰发生红移，表明新的氢键作用形成。2924 cm^{-1} 及 2879 cm^{-1} 处的峰强度增强，表明 ASKG、CMC 与甘油之间的氢键作用被破坏[94]。此外，1642 cm^{-1} 及 1594 cm^{-1} 处的峰强度减弱并变宽，这是由 RCA 和 CMC 之间发生了静电吸引作用，并且 RCA 重新与 ASKG、CMC 及甘油形成了新的氢键作用引起的。上述结果表明，RCA 通过静电吸引作用与 CMC 结合，从而被锁定在 ASKG/CMC/RCA 智能膜中。

6.2.2.5　XRD 分析

ASKG、CMC 及不同 RCA 添加量的 ASKG/CMC/RCA 智能膜的 XRD 谱图如图 6-61 所示。由 ASKG 的 XRD 谱图可知，在 11.79°处的弱衍射峰以及在 16.40°

及 22.31°处的两个宽衍射峰为 ASKG 的特征衍射峰[95]。由 CMC 的 XRD 谱图可知，21.50°处的宽衍射峰为 CMC 的特征衍射峰[95]。

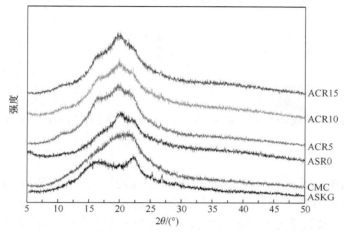

图 6-61　ASKG、CMC 及不同 RCA 添加量的 ASKG/CMC/RCA 智能膜的 XRD 谱图

由 ACR0 智能膜的 XRD 谱图可知，在 20.50°处出现的衍射峰为 ASKG 和 CMC 的衍射峰重叠引起的。该结果表明，ASKG 与 CMC 具有良好的相容性。当添加 5%的 RCA 后，在 11.79°及 16.40°处的衍射峰变强，这是由于 RCA 的增塑作用和其与 CMC 之间的静电吸引作用破坏了 ASKG、CMC 与甘油之间形成的氢键作用，使 ASKG 分子链之间更容易形成氢键作用。进一步增加 RCA 的添加量，16.40°处的衍射峰逐渐减弱，这是由于 ASKG、CMC、甘油与 RCA 之间重新形成了新的氢键作用。

6.2.2.6　TG 和 DTG 分析

由图 6-62 可知，未添加 RCA 的 ASKG/CMC/RCA 智能膜(ACR0)在 25～600℃的范围内存在三个质量损失峰。其中，在 69.84℃的第一个质量损失峰为吸附水的损失峰；在 174.86℃的第二个质量损失峰为甘油的分解峰；在 277.68℃的第三个质量损失峰为 ASKG 及 CMC 的分解峰[96]。由添加 RCA 的 ASKG/CMC/RCA 智能膜的 TG 及 DTG 曲线(ACR5、ACR10 及 ACR15)可知，添加 RCA 后，智能膜的三个质量损失峰并未发生明显变化，表明 RCA 的加入并未降低智能膜的热稳定性。上述结果表明，ASKG/CMC/RCA 智能膜在低于 100℃的温度下具有较高的热稳定性，可用于食品包装材料。

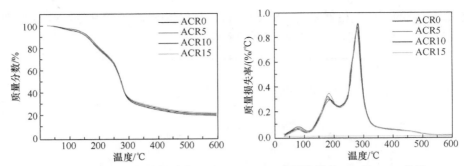

图 6-62　不同 RCA 添加量的 ASKG/CMC/RCA 智能膜的 TG 及 DTG 曲线

6.2.2.7　SEM 分析

由图 6-63 可见，所有智能膜的表面及断面均匀且致密。随着 RCA 添加量的增加，智能膜的断面结构变得更加平滑，这是由于 RCA 的塑化作用破坏了 ASKG、CMC 及甘油之间形成的网状结构，ASKG 分子链之间的纠缠结构进一步被打开。此外，RCA 的加入也改变了 ASKG、CMC 及甘油之间的氢键排布并与三者形成了新的氢键作用，从而使得智能膜更加致密、平滑。根据表征结果，ASKG/CMC/RCA 智能膜的成膜机制示意如图 6-64 所示。

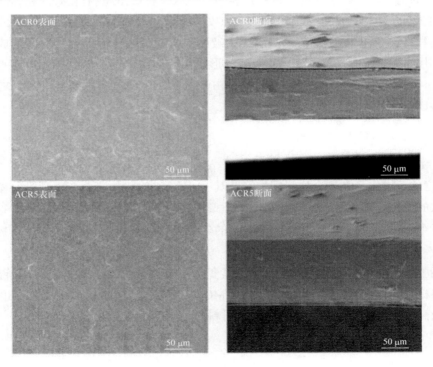

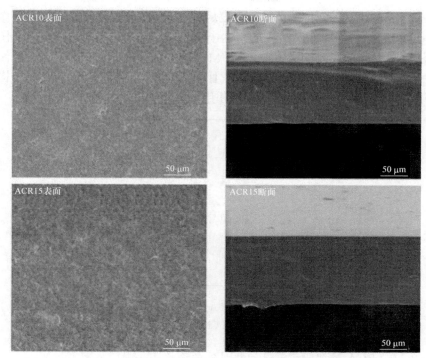

图 6-63 不同 RCA 添加量的 ASKG/CMC/RCA 智能膜的表面及断面形貌

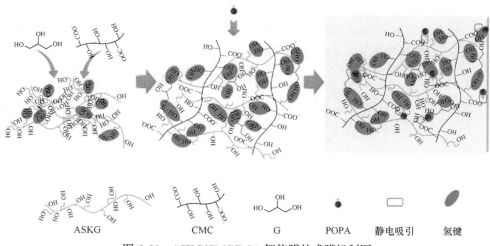

图 6-64 ASKG/CMC/RCA 智能膜的成膜机制图

6.2.2.8 RCA 对智能膜力学性能的影响

RCA 添加量对 ASKG/CMC/RCA 智能膜力学性能的影响如图 6-65 所示。随着

RCA 添加量的增加，智能膜的拉伸强度从 33.43 MPa 降低至 23.57 MPa，而断裂伸长率从 55.87%提高到 66.27%，这是由于 RCA 与 CMC 之间的静电吸引作用及新的氢键作用的形成改变了 ASKG、CMC 与甘油之间的氢键排布，从而促进了分子的运动，打破了 ASKG、CMC 与甘油之间形成的紧密的网状空间结构。上述结果表明，RCA 也具备一定的增塑作用。

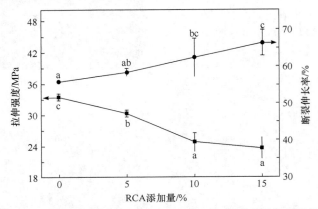

图 6-65　RCA 添加量对 ASKG/CMC/RCA 智能膜力学性能的影响

6.2.2.9　RCA 对智能膜氧气阻隔性能的影响

由图 6-66 可知，添加 RCA 后，ASKG/CMC/RCA 智能膜的透氧值显著降低，从 0.1123 $cm^3 \cdot mm/(m^2 \cdot d \cdot atm)$减小到 0.0175 $cm^3 \cdot mm/(m^2 \cdot d \cdot atm)$，这是由于 RCA 的极性阻止了智能膜对氧的溶解。

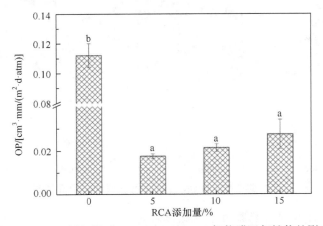

图 6-66　RCA 添加量对 ASKG/CMC/RCA 智能膜阻氧性能的影响

随着 RCA 添加量的增加，智能膜的 OP 值从 0.0175 $cm^3 \cdot mm/(m^2 \cdot d \cdot atm)$增

大到 0.0274 cm³ · mm/(m² · d · atm)，这是由于 RCA 破坏了智能膜内部 ASKG、CMC 及甘油三者之间形成的紧密且有序的网状结构，从而增大了分子间隙[97]。上述结果表明，ASKG/CMC/RCA 智能膜对氧气的阻隔作用很高。

6.2.2.10 RCA 对智能膜水蒸气阻隔性能的影响

由图 6-67 可知，随着 RCA 添加量的增大，ASKG/CMC/RCA 智能膜的 WVP 值从 3.5495×10^{-10} g/(m · s · Pa)增大到 4.5287×10^{-10} g/(m · s · Pa)。随着 RCA 添加量的增加，智能膜的 WVP 值呈上升趋势。这是由于 RCA 的加入破坏了 ASKG、CMC 及甘油之间的分子内和分子间氢键的相互作用，从而破坏了智能膜的紧密的空间结构，增大了智能膜中分子间的间隙[97]。此外，RCA 的亲水特性也促进了水分的吸附和透过。综上所述，所制备 ASKG/CMC/RCA 智能膜的 OP 值和 WVP 值仍然非常低。因此，ASKG/CMC/RCA 智能膜可用于食品包装领域。

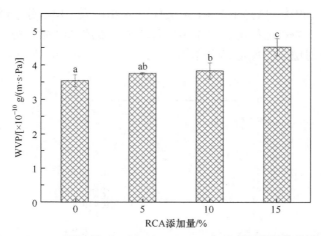

图 6-67 RCA 添加量对 ASKG/CMC/RCA 智能膜阻湿性能的影响

6.2.2.11 RCA 对智能膜色度的影响

表 6-15 为不同 RCA 添加量的 ASKG/CMC/RCA 智能膜的色度参数。由表中数据可知，随着 RCA 添加量的增加，智能膜由浅橙色向橙色方向变化。并且，智能膜的 L 值呈下降趋势但其值仍较高，表明智能膜的颜色变深但透明度仍然较高。a 值与 b 值均呈上升趋势，表明智能膜随 RCA 添加量的增加向红色及黄色方向变化，且 b 值的变化较明显。黄度的增加是由于烘干过程中 RCA 发生了黄化反应[98]。

表 6-15　不同 RCA 添加量的 ASKG/CMC/RCA 智能膜的色度参数及照片

样品	L	a	b	照片
ACR5	82.74 ± 0.08^c	1.16 ± 0.01^a	0.26 ± 0.08^a	
ACR10	78.83 ± 0.03^b	2.33 ± 0.02^b	2.61 ± 0.11^b	
ACR15	75.36 ± 0.14^a	3.16 ± 0.04^c	6.25 ± 0.06^c	

6.2.2.12　RCA 对智能膜透光性能的影响

由图 6-68 可知，ASKG/CMC/RCA 智能膜的透光率随着 RCA 添加量的增加而降低。当 RCA 的添加量从 0%增加到 15%时，600 nm 处的智能膜透光率从61.69%降到 47.87%，这是由于 RCA 破坏了 ASKG 及 CMC 分子链的有序排列。并且，RCA 与 CMC 的静电吸引作用也破坏了智能膜的结晶结构，从而引起了光束的散射和反射增强，使透光率降低。此外，所加入的 RCA 本身的吸光作用也使透光率降低。

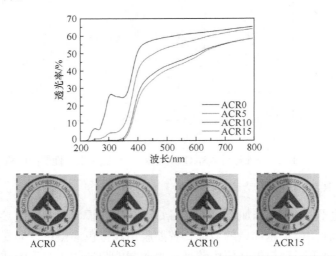

图 6-68　RCA 添加量对 ASKG/CMC/RCA 智能膜透光性能的影响

此外，当 RCA 添加量超过 5%时，智能膜在紫外光区域透光率为零，表明ACR10 及 ACR15 智能膜具有一定的紫外光屏蔽作用。因此，ACR10 及 ACR15智能膜可以用于减少紫外光引起的食物腐败。

6.2.2.13 智能膜的水敏感性测试结果

由于 CMC 对水具有较强的敏感性，为了研究所制备的 ASKG/CMC/RCA 智能膜在实际应用的可行性，本节以水接触角为评估标准，测试智能膜对水的敏感性。

如图 6-69 所示，未添加 RCA 的智能膜的接触角为 90.4°，介于疏水及亲水的临界线，这是由于 ASKG、CMC 与甘油形成的网状结构过于致密，从而阻碍了水分的渗透。随着 RCA 添加量的增加，接触角呈下降趋势，当 RCA 添加量达到 15%时，智能膜的接触角为 81.86°，表明智能膜对水具有较强的敏感性。上述结果是由 RCA 的加入破坏了 ASKG、CMC 及甘油之间形成的紧密结构引起的。此外，RCA 的亲水特性也促进了水分的渗透。因此，ASKG/CMC/RCA 智能膜的应用范围受到了一定的限制，建议在湿度不大的环境中进行应用。

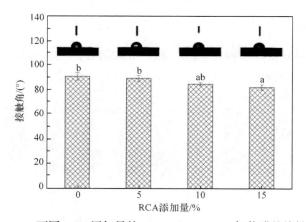

图 6-69 不同 RCA 添加量的 ASKG/CMC/RCA 智能膜的接触角

6.2.2.14 智能膜中花色苷的释放测试结果

为了验证 RCA 是否被 CMC 锁定在 ASKG/CMC/RCA 智能膜中，本部分选用 RCA 添加量最高的 ACR15 智能膜进行花色苷的释放实验。由于 ASKG/CMC/RCA 智能膜对水具有较强的敏感性。为了防止智能膜的破坏，本部分以 75%及 100%的乙醇溶液作为溶剂进行释放实验，通过测试滤液的可见光吸收曲线来判断 RCA 是否被锁定在智能膜中。测试结果如图 6-70 所示。

由图可知，在 538 nm 处可观察到 RCA 溶液的最大吸光度为 0.089。而将 ACR15 智能膜浸没在 75%及 100%的乙醇溶液中 12 h 后，所得滤液的可见光吸收曲线在 538 nm 处的吸光度均为 0 并且滤液透明，表明滤液中不存在 RCA。上述结果表明，RCA 已经成功地被锁定在智能膜中。

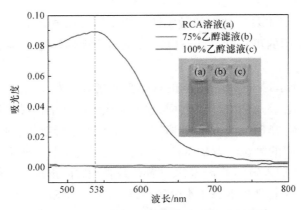

图 6-70　RCA 溶液及滤液的可见光吸收曲线

6.2.2.15　RCA 溶液在不同 pH 下的响应测试结果

由图 6-71(a)可知，当 pH 在 3.0、4.0～6.0、7.0、8.0 及 9.0～10.0 的范围内变化时，RCA 溶液的颜色分别从粉红色变为紫红色、蓝黑色、青色及绿色。

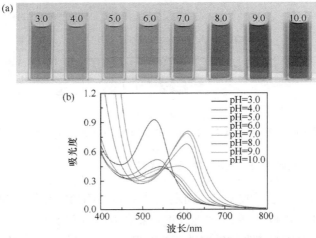

图 6-71　不同 pH 下 RCA 溶液的可见光吸收曲线及照片

由图 6-71(b)所示的不同 pH 下 RCA 溶液的可见光吸收曲线可知，当 pH 为 3.0 时，溶液在 528 nm 处出现最大吸收峰，这是黄锌盐离子的特征吸收峰，此时的 RCA 溶液呈粉红色，这是由于当溶液的 pH 较低时，花色苷的结构为黄锌盐离子，其结构中的 π-π 共轭双键结构使得电子从基态跃迁到激发态需要较低的能量，有利于较长波长中子的吸收。随着 pH 增大到 6.0，最大吸收峰红移至

549 nm 且强度降低，此时的 RCA 溶液由粉红色变化到紫红色，这是由于黄锌盐离子的水合和质子转移反应之间发生了动力学和热力学竞争[99]，此时的花色苷结构中的 σ-π 共轭结构(醌基)使得电子从基态跃迁到激发态需要较高的能量，导致最大吸收波长移出可见光区。随着 pH 继续增大至 7.0，最大紫外吸收峰继续红移至 600 nm 左右并且强度减弱，此时的 RCA 溶液呈蓝黑色，这是由于此时花色苷的结构主要为查耳酮假碱。继续增大溶液的 pH，最大吸收峰的强度增强且溶液呈绿色，该结果是由于 n-π 共轭结构(醌基阴离子)的出现又使得电子跃迁的能量降低，使得花色苷结构不稳定。

上述结果表明，RCA 对 pH 具有较高的响应特性，因此可作为天然指示剂用于制备可食性智能膜材料。

6.2.2.16　智能膜对不同 pH 的缓冲溶液的响应测试结果

表 6-16 为不同 RCA 添加量的 ASKG/CMC/RCA 智能膜在不同 pH 缓冲溶液中的色度参数及照片。由表可知，智能膜在 pH 为 3.0、4.0～6.0、7.0、8.0～9.0 及 10.0 下的颜色分别为玫瑰红色、紫色、蓝黑色、紫黑色及宝石绿色。

表 6-16　ASKG/CMC/RCA 智能膜在不同 pH 下的色度参数及照片

样品	pH	L	a	b	ΔE	变色前	变色后
ACR5	3.0	82.53 ± 0.48^b	6.03 ± 0.53^f	-6.95 ± 0.54^a	7.37 ± 0.08^b		
	4.0	83.66 ± 0.65^{bc}	3.60 ± 0.30^e	-6.80 ± 0.12^{ab}	6.18 ± 0.14^b		
	5.0	84.12 ± 0.68^c	2.23 ± 0.06^d	-5.73 ± 0.68^{bc}	4.68 ± 1.10^a		
	6.0	83.62 ± 0.70^{bc}	1.69 ± 0.08^{cd}	-4.79 ± 0.67^{cd}	3.50 ± 0.93^a		
	7.0	83.63 ± 0.26^{bc}	1.20 ± 0.05^c	-5.27 ± 0.40^{cd}	3.91 ± 0.13^a		
	8.0	83.23 ± 1.04^{bc}	1.84 ± 0.04^d	-7.76 ± 0.75^a	7.00 ± 0.68^b		
	9.0	82.87 ± 0.19^b	-0.40 ± 0.60^b	-4.44 ± 0.63^d	3.52 ± 0.24^a		
	10.0	76.83 ± 0.43^a	-7.98 ± 0.14^a	-0.23 ± 0.94^e	11.12 ± 0.33^c		
ACR10	3.0	73.03 ± 0.22^d	7.41 ± 0.31^e	-9.65 ± 0.37^{ab}	14.53 ± 0.48^b		
	4.0	72.28 ± 0.34^d	3.65 ± 0.14^d	-10.59 ± 0.24^{ab}	14.85 ± 0.11^b		
	5.0	73.79 ± 0.34^d	4.13 ± 0.06^d	-9.40 ± 0.19^{ab}	13.21 ± 0.02^b		
	6.0	73.73 ± 2.11^d	3.03 ± 0.11^{cd}	-11.00 ± 0.92^a	13.39 ± 1.93^b		
	7.0	70.25 ± 0.98^c	2.13 ± 0.17^c	-6.72 ± 1.14^e	10.00 ± 0.30^a		
	8.0	67.42 ± 0.37^b	3.62 ± 0.03^d	-4.11 ± 0.35^d	13.34 ± 0.49^b		

续表

样品	pH	L	a	b	ΔE	变色前	变色后
ACR10	9.0	72.88 ± 0.13^d	-0.81 ± 0.42^b	-9.28 ± 0.88^b	13.73 ± 0.58^b		
	10.0	52.56 ± 0.11^a	-17.82 ± 1.50^a	-6.83 ± 0.71^c	34.47 ± 1.07^c		
ACR15	3.0	70.08 ± 0.76^b	7.41 ± 0.53^e	-5.32 ± 1.77^c	12.77 ± 0.28^{bc}		
	4.0	68.35 ± 1.45^b	4.61 ± 0.52^d	-7.12 ± 0.79^c	15.31 ± 0.38^{cd}		
	5.0	74.42 ± 2.51^c	4.34 ± 0.36^{cd}	-9.70 ± 4.59^{ab}	13.86 ± 2.38^{bcd}		
	6.0	73.66 ± 0.45^c	3.44 ± 0.05^c	-5.13 ± 1.57^c	12.21 ± 1.25^b		
	7.0	70.33 ± 1.28^b	2.05 ± 0.18^b	-0.54 ± 1.23^d	8.71 ± 0.07^a		
	8.0	69.59 ± 1.57^b	3.76 ± 0.17^{cd}	-5.70 ± 1.73^c	13.49 ± 1.30^{bcd}		
	9.0	73.69 ± 1.69^c	1.74 ± 0.22^b	-10.25 ± 1.07^{ab}	16.13 ± 0.01^d		
	10.0	52.84 ± 1.95^a	-11.53 ± 1.32^a	-12.70 ± 1.05^a	33.43 ± 1.13^e		

当 pH 从 3.0 增加到 6.0 时，a 值减小而 b 值无规律变化，智能膜的颜色由玫瑰红色向紫色变化，这是由于花色苷的四大结构中的查耳酮假碱结构增多。当 pH 增加到 7.0 时，a 值继续减小，而 b 值增大，智能膜变为蓝黑色，这是由花色苷由查耳酮假碱结构变为醌式碱离子结构而引起的。当 pH 继续增加到 9.0 时，a 值及 b 值又继续减小，此时的智能膜变为紫黑色。进一步增加 pH 到 10.0，a 值及 b 值继续减小，此时的智能膜变为宝石绿色。此外，随着 RCA 添加量的增加，智能膜的 b 值的减小的越明显。上述结果表明，ASKG/CMC/RCA 智能膜对 pH 具有良好的响应效果。

另外，随着 RCA 添加量的增加，智能膜的 L 值呈减小趋势，并且 a 值和 b 值的变化更加明显，使得智能膜的色度变化更加明显。ΔE 表示与未 pH 变色相比的颜色变化程度，其中，ACR10 及 ACR15 智能膜在不同 pH 下的 ΔE 值均大于 5，说明其颜色变化明显，可以被肉眼分辨。

上述结果表明，ACR10 及 ACR15 智能膜均可用作智能可食性包装膜材料。考虑到成本问题，确定 ACR10 智能膜为最优可食性 ASKG/CMC/RCA 智能膜。但其自身的亲水性使其在实际应用中仍存在一定的局限性。

6.2.2.17 智能膜对 NH_3 的响应测试结果

由表 6-17 可知，当相对湿度从 33% 增加到 75% 时，ASKG/CMC/RCA 智能膜的 a 值减小而 b 值增大，表明智能膜的颜色向绿色变化。上述结果表明，湿度的增加促进了智能膜颜色的变化。继续增加湿度，智能膜的 a 值及 b 值均呈增大趋势，此时的智能膜为棕黄色，这是由于湿度的增加提高了 OH⁻ 的浓度，从而促进了 RCA 结构的变化。当相对湿度为 90%时，OH⁻ 的浓度过高使得 RCA 结构被破坏。此外，随着 RCA 添加量的增大，变色后的智能膜的 L 值呈减小趋势，导致颜色向暗色调变化。所制备智能膜的 ΔE 均大于 15，表明其对 NH₃ 的响应效果非常明显，肉眼辨别非常清晰。

表 6-17　ASKG/CMC/RCA 智能膜在不同湿度下的色度参数及照片

样品	相对湿度/%	L	a	b	ΔE	变色前	变色后
ACR5	33	78.18 ±0.09ᶜ	−12.89 ± 0.14ᶜ	11.82 ± 0.33ᵃ	19.73 ± 0.27ᵃ		
	75	74.43 ± 0.18ᵃ	−19.86 ± 0.16ᵃ	21.77 ± 0.09ᶜ	32.27 ± 0.14ᵇ		
	90	75.94 ± 0.12ᵇ	−9.39 ± 0.10ᵈ	32.08 ± 0.28ᵈ	35.63 ± 0.22ᶜ		
ACR10	33	74.28 ± 0.15ᶜ	−11.91 ± 0.20ᶜ	12.49 ± 0.22ᵃ	17.92 ± 0.35ᵃ		
	75	66.18 ± 0.03ᵃ	−22.78 ± 0.21ᵃ	25.85 ± 0.52ᶜ	36.48 ± 0.22ᶜ		
	90	70.62 ± 0.42ᵇ	−7.21 ± 0.12ᵈ	36.09 ± 0.70ᵈ	35.77 ± 0.75ᶜ		
ACR15	33	70.15 ± 0.32ᶜ	−10.70 ± 0.02ᶜ	14.34 ± 0.17ᵃ	16.88 ± 0.20ᵃ		
	75	64.54 ± 0.36ᵃ	−20.00 ± 0.51ᵃ	25.26 ± 0.46ᶜ	31.86 ± 0.65ᵇ		
	90	68.29 ± 0.08ᵇ	−5.97 ± 0.10ᵈ	38.32 ± 0.34ᵈ	34.09 ± 0.37ᶜ		

通过 ASKG/POPA 智能膜及 ASKG/CMC/RCA 智能膜的 pH 响应效果的比较发现，ASKG/CMC/RCA 智能膜对 pH 的响应效果更为明显。

通过与 Silva-Pereira 等研究的壳聚糖/玉米淀粉/RCA 智能膜[100]的 pH 响应特性的比较可以看出，ASKG/CMC/RCA 智能膜对于 pH 缓冲溶液及 NH₃ 的响应性与前两者一样，灵敏度高且显色明显。

6.2.3　ASKG/ACNF/RCA 智能膜

6.2.3.1　RCA 对成膜溶液 Zeta 电位的影响

由图 6-72 可知，AAR0 成膜溶液的 Zeta 电位为−17.4 mV，这是由 ACNF 中的阴离子基团引起的。随着 RCA 添加量从 0%增加到 15%，成膜溶液的 Zeta 电位从−17.4 mV 增大到−12.3 mV。上述结果表明，RCA 结构中的黄锌盐阳离子与 ACNF 中的阴离子基团通过静电吸引作用形成了复合物。因此，成膜溶液的 Zeta 电位向正电荷方向变化。综上所述，RCA 成功地通过静电吸引作用被锁定在成膜体系中。Wu 等研究的魔芋葡甘露聚糖/氧化几丁质纳米晶体/RCA 智能膜也得到相同结论[101]。

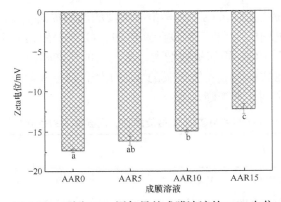

图 6-72　不同 RCA 添加量的成膜溶液的 Zeta 电位

AAR0、AAR5、AAR10 和 AAR15 分别表示 RCA 添加量为 0%、5%、10%和 15%的 ASKG/ACNF/RCA 智能膜

6.2.3.2　RCA 对成膜溶液静态流变性能的影响

AAR0、AAR5、AAR10 和 AAR15 成膜溶液的表观黏度随剪切速率的变化如图 6-73 所示，Cross 模型拟合结果如表 6-18 所示。

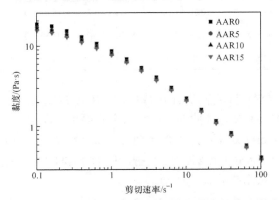

图 6-73　RCA 添加量对成膜溶液静态流变性能的影响

表 6-18　Cross 模型拟合数据

膜溶液	$\eta_0 /(\mathrm{Pa \cdot s})$	K	p	R^2
AAR0	1.3857 ± 0.8004	2.1880 ± 0.1963	0.7639 ± 0.0315	0.9994
AAR5	1.3538 ± 0.3542	2.1631 ± 0.0974	0.7236 ± 0.0138	0.9999
AAR10	1.3250 ± 0.4616	1.9931 ± 0.1225	0.7348 ± 0.0206	0.9997
AAR15	1.3015 ± 0.3603	1.8871 ± 0.0955	0.7350 ± 0.0175	0.9998

由图 6-73 可知，随着剪切速率的增大，成膜溶液均呈现出剪切变稀现象，

表明成膜溶液均为非牛顿流体。上述结果表明，ASKG、ACNF 与甘油之间的氢键作用在剪切力的作用下被破坏，并且原来的复杂结构在一定时间内无法复原，这是由于 RCA 的小分子结构更容易渗透 ASKG、ACNF 与甘油之间形成的复杂的网状结构，从而破坏了之前的氢键作用并且进一步破坏了 ASKG 分子链之间以及 ACNF 长纤维之间形成的复杂的纠缠状态，使得 RCA 与 ASKG、ACNF 及甘油之间形成了新的氢键作用。此外，RCA 及 ACNF 之间的静电吸引作用形成的复合物也破坏了 ASKG、ACNF 及甘油形成的复杂的网状结构。因此，随着剪切力的增大，成膜溶液的黏度呈明显下降趋势。

由表 6-18 的拟合结果发现，拟合得到的 R^2 均高于 0.999，Cross 模型成功地对 ASKG/ACNF/RCA 成膜溶液进行了拟合。拟合结果表明，随着 RCA 添加量的增加，成膜溶液在零剪切时的表观黏度呈下降趋势但差异不大，这是由于 RCA 的加入虽然破坏了 ASKG、ACNF 与甘油之间形成的复杂的网状结构，但由于 ACNF 的长度较长，其分子链自身及分子链之间的缠绕作用使得表观黏度下降得较小；p 值均小于 1，表明成膜溶液为假塑性流体；K 值呈下降趋势，表明 RCA 的加入破坏了 ASKG、ACNF 与甘油之间形成的氢键作用并与三者形成了新的氢键作用。

6.2.3.3 RCA 对成膜溶液动态流变性能的影响

该部分采用的测试应力根据线性黏弹性测试结果选为 0.3%。图 6-74 为不同 RCA 添加量的 ASKG/ACNF/RCA 成膜溶液的动态流变学测试结果。由图可知，所有成膜溶液均呈现出在低角频率区时 G'' 占主导地位，而在高角频率区时 G' 占主导地位，表明 RCA 的加入并未改变成膜溶液的弱凝胶状态，成膜溶液仍然具有良好的成膜性能。此外，所有成膜溶液的 η^* 均随着频率的增大而下降，表明 RCA 的加入并未改变成膜溶液非牛顿流体的特性。

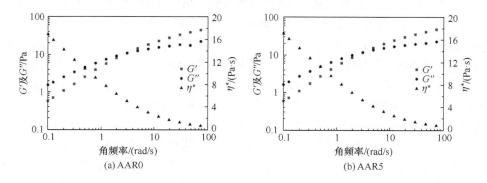

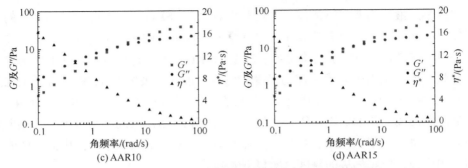

图 6-74 不同 RCA 添加量的成膜溶液的动态流变学曲线

由表 6-19 可知，随着 RCA 添加量的增加，G' 及 G'' 的交点对应的角频率呈增大趋势，这是由于 RCA 与 ACNF 的静电吸引作用也在一定程度上改变了各分子链间形成的复杂网状系统，表明 RCA 在一定程度上起到了增塑效果。但 RCA 的加入并未改变成膜溶液的网状系统特性。此结果与成膜溶液的静态流变学结果互相吻合。

表 6-19　不同 RCA 添加量的成膜溶液 G' 与 G'' 的交点横坐标

膜溶液	G' 与 G'' 的交点横坐标/(rad/s)
AAR0	3.09
AAR5	3.22
AAR10	3.39
AAR15	3.58

6.2.3.4　FTIR 分析

图 6-75 为 RCA 及不同 RCA 添加量的 ASKG/ACNF/RCA 智能膜的 FTIR 图。RCA 的 FTIR 图表明，3308 cm^{-1} 及 1638 cm^{-1} 处为 O—H 伸缩振动及芳环中 C=C 的伸缩振动；1414 cm^{-1} 处为花色苷中 C—O 的特异性角度变形振动；1045 cm^{-1} 处为花色苷中脱水葡萄糖环中的 O—C 伸缩振动[87]。AAR0 智能膜的 FTIR 图表明，3289 cm^{-1} 处为分子内及分子间形成氢键作用的 O—H 伸缩振动；2927 cm^{-1} 及 2885 cm^{-1} 处为 ASKG、ACNF 及甘油中的 C—H 伸缩振动；1644 cm^{-1} 及 1418 cm^{-1} 处分别为 C=O 伸缩振动及 COO$^-$对称伸缩振动[21]；1022 cm^{-1}、921 cm^{-1} 处为 C—O 伸缩振动，867 cm^{-1} 处为脱水葡萄糖环中的 O—C 伸缩振动[88]。

加入 RCA 后，3289 cm^{-1} 处的峰变宽并发生略微的红移，表明智能膜中有新的氢键作用形成。2924 cm^{-1} 处的峰强度增强，表明 ASKG、ACNF 与甘油之间的氢键作用被破坏。此外，1644 cm^{-1} 及 1412 cm^{-1} 处的峰变宽并发生红移，表明 RCA 和 ACNF 之间发生了静电吸引作用，并且 RCA 加入后重新与 ASKG、ACNF 及甘油形成了新的氢键作用。上述结果表明，RCA 通过静电吸引作用与 ACNF 结合，从而被锁定在智能膜中。此外，RCA 的加入重新排布了各分子间的氢键。

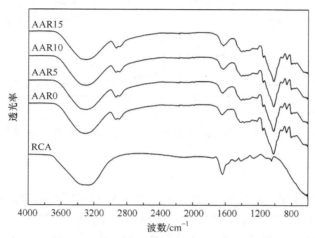

图 6-75　RCA 及不同 RCA 添加量的 ASKG/ACNF/RCA 智能膜的 FTIR 图

6.2.3.5　XRD 分析

ASKG、ACNF 及不同 RCA 添加量的 ASKG/ACNF/RCA 智能膜的 XRD 谱图如图 6-76 所示。由 6.2.2.5 节的分析可知，在 11.79°处的弱峰、16.40° 及 22.31°处的两个宽衍射峰均为 ASKG 的特征衍射峰。由 ACNF 的 XRD 谱图可知，15.43°及 22.51°处的衍射峰为 ACNF 的特征衍射峰，表明 ACNF 仍为纤维素 I 型结晶结构。

由 AAR0 智能膜的 XRD 谱图可知，在 11.79°处的衍射峰增强，表明 ACNF 的加入重新排列了 ASKG 分子链，16.38°出现的衍射峰为 ASKG 和 ACNF 的衍射峰重叠峰。添加 5%的 RCA 后，智能膜在 16.38°处的衍射峰变强，这是由于 RCA 的增塑作用和其与 ACNF 之间的静电吸引作用破坏了 ASKG、ACNF 与甘油之间形成的氢键作用，使得 ASKG 分子链之间更容易形成氢键作用。进一步增加 RCA 的添加量，16.38°处的衍射峰逐渐减弱，这是由于 ASKG、ACNF、甘油与 RCA 之间重新形成了新的氢键作用，从而改变了膜中各分子的排列，进而改变了智能膜的结晶结构。

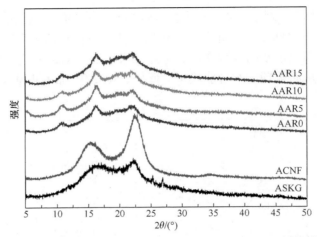

图 6-76　ASKG、ACNF 及不同 RCA 添加量的 ASKG/ACNF/RCA 智能膜的 XRD 谱图

6.2.3.6　TG 和 DTG 分析

由图 6-77 可知，未添加 RCA 的 ASKG/ACNF/RCA 智能膜(AAR0)在 25～600℃的范围内存在三个质量损失峰。在 69.07℃的第一个质量损失峰为吸附水的损失峰，在 186.04℃的第二个质量损失峰为甘油的分解峰，在 287.81℃的第三个质量损失峰为 ASKG 及 ACNF 的分解峰。

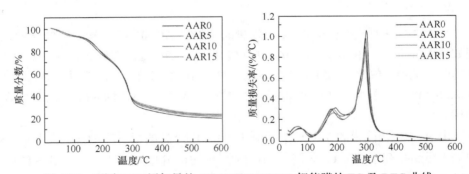

图 6-77　不同 RCA 添加量的 ASKG/ACNF/RCA 智能膜的 TG 及 DTG 曲线

由添加 RCA 的 ASKG/ACNF/RCA 智能膜的 TG 及 DTG 曲线(AAR5、AAR10 及 AAR15)可知，随着 RCA 添加量的增加，智能膜的第三个质量损失峰向低温方向略微偏移至 281.38℃，表明 RCA 的加入破坏了 ASKG、ACNF 及甘油三者之间形成的网状结构，使得智能膜的热稳定性略微降低，但影响不大。综上所述，ASKG/ACNF/RCA 智能膜在低于 100℃的温度下仍然非常稳定，可应用于食品包装材料。

6.2.3.7 ACNF 及智能膜的形貌分析

ACNF 的 TEM 图及 1%的 ACNF 溶液照片如图 6-78 所示。由图可见，1%的 ACNF 溶液呈透明的乳白色，说明 ACNF 的粒度较小；由 TEM 图可知，ACNF 为直径为纳米级、长度为微米级的纤丝结构且纤丝之间发生了缠绕现象。

图 6-78　ACNF 的透射电镜图片及 1%的 ACNF 溶液照片

不同 RCA 添加量的 ASKG/ACNF/RCA 智能膜的表面及断面形貌如图 6-79 所示。由图可见，智能膜的表面均出现褶皱，这是由 ACNF 的长纤丝形态引起的，但表面仍然均匀、致密。由 AAR0 智能膜的断面结构可观察到层状结构的出现，这是在液氮的低温环境中脆断时 ACNF 与 ASKG 的剥离引起的。加入 RCA 后，层状结构更加明显，表明 RCA 与 ACNF 通过静电吸引作用形成的复合物破坏了复合膜中分子链的排布，使得 ACNF 的剥离更容易。

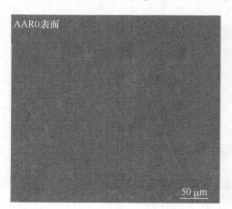
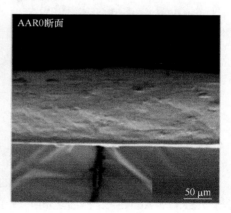

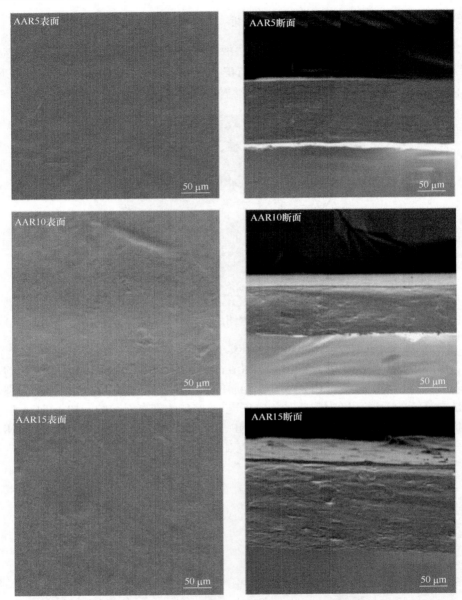

图 6-79　不同 RCA 添加量的 ASKG/ACNF/RCA 智能膜的表面及断面形貌

　　随着 RCA 添加量的增加，断面中的层状结构减少，这是 RCA 的增塑作用使其与 ASKG、ACNF 及甘油之间形成了新的氢键作用并重排了分子链的排布，从而使得智能膜的断面更加致密、平滑。综上所述，ASKG/ACNF/RCA 智能膜的成膜机制与 ASKG/CMC/RCA 智能膜类似。

6.2.3.8　RCA 对智能膜力学性能的影响

不同 RCA 添加量对 ASKG/ACNF/RCA 智能膜力学性能的影响如图 6-80 所示。由图可知，随着 RCA 添加量的增加，智能膜的拉伸强度从 43.23 MPa 降低至 24.83 MPa，而断裂伸长率从 56.13%提高到 75.87%。这是由于 RCA 与 ACNF 之间的静电吸引作用以及新的氢键作用的形成改变了 ASKG、ACNF 与甘油之间的氢键排布，从而促进了分子的运动，进而打破了 ASKG、ACNF 与甘油之间形成的紧密的网状结构引起的。

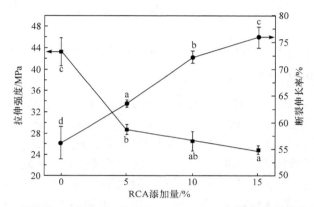

图 6-80　不同 RCA 添加量对 ASKG/ACNF/RCA 智能膜力学性能的影响

通过 ASKG/ACNF/RCA 智能膜与 ASKG/CMC/RCA 智能膜的力学性能比较发现，ASKG/ACNF/RCA 智能膜的拉伸强度及断裂伸长率均较 ASKG/CMC/RCA 智能膜高，表明 ACNF 较 CMC 对智能膜增强效果更明显。

6.2.3.9　RCA 对智能膜氧气阻隔性能的影响

由图 6-81 可知，当 RCA 添加量为 5%时，智能膜的 OP 值较未添加 RCA 的膜有所提高，这是由于 RCA 与 ACNF 的静电吸引作用破坏了 ASKG、ACNF 与甘油形成的紧密结构。随着 RCA 添加量的增加，智能膜的 OP 值从 0.0169 $cm^3 \cdot mm/(m^2 \cdot d \cdot atm)$减小到 0.0115 $cm^3 \cdot mm/(m^2 \cdot d \cdot atm)$，这是由于 RCA 重新与 ASKG、ACNF 及甘油三者之间形成了新的紧密且有序的网状结构。此外，RCA 的极性特性也阻止了智能膜对氧气的溶解及渗透。综上所述，ASKG/ACNF/RCA 智能膜对氧气的阻隔作用较高。

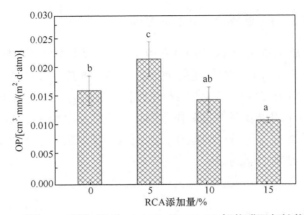

图 6-81　不同 RCA 添加量对 ASKG/ACNF/RCA 智能膜阻氧性能的影响

6.2.3.10　RCA 对智能膜阻湿性能的影响

由图 6-82 可知，当 RCA 添加量从 0%增加到 5%时，智能膜的 WVP 值由 3.6666×10^{-10} g/(m·s·Pa)增大到 4.5859×10^{-10} g/(m·s·Pa)。上述结果是由于 RCA 的加入破坏了 ASKG、ACNF 及甘油之间的分子内和分子间氢键的相互作用，从而破坏了智能膜紧密的空间结构，增大了智能膜中的间隙[97]。随着 RCA 添加量的继续增加，智能膜的 WVP 值呈下降趋势，在 RCA 添加量为 15%时，WVP 值达到最小值 3.8494×10^{-10} g/(m·s·Pa)。上述结果是由于 RCA 与 ASKG、ACNF 及甘油之间形成了新的紧密的网状结构。综上所述，所制备的智能膜的 OP 和 WVP 值仍然非常低，可应用于食品包装领域。通过 ASKG/ACNF/RCA 智能膜与 ASKG/CMC/RCA 智能膜的阻隔性能比较发现，ASKG/ACNF/RCA 智能膜的阻氧性能较 ASKG/CMC/RCA 智能膜高，但两种智能膜的阻湿性能相差不大，整体而言，ASKG/ACNF/RCA 智能膜的阻隔性能较为优异。

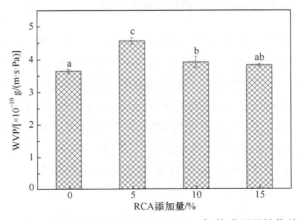

图 6-82　RCA 添加量对 ASKG/ACNF/RCA 智能膜阻湿性能的影响

6.2.3.11 RCA 对智能膜色度的影响

表 6-20 为不同 RCA 添加量的 ASKG/ACNF/RCA 智能膜的色度参数。由表可知，随着 RCA 添加量的增加，智能膜由浅橙色向棕色方向变化，并且智能膜的 L 值呈下降趋势但其值仍较高，表明智能膜的颜色变深但透明度仍然较高。a 值与 b 值均呈上升趋势且 b 值的变化较明显，表明智能膜随 RCA 添加量的增加向红色及黄色方向变化。上述结果表明，RCA 以黄锌盐离子的形式存在，黄度的增加是由于烘干过程中 RCA 发生了黄化反应，该结果与 ASKG/CMC/RCA 智能膜的色度数据类似。

表 6-20 不同 RCA 添加量的 ASKG/ACNF/RCA 智能膜的色度参数及照片

样品	L	a	b	照片
AAR5	80.82 ± 0.33^{c}	1.64 ± 0.01^{a}	1.01 ± 0.50^{a}	
AAR10	78.20 ± 0.24^{b}	2.21 ± 0.06^{b}	8.38 ± 0.43^{b}	
AAR15	74.96 ± 0.15^{a}	3.25 ± 0.03^{c}	14.96 ± 0.20^{c}	

6.2.3.12 RCA 对智能膜透光性能的影响

由图 6-83 可知，智能膜的透光率随着 RCA 添加量的增加而降低。其中，智能膜在 600 nm 处的透光率从 49.96% 降到 36.75%。上述结果是由于 RCA 破坏了 ASKG 及 ACNF 分子链的有序排列，从而增加了光束的反射和折射作用，最终使得智能膜的透光性能下降。此外，RCA 与 ACNF 的静电吸引作用也破坏了智能膜的结晶结构，使得智能膜的透光性能下降；同时，ACNF 长纤维之间的纠缠结构也在一定程度上增强了光束的散射和反射，从而降低了智能膜的透光率。并且，所加入的 RCA 本身的吸光作用也使透光率降低。当 RCA 添加量超过 5% 后，智能膜在紫外光区域透光率为零。该结果表明，AAR10 及 AAR15 智能膜具有一定的紫外光屏蔽作用。因此，AAR10 及 AAR15 智能膜均可以用于减少紫外光引起的食物腐败。

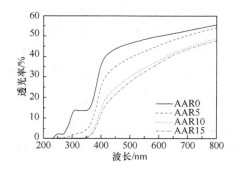

AAR0　　　　　AAR5　　　　　AAR10　　　　　AAR15

图 6-83　RCA 添加量对 ASKG/ACNF/RCA 智能膜透光性能的影响

通过 ASKG/ACNF/RCA 智能膜与 ASKG/CMC/RCA 智能膜的透光性能比较发现，ASKG/ACNF/RCA 智能膜的透光性能较 ASKG/CMC/RCA 智能膜略低，但相差不大。

6.2.3.13　智能膜的水敏感性测试结果

为了验证 ACNF 的加入是否降低了智能膜对水的敏感性，不同 RCA 添加量的 ASKG/ACNF/RCA 智能膜的水接触角的测试结果如图 6-84 所示。由图可见，未添加 RCA 的智能膜的接触角为 102°，表明其对水的敏感性较低，这是由 ASKG、ACNF 与甘油形成的网状结构过于致密以及 ACNF 的疏水特性引起的。随着 RCA 添加量的增加，接触角呈下降趋势，当 RCA 添加量达到 15% 时，智能膜的接触角为 93.25°，表明其仍对水具有较低的敏感性。

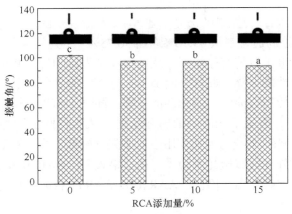

图 6-84　ASKG/ACNF/RCA 智能膜的接触角

上述结果是由于 RCA 的加入破坏了 ASKG、ACNF 及甘油之间形成的紧密结构，此外，RCA 的亲水性也促进了水分的渗透。综上所述，ASKG/ACNF/ RCA 智能膜的水敏感性较 ASKG/CMC/RCA 智能膜低，使其在较高湿度条件下也可应用。

6.2.3.14　智能膜中花色苷的释放测试结果

智能膜中花色苷的释放测试结果如图 6-85 所示。由图可知，在 538 nm 处可观察到 RCA 溶液的最大吸光度为 0.089，而当将 AAR15 浸没在 75% 及 100% 的乙醇溶液 12 h 后，所得滤液的可见光吸收曲线中未发现 RCA 的吸收峰，并且由图可见，滤液呈透明状态。上述结果表明，滤液中不存在 RCA，说明 RCA 已经成功地被锁定在智能膜中。

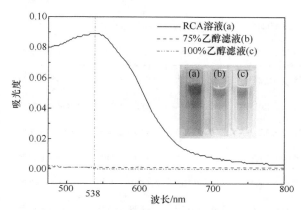

图 6-85　RCA 溶液及滤液的可见光吸收曲线

6.2.3.15　智能膜对不同 pH 的缓冲溶液的响应测试结果

表 6-21 为不同 RCA 添加量的 ASKG/ACNF/RCA 智能膜在不同 pH 缓冲溶液中的色度参数及照片。由表可知，智能膜在 pH 为 3.0、4.0～6.0、7.0、8.0～9.0 及 10.0 下的颜色分别为暗紫红色、灰紫色、暗棕色、紫黑色及黄绿色。当 pH 从 3.0 增加到 6.0 时，a 值减小而 b 值先减少后增大，智能膜的颜色由暗紫红色向灰紫色变化，这是由于花色苷的四大结构中的查耳酮假碱结构增多。当 pH 增加到 7.0 时，a 值继续减小，而 b 值增大，智能膜变为暗棕色，这是由花色苷由查耳酮假碱结构变为醌式碱离子结构而引起的。进一步增加 pH 到 10.0，a 值减小为负值且 b 值增大，此时智能膜变为黄绿色。

表 6-21　ASKG/ACNF/RCA 智能膜在不同 pH 下的色度参数及照片

样品	pH	L	a	b	ΔE	变色前	变色后
	3.0	79.91 ± 0.36^a	6.13 ± 0.40^f	-2.98 ± 0.39^a	6.18 ± 0.31^d		
	4.0	81.31 ± 0.75^b	2.86 ± 0.08^e	-3.47 ± 0.86^a	4.84 ± 0.40^{cd}		
AAR5	5.0	82.01 ± 0.47^{bc}	2.24 ± 0.03^d	-3.80 ± 0.73^a	4.92 ± 1.38^{cd}		
	6.0	81.81 ± 0.43^b	2.02 ± 0.02^d	-3.31 ± 0.73^a	4.23 ± 0.23^{bc}		
	7.0	81.00 ± 0.86^{ab}	1.24 ± 0.03^c	-1.19 ± 1.37^b	2.82 ± 1.70^{ab}		

续表

样品	pH	L	a	b	ΔE	变色前	变色后
AAR5	8.0	83.12 ± 0.36^c	1.33 ± 0.05^c	-4.43 ± 0.35^a	4.61 ± 0.55^{cd}		
	9.0	82.05 ± 0.58^{bc}	-0.48 ± 0.30^b	-0.87 ± 1.12^c	2.37 ± 0.53^a		
	10.0	79.90 ± 0.97^a	-4.08 ± 0.39^a	-0.72 ± 1.09^c	6.12 ± 0.37^d		
AAR10	3.0	78.71 ± 0.20^b	5.86 ± 0.33^f	0.48 ± 0.49^b	10.46 ± 1.02^{bc}		
	4.0	78.08 ± 1.01^b	3.15 ± 0.04^e	2.62 ± 1.04^{bc}	8.59 ± 0.62^{abc}		
	5.0	77.92 ± 0.22^b	2.69 ± 0.18^{de}	3.55 ± 0.58^{cd}	8.871 ± 0.77^{abc}		
	6.0	77.20 ± 0.37^b	2.44 ± 0.07^{cde}	3.94 ± 0.24^{cd}	8.54 ± 0.51^{abc}		
	7.0	77.89 ± 1.52^b	1.93 ± 0.20^{bc}	4.25 ± 2.86^{cd}	7.64 ± 3.35^a		
	8.0	81.31 ± 0.77^c	1.98 ± 0.06^{bcd}	-2.39 ± 1.14^a	11.22 ± 1.55^c		
	9.0	77.48 ± 0.60^b	1.66 ± 0.22^b	4.50 ± 0.37^{cd}	7.10 ± 0.21^a		
	10.0	73.76 ± 0.76^a	-2.83 ± 1.01^a	5.36 ± 1.94^d	8.16 ± 0.68^{ab}		
AAR15	3.0	77.82 ± 0.77^c	6.36 ± 0.46^e	3.24 ± 0.97^b	12.48 ± 0.83^{ab}		
	4.0	78.27 ± 2.53^{cd}	3.93 ± 0.78^d	4.08 ± 4.68^b	12.14 ± 4.49^{ab}		
	5.0	77.51 ± 0.76^{bc}	3.08 ± 0.27^{cd}	6.33 ± 1.04^{bc}	10.37 ± 1.28^{ab}		
	6.0	79.20 ± 0.31^{cd}	2.57 ± 0.08^{bc}	2.83 ± 0.54^b	14.05 ± 1.03^{bc}		
	7.0	75.48 ± 0.85^b	2.51 ± 0.14^{bc}	8.94 ± 1.10^c	10.14 ± 1.08^a		
	8.0	80.38 ± 0.10^d	2.25 ± 0.01^{bc}	-0.92 ± 0.61^a	16.53 ± 0.29^c		
	9.0	78.05 ± 1.04^c	1.80 ± 0.19^b	3.70 ± 1.78^b	12.02 ± 2.33^{ab}		
	10.0	72.55 ± 1.28^a	-1.95 ± 1.09^a	5.83 ± 2.33^{bc}	11.45 ± 1.34^{ab}		

上述结果表明，ASKG/ACNF/RCA 智能膜对 pH 具有良好的响应效果。然而与 ASKG/CMC/RCA 智能膜相比，其颜色变化略有不同，这是由于 ACNF 的长纤维形态引起的光束的散射与反射在一定程度上影响了变色效果。ΔE 数据表明，AAR10 及 AAR15 智能膜在不同 pH 下的 ΔE 值均大于 5，表明智能膜的颜色变化明显，能被肉眼分辨。综上所述，AAR10 及 AAR15 均可用作可食性智能膜材料。考虑到成本问题及各项性能，确定 AAR10 智能膜为最优智能膜。

6.2.3.16 智能膜对 NH₃ 的响应测试结果

由表 6-22 可知，当相对湿度从 33%增加到 90%时，ASKG/ACNF/RCA 智能膜的 a 值及 b 值均呈减小趋势，表明智能膜由黄绿色向棕黄色变化，这是由于湿度的增加提高了 OH⁻的浓度，从而促进了 RCA 结构的变化。上述结果表明，湿度的增加促进了智能膜响应效果。此外，随着 RCA 添加量的增大，变色后的智能膜的 L 值呈减小趋势，导致颜色向暗色调变化。此外，AAR10 及 AAR15 智能膜的 ΔE 均大于 10，表明其对 NH₃ 的响应效果用肉眼辨别非常清晰。然而 ASKG/ACNF/RCA 智能膜与 ASKG/CMC/RCA 智能膜的颜色变化不同，这可能是由于 RCA 与 ACNF 通过静电吸引作用结合后，ACNF 的疏水特性使得 RCA 吸收的水分含量提高，从而加快了 OH⁻的生成速度，OH⁻浓度增大过快，使得 RCA 结构破坏的速度过快。

表 6-22　ASKG/ACNF/RCA 智能膜在不同湿度下的色度参数及照片

样品	相对湿度/%	L	a	b	ΔE	变色前	变色后
AAR5	33	77.73 ±0.39ᵃ	−8.47 ± 0.35ᵃ	17.57 ± 1.08ᶜ	20.29 ± 1.47ᶜ		
	75	78.92 ± 0.08ᵇ	−6.09 ± 0.12ᵇ	11.87 ± 0.22ᵇ	14.82 ± 0.19ᵇ		
	90	79.34 ± 0.25ᵇ	−0.11 ± 0.07ᶜ	2.67 ± 0.32ᵃ	4.66 ± 0.18ᵃ		
AAR10	33	70.66 ± 0.44ᵃ	−7.22 ± 0.03ᵃ	31.95 ± 0.81ᶜ	25.02 ± 1.10ᶜ		
	75	72.21 ± 0.38ᵇ	−5.51 ± 0.11ᵇ	25.41 ± 1.19ᵇ	19.22 ± 1.69ᵇ		
	90	73.97 ± 0.55ᶜ	−2.25 ± 0.38ᶜ	15.32 ± 1.24ᵃ	10.89 ± 1.10ᵃ		
AAR15	33	69.45 ± 0.31ᵃ	−4.92 ± 0.22ᵃ	31.48 ± 0.73ᶜ	20.96 ± 1.00ᶜ		
	75	69.48 ± 0.32ᵃ	−3.51 ± 0.28ᵇ	28.20 ± 0.64ᵇ	17.09 ± 0.75ᵇ		
	90	68.73 ± 0.47ᵃ	−0.70 ± 0.11ᶜ	24.21 ± 0.93ᵃ	12.29 ± 0.51ᵃ		

与 Wu 等研究的魔芋葡甘露聚糖/氧化几丁质纳米晶体/RCA 智能膜相比[101]，ASKG/ACNF/RCA 智能膜的 pH 响应效果略差，这与烘干温度有直接联系，但仍有肉眼可见的色度变化，可用于实际应用。

6.2.3.17 花色苷标准品智能膜与自提 RCA 智能膜 pH 响应效果对比

为了验证自提的 RCA 所制备的智能膜的变色效果是否优异，根据紫甘蓝花色苷成分，选用矢车菊-3-O-葡萄糖苷标准品为指示剂，以 10%的最优添加量制备标准品智能膜(AAR10s)，与 AAR10 智能膜的 pH 响应效果进行对比。

1) 智能膜对不同 pH 的缓冲溶液的响应测试结果对比

表 6-23 为 AAR10 及 AAR10s 智能膜在不同 pH 缓冲溶液中的色度参数及照片。AAR10 智能膜在不同 pH 下的颜色变化结果如 6.2.3.15 节所述。由表 6-23 可知，AAR10s 在 pH 为 3.0～9.0 下颜色的变化不大，仅在 pH 为 10.0 时其颜色变为暗绿色。AAR10s 智能膜在 pH 为 3.0～9.0 下的 ΔE 值均小于 2，说明变色前后智能膜颜色的变化不大，表明其不可被肉眼明显观察。因此，AAR10s 智能膜较 AAR10 智能膜的 pH 响应效果差。上述结果表明，自提 RCA 制备的智能膜的 pH 响应效果优于标准品制备的智能膜。

表 6-23 AAR10 及 AAR10s 智能膜在不同 pH 下的色度参数及照片

样品	pH	L	a	b	ΔE	变色前	变色后
AAR10	3.0	78.71 ± 0.20^b	5.86 ± 0.33^f	0.48 ± 0.49^b	10.46 ± 1.02^{bc}		
	4.0	78.08 ± 1.01^b	3.15 ± 0.04^e	2.62 ± 1.04^{bc}	8.59 ± 0.62^{abc}		
	5.0	77.92 ± 0.22^b	2.69 ± 0.18^{de}	3.55 ± 0.58^{cd}	8.871 ± 0.77^{abc}		
	6.0	77.20 ± 0.37^b	2.44 ± 0.07^{cde}	3.94 ± 0.24^{cd}	8.54 ± 0.51^{abc}		
	7.0	77.89 ± 1.52^b	1.93 ± 0.20^{bc}	4.25 ± 2.86^{cd}	7.64 ± 3.35^a		
	8.0	81.31 ± 0.77^c	1.98 ± 0.06^{bcd}	-2.39 ± 1.14^a	11.22 ± 1.55^c		
	9.0	77.48 ± 0.60^b	1.66 ± 0.22^b	4.50 ± 0.37^{cd}	7.10 ± 0.21^a		
	10.0	73.76 ± 0.76^a	-2.83 ± 1.01^a	5.36 ± 1.94^d	8.16 ± 0.68^{ab}		
AAR10s	3.0	81.72 ± 0.26^{ab}	2.75 ± 0.13^e	-5.77 ± 0.57^{cd}	1.66 ± 0.25^a		
	4.0	81.39 ± 0.80^a	2.55 ± 0.04^{de}	-6.12 ± 0.66^{bcd}	1.33 ± 0.42^a		
	5.0	82.12 ± 0.38^{abc}	2.43 ± 0.04^d	-6.61 ± 0.29^{abc}	1.27 ± 0.12^a		
	6.0	82.75 ± 0.25^c	2.37 ± 0.07^{cd}	-7.28 ± 0.37^a	0.94 ± 0.15^a		
	7.0	82.51 ± 0.48^{bc}	2.07 ± 0.04^c	-5.84 ± 0.65^{bcd}	1.68 ± 0.40^a		
	8.0	82.92 ± 0.65^c	2.07 ± 0.13^c	-6.94 ± 0.29^{ab}	1.81 ± 0.06^a		
	9.0	82.26 ± 0.47^{abc}	1.33 ± 0.33^b	-5.12 ± 0.85^d	1.59 ± 0.73^a		
	10.0	82.64 ± 0.23^c	-1.44 ± 0.32^a	-0.93 ± 0.79^e	6.36 ± 1.04^b		

2) 智能膜对 NH₃ 的响应测试结果对比

由表 6-24 可知，当相对湿度从 33%增加到 75%时，AAR10s 智能膜的 a 值及 b 值略有增大但变化极微，表明湿度的增加对其颜色变化的影响不大，此时的智能膜为棕黄色。继续增大相对湿度至 90%，AAR10s 智能膜的 a 值增大，而 b 值减小，此时的智能膜为暗棕色，这是由于当相对湿度为 90%时，OH⁻的浓度过高使得 RCA 结构被破坏。此外，随着 RCA 添加量的增大，变色后智能膜的 L 值呈减小趋势，导致颜色向暗色调变化。

表 6-24 AAR10 及 AAR10s 智能膜在不同湿度下的色度参数及照片

样品	相对湿度/%	L	a	b	ΔE	变色前	变色后
AAR10	33	70.66 ± 0.44^a	-7.22 ± 0.03^a	31.95 ± 0.81^c	25.02 ± 1.10^c		
	75	72.21 ± 0.38^b	-5.51 ± 0.11^b	25.41 ± 1.19^b	19.22 ± 1.69^b		
	90	73.97 ± 0.55^c	-2.25 ± 0.38^c	15.32 ± 1.24^a	10.89 ± 1.10^a		
AAR10s	33	80.15 ± 0.24^a	-7.64 ± 0.17^a	15.59 ± 0.51^c	19.94 ± 0.98^c		
	75	79.78 ± 0.46^a	-7.67 ± 0.31^b	15.80 ± 1.59^b	20.01 ± 1.09^b		
	90	78.90 ± 0.88^a	-4.67 ± 0.73^c	10.40 ± 2.39^a	14.33 ± 3.42^a		

此外，AAR10 及 AAR10s 智能膜的 ΔE 值均大于 10，表明两种智能膜对 NH₃ 的响应效果用肉眼辨别非常清晰。然而，由变色前后的智能膜图片比较可以发现，AAR10 智能膜在 90%相对湿度以下时的响应效果更好。考虑到日常生活中的应用条件，AAR10 智能膜对 NH₃ 响应效果优于 AAR10s 智能膜。

6.2.3.18 智能膜与淡水虾及猪肉新鲜度的响应关系测试

以 RCA 添加量为 10%、ACNF 占比为 5%为成膜基础，通过降低成膜温度(50℃)、添加 0.05%的尼泊金复合酯钠作为防腐剂制备出一种变色更加灵敏的可食性 ASKG/ACNF/RCA 智能膜，并对淡水虾及猪肉的新鲜程度进行了实时监测。以样品的 pH、TVB-N 值及智能膜的颜色变化三个方面评估 AAR10 智能膜对肉制品新鲜度的实时监测效果，构建出肉制品新鲜度与智能膜 pH 响应特性的关系，从而确定其实际应用价值。

1) 智能膜对淡水虾新鲜度的监测结果

(1) 淡水虾的 pH 随储存时间的变化。

图 6-86 为淡水虾的 pH 随储存时间的变化图。由图可知，随着储存时间的增长，淡水虾的 pH 逐渐增大。新鲜淡水虾的 pH 为 6.831，其 pH 接近中性。12 h 后，淡水虾的 pH 为 7.163，表明虾肉呈碱性，虾肉开始腐败。24 h 后，淡水虾的

pH 继续增大至 7.374，表明虾肉进一步腐败。上述结果是由于虾类的蛋白质含量较高，在各类微生物的作用下，虾肉中的蛋白质及氨基酸等物质在储存过程中被分解为氨及胺类等氮类有机物。

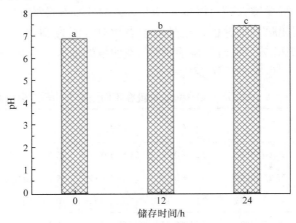

图 6-86　淡水虾的 pH 随储存时间的变化

(2) 淡水虾的 TVB-N 值随储存时间的变化。

图 6-87 为淡水虾的 TVB-N 值随储存时间的变化图。由图可知，随着储存时间的增长，淡水虾的 TVB-N 值显著增大，新鲜淡水虾的 TVB-N 值为 1.4047 mg/100 g，根据 GB 2733—2015 中的规定，此时的淡水虾为新鲜状态。12 h 后，淡水虾的 TVB-N 值达到 20.0759 mg/100 g，表明此时的虾肉开始腐败。24 h 后，淡水虾的 TVB-N 值继续增大至 57.3578 mg/100 g，说明虾肉已经彻底腐败。上述结果是由于在微生物的作用下，虾肉内的蛋白质及氨基酸等物质被分解为氨等挥发性氮类物质。

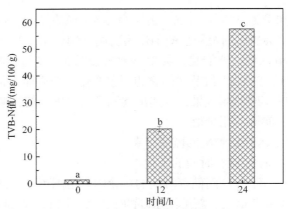

图 6-87　淡水虾的 TVB-N 值随储存时间的变化

(3) 智能膜及虾肉的色度随储存时间的变化。

由图 6-88 发现,新鲜的淡水虾的肉质透明且智能膜为紫黑色。12 h 后,智能膜恰好变为黄绿色,虽然虾肉略有白化现象发生,但与新鲜淡水虾的肉质整体相差不大。24 h 后,智能膜的绿色继续加深,此时的虾肉发生明显的白化,肉质不透明。

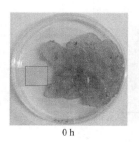

0 h　　　　　　　　　　12 h　　　　　　　　　　24 h

图 6-88　淡水虾及智能膜的实物图片

由表 6-25 可知,随着淡水虾储存时间的增长,智能膜色度参数中的 *a* 值向负值增大而 *b* 值向正值增大,由实物照片发现,智能膜的绿色随淡水虾储存时间的增加而逐渐加深。这是由于随着淡水虾的腐败,挥发性氮类有机物含量增加,其与智能膜接触后,与智能膜中的水分进行反应形成 OH^-,从而与花色苷发生反应,使其发生颜色变化。上述结果表明,AAR10 智能膜能够实时监测淡水虾的新鲜度。通过研究发现,0.01 g 的智能膜即可指示 25 g 淡水虾恰好腐败时的信息,并通过颜色变化来提示消费者。

表 6-25　智能膜的色度参数及照片

时间/h	L	a	b	ΔE	图片
0	75.09 ± 0.58^{ab}	0.32 ± 0.03^c	-0.31 ± 0.52^a	—	
12	75.78 ± 0.99^b	-4.18 ± 0.19^b	7.61 ± 0.12^b	9.22 ± 0.05^b	
24	73.75 ± 0.65^a	-5.05 ± 0.21^a	10.35 ± 0.41^c	12.04 ± 0.83^c	

2) 智能膜对猪肉新鲜度的监测结果

(1) 猪肉的 pH 随储存时间的变化。

图 6-89 为猪肉的 pH 随储存时间的变化图。由图可知,新鲜猪肉的 pH 为 6.008,表明新鲜猪肉呈酸性,这是由于猪肉中肌糖原的无氧糖酵解作用,三磷酸腺苷的分解作用产生的乳酸以及磷酸引起的。随着储存时间增长到 48 h,猪肉的 pH 增大到 6.756,表明猪肉开始腐败,60 h 后,猪肉的 pH 继续增大至 6.803,表明猪肉进一步腐败。上述结果是由于在微生物及酶的作用下,猪肉的蛋白质及氨

基酸等物质被分解为氨等氮类物质，然而乳酸及磷酸的中和作用使其仍显酸性。

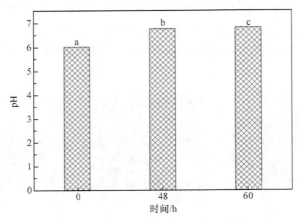

图 6-89　猪肉的 pH 随储存时间的变化

(2) 猪肉的 TVB-N 值随储存时间的变化。

图 6-90 为猪肉的 TVB-N 值随储存时间的变化图。由图可知，随着储存时间的增长，猪肉的 TVB-N 值显著增大，新鲜猪肉的 TVB-N 值为 4.4650 mg/100 g，根据 GB 2707—2016 中的规定，此时的猪肉为新鲜状态。48 h 后，猪肉的 TVB-N 值达到 15.4600 mg/100 g，表明猪肉开始腐败。60 h 后，猪肉的 TVB-N 值继续增大至 26.8313 mg/100 g，表明猪肉已经彻底腐败。上述结果是由于在微生物及酶的作用下，猪肉中的蛋白质及氨基酸等物质被分解为氨等挥发性氮类物质。

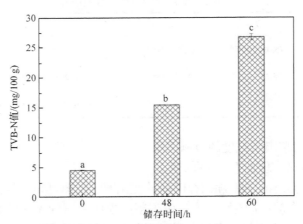

图 6-90　猪肉的 TVB-N 值随储存时间的变化

(3) 智能膜及猪肉的色度随储存时间的变化。

由图 6-91 可见，新鲜猪肉的肉质呈粉红色，此时的智能膜的颜色为紫黑色。在储存 48 h 时，智能膜恰好变为浅黄绿色，但肉眼基本看不出肉质有任何变化。60 h 后，智能膜的绿色加深，并伴随着猪肉颜色加深及腐败液体的出现。

图 6-91　猪肉及智能膜的实物图片

由表 6-26 可知，随着猪肉储存时间的增长，智能膜色度参数中的 a 值向负值增大而 b 值向正值增大，由实物照片发现，智能膜的绿色随猪肉储存时间的增加而逐渐加深。这是由于随着猪肉的腐败，挥发性氮类有机物含量增加，其与智能膜接触后，与智能膜中的水分进行反应生成 OH^-，从而与花色苷发生反应，使其发生颜色变化。

表 6-26　智能膜的色度参数及照片

时间/h	L	a	b	ΔE	图片
0	75.09 ± 0.58^b	0.32 ± 0.03^c	-0.31 ± 0.52^a	—	
48	72.23 ± 0.44^a	-1.54 ± 0.26^b	4.37 ± 0.27^b	5.82 ± 1.02^b	
60	71.43 ± 1.14^a	-3.65 ± 0.11^a	9.75 ± 1.22^c	11.47 ± 2.04^c	

上述结果表明，AAR10 智能膜能够实时监测猪肉的新鲜度。通过研究发现，0.01 g 智能膜即可指示 50 g 猪肉恰好腐败时的信息，并通过颜色变化来提示消费者。

6.2.4　小结

本节以 ASKG 为成膜基质，对其成膜性能及成膜机制进行了研究和解析；通过花色苷的加入赋予 ASKG 基膜材料 pH 响应特性；通过添加天然锁定剂及疏水剂用以防止指示剂的迁移并降低膜材料对水的敏感度。通过对成膜溶液的流变性能及 Zeta 电位进行测试，并对所制备的膜材料的微观结构、各项性能及 pH 响应性能进行表征及分析，从而分析各组分之间的相互作用、解析成膜机制。此外，将智能膜应用于淡水虾及猪肉实时新鲜度监测，将智能膜的颜色变化与淡水虾及猪肉的新鲜程度进行关系构建，从而验证所制备智能膜的实际应用价值。研究发现，添加 40%甘油的 ASKG 膜为最优膜材料；RCA 的加入虽然破坏了成膜组分之间由氢键作用形成的网状结构并形成了新的氢键作用，同时破坏了智能膜的结晶结构，但仍未改变成膜溶液非牛顿流体的特性；RCA 溶液在不同 pH 下呈现不同的颜色且最大可见光吸收峰随着 pH 的增加而向长波长方向偏移，且 ASKG/CMC/RCA 和 ASKG/ACNF/RCA 智能膜对不同 pH 的缓冲溶液及氨气均具有良好的响应效果，且湿度的增加有利于智能膜的响应效果；ACNF 的引入降低了智能膜对水的敏感性；通过比较发现，自提 RCA 制备的智能膜的 pH 响应效果优于花色苷标准品制备的智能膜；通过研究发现，选用 0.01 g 的智能膜即可对 25 g 淡水虾或 50 g 猪肉的新鲜度进行监测，当虾肉或猪肉恰好腐败时，智能膜由紫黑色向绿色变化，并且其绿色随着腐败时间的增长越来越明显。

6.3 塔拉胶基活性膜

6.3.1 塔拉胶成膜性能研究

不同浓度的塔拉胶溶液的黏度及流动性，如表 6-27 所示。理论上，成膜溶液黏度的增大，有利于提高制备膜材料的效率，减少水分蒸发的时间。但是，黏度的增大导致除泡困难，使制备的膜材料不均一，存在气泡，影响膜材料的使用与包装效果。因此，适宜的塔拉胶浓度范围为 0.75%~1%(*W/W*)。将 1%塔拉胶成膜溶液烘干处理后得到的膜材料如图 6-92 所示。从图中可以看出，塔拉胶膜易脆，不易揭膜，难以得到完整的膜材料。因此，考虑加入甘油(Gly)等增塑剂提高膜材料的柔韧性。

表 6-27 不同浓度的塔拉胶溶液的黏度及流动性

浓度/%	黏度/(Pa·s)	流动性
0.75	1.20	流动性好，除泡容易
1.00	4.60	流动性好，除泡容易
1.25	9.31	黏度较大，除泡困难

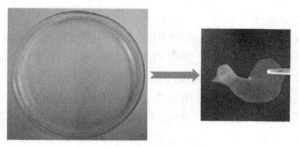

图 6-92　空白塔拉胶膜

6.3.1.1　甘油添加量对塔拉胶溶液流变性能的影响

成膜溶液的流变性能对膜材料的加工工艺和性能有着重要影响，如延展性、膜材料的厚度、均匀程度及干燥条件等[102]。此外，成膜溶液的假塑性、黏弹性及触变性能是反映膜材料好坏的重要指标[103]。例如，成膜溶液的黏度或者假塑程度会导致成膜溶液在制备膜材料过程中去除气泡困难，从而容易导致制备的薄膜有孔洞；如果黏度过低，则干燥时间增加，形成的膜较薄，导致揭膜时容易破损。因此，通过研究成膜溶液的流变性能，可以帮助选择合适的加工工艺来提高膜材料的功能特性。甘油含量对成膜溶液的流变性能影响如图 6-93 所示。从图中可以看出，所有的塔拉胶溶液表现出剪切变稀现象，即为假塑性流体。剪切稀化特性出现的原因是分子之间的缠绕结构被高速剪切破坏而不能在短时间内重新组合。但是，随着甘油含量的增加，共混溶液的黏度有一定的下降，说明甘油的加入破坏了塔拉胶分子内的氢键作用，与塔拉胶分子形成了新的氢键作用，但是甘油的添加量在 20%～40%范围内对溶液的黏度范围影响较小，且添加量为 20%的甘油对黏度的影响最小。

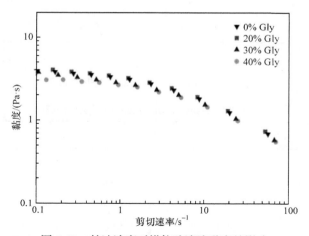

图 6-93　甘油浓度对塔拉胶溶液黏度的影响

以应力对剪切速率作图(图 6-94)，研究溶液的触变性能。从图中可以看出该溶液的触变曲线与图 6-95 中(d)形状相同，说明塔拉胶成膜溶液是假塑性流体。为了更好地分析剪切变稀现象，采用 Ostwald-de Waele 模型对成膜溶液的触变曲线进行拟合，拟合结果如表 6-28 所示。且该曲线与 Ostwald-de Waele 模型拟合度很高。从拟合结果推断溶液的流体行为。当 $n \neq 1$ 时，说明流体是非牛顿流体；当 $n=1$ 时，说明流体是牛顿流体。当 $n>1$ 时，流体具有剪切变稠的特性，即为胀塑性流体；当 $n<1$ 时，流体具有剪切变稀的特性，即为假塑性流体。从表 6-28 数据可以看出，加入甘油后溶液的 n 值均小于 1，说明加入甘油后溶液在高剪切速率下是非牛顿流体，且 n 值越小，说明共混溶液越偏离牛顿流体。因此，甘油的加入对溶液流体的非牛顿性影响较小。

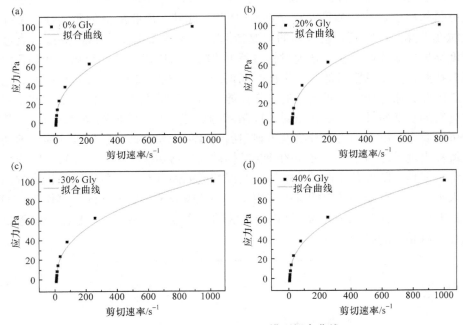

图 6-94　Ostwald-de Waele 模型拟合曲线

表 6-28　Ostwald-de Waele 模型拟合结果

样品	κ	n	R^2
0% Gly	6.667	0.404	0.987
20% Gly	6.797	0.408	0.987
30% Gly	6.236	0.406	0.988
40% Gly	6.016	0.412	0.988

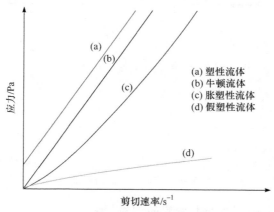

图 6-95　流体触变性能曲线

动态流变学是表征聚合物形态、结构的有效方法。甘油添加量对成膜溶液 G'(储能模量，弹性行为)、G''(损耗模量，黏性行为)的影响如图 6-96 所示。在角频率 0.01～100 rad/s 范围内，G' 和 G'' 的值均随着角频率的增加而增大。单独塔拉胶膜溶液在角频率 0.01～100 rad/s 范围内 $G''>G'$，说明塔拉胶表现为类似液体的黏性行为，流动性较强；当甘油添加量为 20%和 30%时，在低角频率条件下，溶液的 $G''>G'$，随着角频率的增加 $G''<G'$，说明溶液流动性逐渐变差，逐渐表现为类似固体的弹性行为。说明尽管甘油的加入破坏了塔拉胶分子间原有的氢键作用，同时甘油与塔拉胶分子间有很好的物理结合作用。即原有的网络结构重组，形成了新的网络结构，限制了分子的移动，导致刚性结构增加。但是随着甘油的含量增加至 40%，塔拉胶膜溶液在角频率 0.01～100 rad/s 范围内 G'' 均大于 G'，说明此时的塔拉胶溶液表现为类似液体的黏性行为。这说明甘油含量的增加，较大程度地破坏了塔拉胶分子的网络结构，导致分子的流动性增强，溶液表现为类似液体的黏性行为。

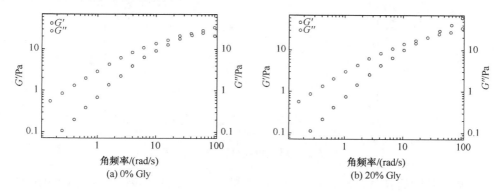

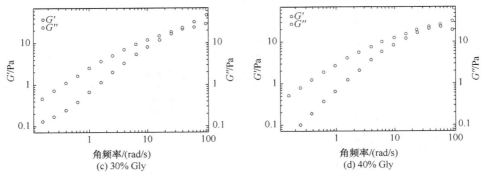

图 6-96　溶液的动态流变曲线

6.3.1.2　甘油添加量对塔拉胶膜的结构影响

塔拉胶膜材料的 FTIR 图如图 6-97 所示。塔拉胶在 3340 cm^{-1} 处有较强的—OH 吸收特征峰，2933 cm^{-1} 处有—CH$_2$ 伸缩振动峰，1631 cm^{-1} 和 1376 cm^{-1} 处有—OH 弯曲振动吸收峰，1150~950 cm^{-1}(C—O，吡喃环上的 C—O—C，C—O—H)。随着甘油添加量的增加，在 1150~950 cm^{-1} 处的峰强度逐渐变强，且在 2933 cm^{-1} 处的峰强度逐渐增加。由于甘油在此位置有明显的吸收峰，因此随着甘油添加量的增加，该处吸收峰强度明显增加。此外，在 3340 cm^{-1} 处特征峰逐渐变尖锐，说明塔拉胶分子内部氢键被破坏，甘油与塔拉胶分子间形成氢键作用，该结果与流变学结果分析相同。因此，甘油分子间与塔拉胶分子间存在明显的氢键作用。

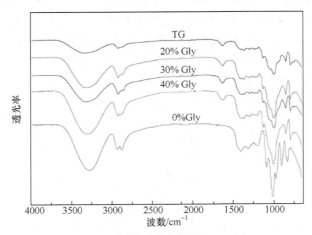

图 6-97　塔拉胶膜材料的 FTIR 图

加入甘油后膜材料的表面及断面的扫描电镜图如图 6-98 所示。从图中可以看出，加入甘油后膜材料的表面逐渐变粗糙，当甘油加入量为 40% 时，膜材料的表面有凸起的泡状形状，这是在 SEM 操作过程中，操作电压导致的结果，说明膜材料表面的稳定性下降。从断面结构可以看出，膜材料的表面结构致密，说明甘油与塔拉胶分子相容性较好，分子间的氢键作用导致膜材料断面结构致密。但是当甘油加入量为40%时，可以看到断面结构变疏松，这是由于甘油作为小分子削弱了塔拉胶分子间氢键作用，导致结构变疏松。

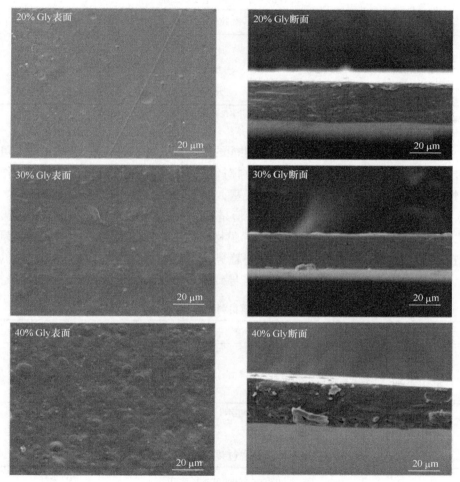

图 6-98 塔拉胶膜材料的 SEM 图

6.3.1.3 甘油添加量对塔拉胶膜的性能影响

甘油加入量对塔拉胶膜材料的力学性能影响如表 6-29 所示。从表中数据可以看出，添加 20%甘油的塔拉胶膜的拉伸强度为 18.86 MPa，随着甘油添加量的增加，拉伸强度先增加后减小，而断裂伸长率持续显著增加。当甘油添加量为

30%时，塔拉胶膜的拉伸强度最大，约为 25.69 MPa，说明甘油的添加提高了塔拉胶膜材料的拉伸强度。这是由于当甘油添加量为30%时，甘油分子与塔拉胶分子间良好的氢键作用提高了膜材料的强度。同时由于甘油是小分子化合物，随着其含量的增加，提高了分子的柔韧性，进而断裂伸长率增加。

表 6-29　膜材料的力学性能

样品	厚度/mm	拉伸强度/MPa	断裂伸长率/%
20% Gly	0.042±0.002[a]	18.86±1.34[a]	2.30±0.21[a]
30% Gly	0.043±0.001[a]	25.69±2.41[b]	3.43±0.34[b]
40% Gly	0.047±0.003[a]	20.12±2.22[ab]	4.55±0.20[c]

注：表中的数值均表示为平均值±标准偏差；不同字母代表有显著性差异（$P<0.05$）。

甘油添加量对塔拉胶膜材料阻隔性能的影响如表 6-30 所示。从表中数据可以看出，随着甘油添加量的增加，膜材料对氧气的阻隔性能下降，但是塔拉胶作为极性分子，分子结构中存在大量的羟基，对非极性分子氧气阻隔性能良好。因此，尽管甘油的添加导致 OP 值下降，但是其阻隔性能仍高于市场合成高密度聚乙烯、低密度聚乙烯及线型低密度聚乙烯膜材料，如表 6-31 所示。甘油的添加量对塔拉胶膜材料的水蒸气阻隔性能影响趋势与氧气阻隔性能相同。随着甘油的增多，削弱了塔拉胶分子间的氢键作用，导致分子的致密性下降，阻隔性能下降。

表 6-30　膜材料的阻隔性能

样品	OP/[cm$^3 \cdot$ mm/(m$^2 \cdot$ d $\cdot$ atm)]	WVP/[×10^{-10} g/(m $\cdot$ s $\cdot$ Pa)]
20% Gly	2.10 ± 0.15[a]	1.48 ± 0.03[a]
30% Gly	2.12 ± 2.84[ab]	1.71 ± 0.18[b]
40% Gly	2.76 ± 0.13[b]	1.98 ± 0.09[c]

注：表中的数值均表示为平均值±标准偏差；不同字母代表有显著性差异（$P<0.05$）。

表 6-31　合成包装膜的透氧数值

样品	OP/[cm$^3 \cdot$ mm/(m$^2 \cdot$ d $\cdot$ atm)]	测试条件
高密度聚乙烯	42.7[104]	23℃，50% RH
低密度聚乙烯	187[104]	23℃，50% RH
线型低密度聚乙烯	165[104]	23℃，50% RH
聚氯乙烯	0.7	20℃，0% RH

6.3.2 塔拉胶/油酸可食膜性能研究

根据 6.3.1 节可知 TG/Gly 膜材料的氧气阻隔性能优异，但是疏水性能差，因此，本节采用油酸(OA，一种单不饱和 Omega-9 脂肪酸，广泛存在于动植物体内)作为疏水剂，提高其疏水性能，制备多糖/油脂共混可食膜材料。

6.3.2.1 OA 添加量对可食膜的结构影响

图 6-99 是膜的 FTIR 图，从 a(油酸)可以看出，1430 cm^{-1} 和 1280 cm^{-1} 分别代表 O—H 弯曲振动和 C—O 伸缩振动，1710 cm^{-1} 是 C=O 的伸缩振动，2920 cm^{-1} 和 2850 cm^{-1} 是油酸的烃基吸收峰；从 b 可以看出塔拉胶在 3700～3100 cm^{-1} 范围内的吸收峰，属于—OH 伸缩振动，3000～2800 cm^{-1} 属于 C—H 伸缩振动，1300～750 cm^{-1} 属于碳水化合物的指纹区，1100 cm^{-1} 为 C—O 在 C—O—H 基团吸收峰以及在 C—O—C 的对称和不对称吸收峰。而添加油酸之后，复合膜随着油酸添加量的增加在 3300 cm^{-1} 处明显变尖锐，这是由于油酸添加量的增加破坏了塔拉胶分子间和分子内的氢键。在 2900 cm^{-1} 处吸收峰也变得尖锐是由于油酸的长链烃基结构。此外，在 1710 cm^{-1} 处增加了油酸的吸收峰，因为红外光谱图中没有看到明显的峰移动，所以油酸虽然引入到塔拉胶的结构中，但是二者之间没有明显的化学作用。

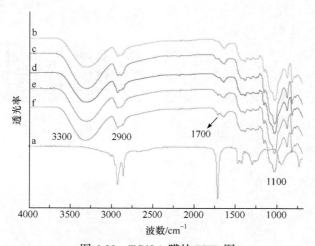

图 6-99　TG/OA 膜的 FTIR 图

a 油酸，b～f 油酸添加量分别为 0%、5%、10%、15%和 20%

图 6-100 中(a)列代表膜表面的 SEM 图，(b)列代表液氮脆断后膜截面的 SEM 图。由图可以看出，油酸添加量的增加并未改变膜表面平整的结构。但是油酸的加入明显改变了断面结构。未添加油酸的塔拉胶膜材料断面平整没有气孔结构，

然而加入油酸的断面出现了大量的气孔结构，而且随着油酸加入量的增加，气孔的结构越来越多且越来越小。这是油酸和塔拉胶膜材料分相的结果。

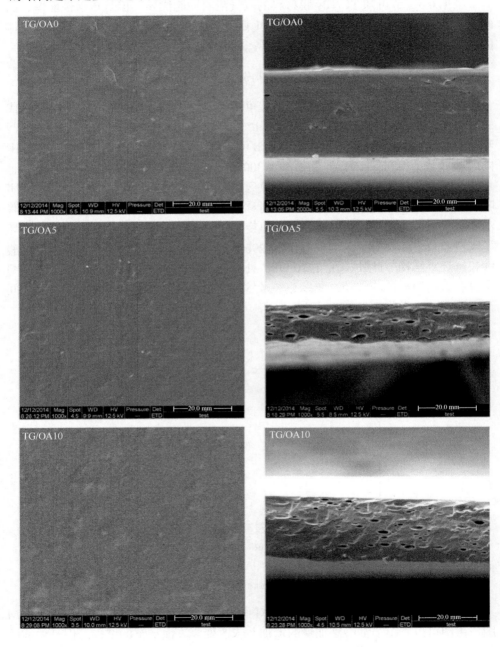

图 6-100　TG/OA 的 SEM 图

6.3.2.2　OA 添加量对可食膜透光性能的影响

由图 6-101 可以看出随着油酸加入量的增加，膜材料的黄度逐渐增加。从图中的照片也可以看出黄度逐渐增加。从紫外透光曲线可以看出，随着油酸加入量的增加，膜材料的透光率逐渐降低。这可能是由于油酸的加入破坏了多糖分子的有序结构。油酸的加入可以有效地阻挡紫外光的作用，达到保护食品的目的。

6.3.2.3　OA 添加量对可食膜物理性能的影响

由表 6-32 可以看出，膜材料的厚度主要在 0.037～0.044 mm。随着油酸添加量的增加，膜材料的含水量、水蒸气透过系数逐渐减小，接触角逐渐增大。主要原因是油酸是亲脂性物质，分散在塔拉胶膜材料中减少了塔拉胶羟基基团与水的接触。通过与文献中报道的壳聚糖/玉米油和海藻酸钠/大蒜精油的水蒸气透过系数相比，如表 6-33 所示，空白塔拉胶的阻水性能优于壳聚糖和海藻酸钠，但是玉米油添加量仅 0.75%即可显著增加壳聚糖膜的阻水性能。因此，添加疏水性油脂是提高多糖膜材料阻水性能的有效措施。

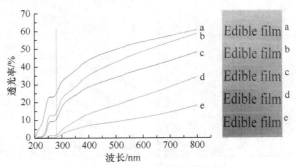

图 6-101　TG/OA 的紫外透光曲线

a～e 分别表示油酸添加量为 0%、5%、10%、15%和 20%

表 6-32　不同油酸添加量对膜材料物理性能的影响

膜材料	厚度/mm	含水量/%	水蒸气透过系数 /[×10⁻¹⁰ g/(m·s·Pa)]	接触角/(°)
TG/OA0	0.038±0.003[b]	8.76±1.34[a]	0.694±0.080[a]	76.75±2.47[a]
TG/OA5	0.047±0.004[a]	4.70±0.51[b]	0.610±0.021[ab]	84.1±0.57[a]
TG/OA10	0.037±0.003[b]	2.77±0.06[c]	0.561±0.004[b]	 95.5±0.14[b]
TG/OA15	0.043±0.002[a]	2.70±0.14[c]	0.526±0.014[b]	 101.2±0.28[b]
TG/OA20	0.044±0.004[a]	2.31±0.22[c]	0.528±0.001[b]	 107.28±0.28[b]

注：表中的数值均表示为平均值±标准偏差；不同字母代表有显著性差异($P<0.05$)。

表 6-33　多糖/油脂复合膜材料的水蒸气透过系数

成膜基体	油/脂种类	油/脂用量/%	水蒸气透过系数 /[×10⁻¹⁰ g/(m·s·Pa)]	参考文献
壳聚糖	玉米油	0	0.861±0.038	[45]
壳聚糖	玉米油	0.75	0.668±0.031	[45]
海藻酸钠	大蒜精油	0	2.35	[105]
海藻酸钠	大蒜精油	0.1	2.16	[105]

图 6-102 主要描述了油酸的添加量对膜材料的拉伸强度和断裂伸长率的影响。由图可以看出，随着油酸添加量的增加，拉伸强度逐渐减小，从 57.4 MPa 减少到

26.8 MPa，然而断裂伸长率先增加后减小，从 2.7%增加到 8.5%然后减小至 2.85%，这主要是由于油酸作为一种增塑剂提高了膜的柔韧性，因此强度下降，断裂伸长率增加。当油酸的添加量大于 10%时，膜的不连续的结构导致断裂伸长率减小。

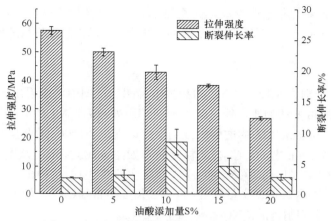

图 6-102　油酸添加量对膜材料机械性能的影响

6.3.2.4　OA 添加量对可食膜热重性能的影响

图 6-103 中 a～e 分别代表油酸加入量 0%、5%、10%、15%、20%对膜热力学性能的影响。由图可以看出，主要有三个分解峰。100℃左右的分解峰主要是水的分解峰，200℃左右主要是增塑剂甘油、山梨醇的分解峰，300℃左右主要是塔拉胶的分解峰。图 6-103 中 b～e 出现的第 4 个分解峰在 400℃左右，主要是油酸的分解峰。由此看出，油酸的稳定性高于塔拉胶。分别存在的塔拉胶及油酸的分解峰也可以说明二者分相的存在。

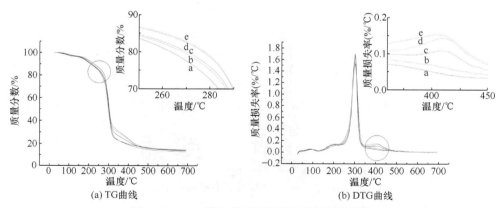

(a) TG曲线　　　　　　　　(b) DTG曲线

图 6-103　OA 添加量对可食膜热重性能的影响

a～e 分别表示油酸添加量为 0%、5%、10%、15%和 20%

6.3.3　塔拉胶/纳米纤维素可食膜性能研究

根据前文可知，纳米纤维素(CNC)因其具有高强度、弹性模量高、生物相容性好、可降解等优点，常作为纳米增强剂用于包装膜行业，用于改善膜材料对水非常敏感、机械性能和热稳定性较差的缺陷。同时，CNC 的加入有利于提高膜材料的阻隔性能。本小节重点研究了浓硫酸水解纳米纤维素对塔拉胶膜材料的增强效果。

6.3.3.1　CNC 的性能分析

图 6-104 分别为 MCC、CNC 的扫描电镜图。从图中可以看出，MCC 是直径约为 20 μm 的短棒状物质。经过酸水解及超声处理后，MCC 直径和长度明显减小。根据图 6-104(c)CNC 的透射电镜结果可以看出，CNC 的直径约为 8.6 nm，长度在 100～400 nm 之间。CNC 的粒度分布如图 6-105 所示。从图片可以看出，实验制备的 CNC 具有蓝色荧光效应，粒度主要集中在 8～10 nm，少量分布在 10～100 nm 范围内。根据文献统计的 CNC 长度与直径结果，如表 6-34 所示，可以看出，本次实验制备的 CNC 晶体属于 t-CNC。

  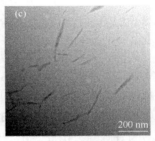

图 6-104　(a) MCC 的扫描电镜图；(b) CNC 的扫描电镜图；(c) CNC 的透射电镜图

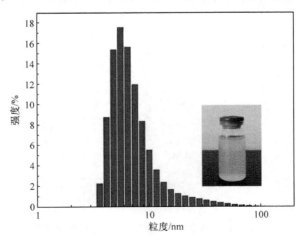

图 6-105　CNC 的粒度分布图

表 6-34 CNC 种类及参数

粒度类型	粒度参数			断面结构	结晶度/%
	长度/μm	宽度	高度		
MCC	10～50	10～50 μm	10～50 μm	—	80～85
CNC	0.05～0.5	3～5 nm	3～5 nm	圆形	54～88
t-CNC	0.1～4	20 nm	8 nm	平行四边形	76～90

MCC 和 CNC 的 X 射线衍射图如图 6-106 所示。从图中可以看出，MCC 和 CNC 均有三个衍射峰且衍射峰的位置基本保持一致，分别在 15.46°、22.26°和 34.04°，这是典型的纤维素 I 型结构。但是，酸水解之后，CNC 在 22.26°处的衍射峰更加尖锐且相对强度明显增加，这是由于在进行水解反应时，氢离子可以进入到纤维素非晶区，加速糖苷键的降解，其中非晶区的纤维素全部参加反应而降解，而结晶区的纤维素可及性和反应活性比非晶区低，只有晶体表面参与反应。非晶区纤维素的降解，导致 CNC 结晶度增大。水解前后纤维素的结晶度根据 Segal 方法计算得出，MCC 的结晶度为 45.85%，CNC 的结晶度为 61.58%。实验室制备的 CNC 的结晶度在表 6-34 文献记录范围内。

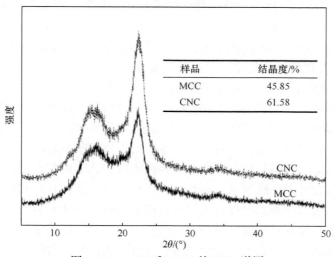

样品	结晶度/%
MCC	45.85
CNC	61.58

图 6-106 MCC 和 CNC 的 XRD 谱图

MCC 和 CNC 的 FTIR 图如图 6-107 所示。MCC 在 3343 cm^{-1} 处是—OH 的吸收峰；2911 cm^{-1} 处为亚甲基的 C—H 对应的伸缩振动吸收峰；1028 cm^{-1} 处的吸收峰对应纤维素醇的 C—O 伸缩振动，且附近有很多较弱的肩峰，1107 cm^{-1} 和 1171 cm^{-1} 分别对应纤维素分子内的 C—O 伸缩振动和 C—C 骨架的伸缩振动吸收。在 1438 cm⁻¹ 附近有饱和 C—H 的弯曲振动峰。酸水解后，CNC 的峰位置没有明显的变化，说明 CNC 仍然具备纤维素的基本化学结构，另一方面也说明 CNC 表现出的特殊性源于它的纳米尺寸效应，并没有发生结构及官能团的变化[106]。但是—OH 的伸缩振动谱带比 MCC 变窄，表明 CNC 分子内氢键作用增强，这是由于在纳米尺度下，纤维素表面分布着大量裸露的羟基，羟基之间的氢键作用增强。

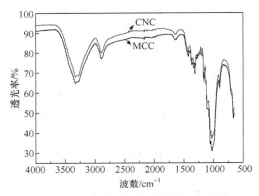

图 6-107　MCC 和 CNC 的 FTIR 图

　　MCC 和 CNC 的 TG 及 DTG 曲线如图 6-108 所示。MCC 和 CNC 在 100℃均有微小的质量损失，这是水分蒸发导致的结果。MCC 在 300～400℃范围内有明显的质量损失，如 DTG 曲线所示，表明纤维素分子链在此温度范围内发生热降解。CNC 也在此阶段内发生了明显的质量变化。在 160℃处有微小的热分解峰（如 DTG 曲线所示），此部分可能是硫酸分子易达到的非晶区部分的降解。随着温度的继续增加，CNC 在 334℃处存在另一个分解峰，此部分是硫酸分子难以到达的结晶区部分的分解。因此，CNC 的起始分解温度低于 MCC，并且分解温度范围持续较广。但是其最大分解温度高于 MCC。此现象与文献报道相符合[107]。原因可能是 MCC 经酸解后，聚合度、粒度降低，比表面积增加，因此表面上的末端碳和暴露在外面的碳等反应活性基团比例提高，从而导致其热稳定性降低；另外，在水解过程中必然会导致大量的纤维素链段被破坏和断裂，使得产物的表面存在着许多纤维素分子链的断裂点以及低分子量的链段，这些链段排列不紧凑且不整齐，从而成为缺陷点易发生降解；且分子表面易残留热稳定较差的硫酸与纤维素表面发生酯化反应生成的硫酸酯基团。这些表面缺陷点、酸解产生的硫酸酯基团均使得 CNC 在较低的温度下开始吸热分解，热稳定性降低[108]。此外，从图中还可以看出，MCC 的残碳量约为 4%，而 CNC 的残碳量约为 25%。这可能与 CNC 的高结晶度和分子间氢键有关。

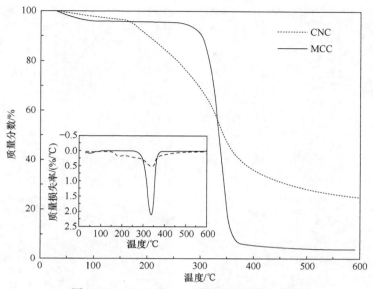

图 6-108 MCC 和 CNC 的 TG 和 DTG 曲线

6.3.3.2 CNC 添加量对可食膜结构的影响

膜的微观结构反映了膜材料的均一性、致密性和混合物质的相容性。TG/CNC 复合膜材料的横截面扫描电镜图如图 6-109 所示。未添加 CNC 的膜材料表面均匀、无褶皱，如图 6-98(30% Gly)所示。添加 CNC 后，膜材料的表面形貌逐渐有白色凸起。这是 CNC 在微观条件下的形貌。但是，随着 CNC 的含量增加至 6%、8%，膜材料的表面白色凸起愈发明显，且 TG-N8 膜材料的表面发生了明显的聚集和裂纹。这是由于过多的 CNC 在干燥过程中随着水分的蒸发，分子间的氢键作用使其发生聚集。这说明 TG 分子与适量的 CNC 相容性较好。此外，裂纹的存在对膜材料的拉伸强度和阻隔性能有明显的影响。

TG/CNC 复合膜的 FTIR 图如图 6-110 所示。空白 TG 膜(TG-N0)在 3340 cm^{-1} 处有较强的—OH 吸收的特征峰，2933 cm^{-1} 处有—CH$_2$ 伸缩振动峰，1631 cm^{-1} 和 1376 cm^{-1} 处有—OH 弯曲振动吸收峰，1150～950 cm^{-1}(C—O，吡喃环上的 C—O—C、C—O—H)。随着 CNC 添加量的增加，在 1150～950 cm^{-1} 处的峰强度逐渐变强，且在 3340 cm^{-1} 处特征峰逐渐变尖锐，而且峰逐渐向低波移动，从 3340 cm^{-1}(TG-N0)逐渐移动至 3330 cm^{-1}(TG-N2)、3320 cm^{-1}(TG-N4)、3300 cm^{-1}(TG-N6)、3280 cm^{-1}(TG-N8)。这是 TG 分子与 CNC 表面存在的大量羟基形成氢键作用的结果[109]。此外，复合膜的峰并没有明显变化，说明 TG 与 CNC 没有特殊的化学键的结合，是物理结合。

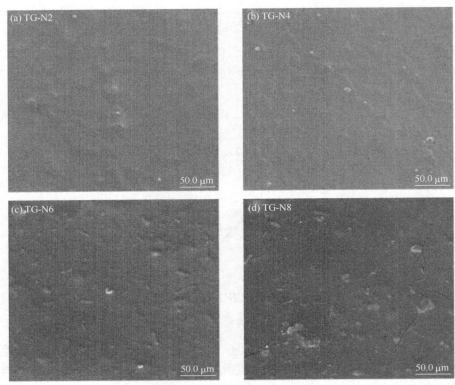

图 6-109　TG/CNC 复合膜材料的扫描电镜图

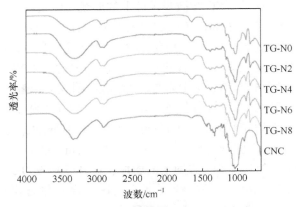

图 6-110　复合膜材料的 FTIR 图

　　TG/CNC 复合膜的 XRD 谱图如图 6-111 所示。从图中可以看出空白 TG 膜在 16.86°和 21.86°处有两个明显的衍射峰。添加 CNC 后，复合膜材料的衍射峰发生了明显的波动。在 16.86°处的衍射峰逐渐向 CNC(15.46°)处偏移，在 21.86°处的衍射峰逐渐向 CNC(22.12°)处偏移，且衍射峰强度逐渐增加。根据 FTIR 图分析可知，加入 CNC 后，TG 分子间氢键作用被破坏，重新与 CNC 形成氢键作用。XRD 谱图中峰的偏移和增强说明该氢键作用扰乱了 TG 分子原有的结晶情况，此结果与 FTIR 分析相吻合。从图中还可以看出，TG-N8 和 TG-N6 结晶峰强度相同，但是 TG-N8 的非结晶峰强度高于 TG-N6，说明适量的 CNC 添加可以提高分子的结晶度，即分子的排列规整度。结合复合膜材料的 SEM 分析，可以发现当 CNC 的添加量过多(>6%)时，CNC 会发生团聚，导致其粒度增加。粒度的增加导致其很难均匀分散在膜基体中，造成二者的作用力下降，结晶度有所下降。

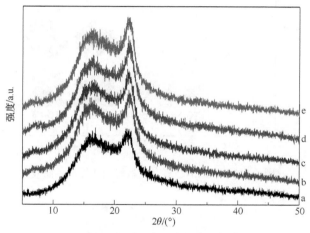

图 6-111　TG/CNC 的 XRD 谱图

注：a～e 分别代表 TG-N0、TG-N2、TG-N4、TG-N6、TG-N8

调查发现应用于食品包装的包装膜透明度越高，消费者接受的程度就越高。复合膜的透光率是判断高分子化合物之间相容性的辅助手段，如果复合膜中两种高分子之间的相容性很差，在相界面上就会发生光的反射或散射作用，使膜的透光率降低[24]。因此，膜材料的透光率在一定程度上反映了膜材料的相容性。TG 和 CNC 复合膜的透光率如图 6-112 所示。从图中可以看出膜材料在紫外区间(200～280 nm)范围内透光率较低，说明对紫外光有较好的阻隔性。CNC 的添加对可见光的透率性影响较大。以 600 nm 波长为例，空白 TG 膜(TG-N0)在 600 nm 处的透光率为 52.42%，随着 CNC 含量的逐渐增加，透光率逐渐增加至 53.86%、55.78%、59.80% 和 58.15%。说明 CNC 的添加提高了其透光性，这与 CNC 的纳米效应有直接关系，同时也说明 CNC 与 TG 分子良好的界面作用。此结果与 Tang 等[110]研究报道结果不同，这可能与复合膜制备过程中的超声作用和 CNC 的粒度有关。由于超声作用，CNC 在复合膜中的分散效果更好或者是超声作用导致 CNC 的粒度更小，分散效果更好。如图 6-113 所示，理论上，可见光可以通过直径小于 400 nm 的纤维素纤维，而不会在基体界面发生散射或折射。然而，当直径大于 400 nm 后，可见光会发生散射或折射，进而导致透射光减少，透光性下降。这直接解释了当含量增加至 8%时，团聚(SEM 结果可知)导致膜材料的透光性有一定的下降。

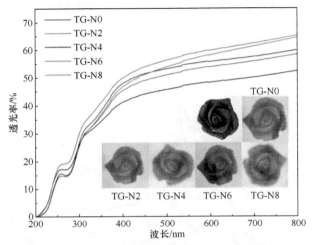

图 6-112　TG/CNC 复合膜材料的紫外透光曲线

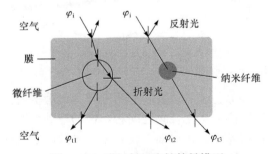

图 6-113　膜材料透光性简易模型

Shimazaki 等[111]也利用 CNC 的"纳米效应"制备了植物纤维素/环氧树脂透明复合材料。因此，当 CNC 的直径达到了纳米级，就可以利用"纳米效应"而获得透明复合材料。所谓的"纳米效应"主要是由于超细尺寸之间的紧密接触和强的界面黏合减少了光的散射或折射，透光性进而增强。但是根据以上讨论结果可知，CNC 的粒度和添加量决定了膜材料的透光性。此外，从图 6-113 中还可以看出光不仅反射在 CNC 和膜界面，还会反射在空气和膜界面。与完全填充无孔复合膜相比，有孔或者结构疏松的界面会有更多的光损失。因此，为了制备高透过性的 CNC 复合膜，一方面 CNC 直径应小于 400 nm，另一方面，CNC 和膜材料形成无孔隙、致密的结构以消除复合材料中空气/纤维界面[77]。

6.3.3.3 CNC 添加量对 TG/CNC 复合膜材料表面疏水性能的影响

复合膜材料的表面润湿性如图 6-114 所示。从图中可以看出，随着 CNC 的添加，膜材料的接触角逐渐增加。空白 TG 膜材料的接触角为 55.8°，当 CNC 的添加量为 4%时，接触角增加至 96.4°，随着 CNC 含量的继续增加，接触角增加较小。根据杨氏方程，0°<θ<90°为润湿，θ 越小，润湿性程度越大，亲水性越好；90°<θ<180°为不润湿，θ 越大，不润湿程度越大，疏水性越好。因此，CNC 的添加增强了膜材料的疏水性能，这与 CNC 的高结晶度和膜材料的表面粗糙度有直接关系。此结果和 CNC 与琼脂[112]、淀粉[113]、海藻酸钠[114,115]复合膜材料的结果相同。

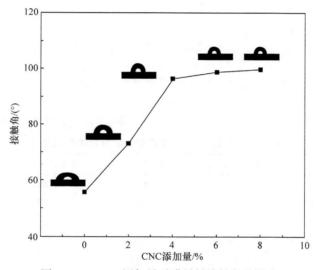

图 6-114　CNC 添加量对膜材料接触角的影响

6.3.3.4 CNC 添加量对 TG/CNC 复合膜机械性能的影响

复合膜材料的拉伸强度和断裂伸长率如图 6-115 所示。从图中可以看出，空白 TG 膜的拉伸强度为 17.60 MPa，CNC 添加后，拉伸强度显著增加($P<0.05$)。当 CNC 添加量为 6%时，膜材料的拉伸强度为 65.73 MPa。拉伸强度的增加与 TG 和 CNC 良好的界面作用和 CNC 的高结晶度有直接关系。但是，当 CNC 的添加量为 8%时，膜材料的拉伸强度明显下降。这是由 CNC 的团聚导致的结果。该结果与海藻酸钠/CNC 复合膜[115]和卡拉胶/CNC 复合膜[116]中相同。此外，随着 CNC 的添加量大于 4%，断裂伸长率减小，说明膜材料的柔韧性下降，这与复合膜材料结晶度的增加有直接关系。值得注意的是，不同的基体材料与纳米纤维素的氢键作用力差异，导致拉伸强度的变化也有一定的差别，但是拉伸强度总体增强显

著，如表 6-35 所示。断裂伸长率的变化因基体材料的不同差异性明显，可得然胶尤其显著，这是由于可得然胶在制备过程中调节 pH，导致基体材料间的分子柔韧性增加，因此断裂伸长率增强明显。

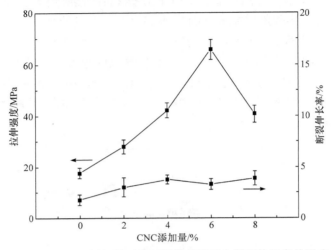

图 6-115　CNC 添加量对膜材料拉伸强度和断裂伸长率的影响

表 6-35　多糖/纳米纤维素复合膜材料的机械性能

成膜基质	拉伸速度/(mm/min)	拉伸强度/MPa	断裂伸长率/%	参考文献
壳聚糖	50	53.72	31.12	[117]
壳聚糖-25%CNC	50	73.36	12.71	[117]
卡拉胶	50	25	12	[118]
卡拉胶-0.4%NCF	50	36	10	[118]
可得然胶	48	25	12	[119]
可得然胶-5%CNC	48	38.6	40	[119]
羧甲基淀粉	60	47.89	5.2	[120]
羧甲基淀粉-5%CNC	60	72.9	4.2	[120]

透氧值是评价膜材料的重要参数。低透氧值有抑制食品、细菌的呼吸作用，延长食品的货架期。如图 6-116 所示，空白 TG 膜的透氧值是 $2.12 \, cm^3 \cdot mm/(m^2 \cdot d \cdot atm)$。添加 CNC 后，随着 CNC 添加量增加至 6%(TG-N6)，膜材料的透氧值显著下降至 $0.7 \, cm^3 \cdot mm/(m^2 \cdot d \cdot atm)(P<0.05)$。这是由于分散在 TG 基体中的 CNC 为氧气提供了一个弯曲、迂回的通道。当 CNC 添加量大于 6%时，团聚的 CNC 分散不均匀，导致透氧值有一定的增加。将实验制备的CNC复合膜与传统使用的高密度聚乙烯、低密度聚乙烯、线型低密度聚乙烯、聚氯乙烯的透氧值进行比较，如表 6-31 所示。从表中数据可以看出，TG/CNC 复合膜的透氧值远远小于聚乙烯类包装膜材

料，这与多糖类的极性有直接关系。此外，透氧值与膜材料的厚度有直接关系。因此，实验制备的复合膜可以应用于包装膜材料，有望提高食品的货架期。

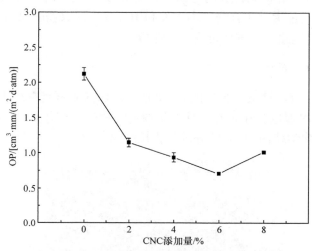

图 6-116　CNC 添加量对膜材料透氧性能的影响

CNC 的添加量对复合膜的热重性能影响如图 6-117 所示。从图中可以看出，膜材料的降解主要分为三个阶段，分别为 50～110℃、110～230℃ 和 230～350℃。第一阶段主要为水分的蒸发；第二阶段是增塑剂 Gly 的降解；第三阶段主要是 CNC 和 TG 多糖分子的降解。从图中可以看出，添加 CNC 后膜材料在第三阶段的最大分解温度有微小增加，说明 CNC 的添加对复合膜的热力学性能影响较小。同时，从另一个角度也说明了 CNC 和 TG 分子之间良好的相容性。

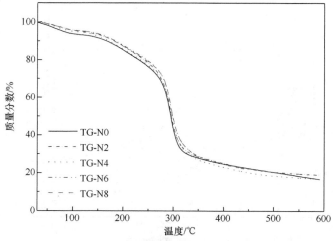

图 6-117　CNC 添加量对膜材料热稳定性的影响

6.3.4　塔拉胶/纳米纤维素/葡萄皮提取物 pH 智能膜的性能分析

花色素广泛存在于自然界的植物中，其中葡萄、紫甘蓝、桑葚、蓝莓等食品中含有丰富的花色素类化合物。本小节利用葡萄皮提取物(EGS)作为活性因子，制备 pH 智能响应膜，并重点讨论了其性能。

6.3.4.1　EGS 的结构分析

不同 pH 的 EGS 溶液颜色如图 6-118 所示。EGS 在酸性条件下显示红色；在中性环境下呈粉紫色；在碱性条件下呈绿色。EGS 在不同 pH 的溶液中的颜色变化是花色素化学结构(图 6-25)导致的直接结果[121,122]。

图 6-118　不同 pH 的 EGS 溶液颜色

溶液的最大吸收波长也存在一定的变化，如图 6-119 所示。从图中可以看出，pH 为 1～5 时，溶液的最大吸收波长为 528 nm，且吸收峰的强度随着 pH 的增大而降低。在 pH = 5 时，528 nm 处的吸收峰基本上消失。随着 pH 的继续增加，在 618 nm 处的吸收峰强度逐渐增加。共轭结构的变化直接导致视觉上的颜

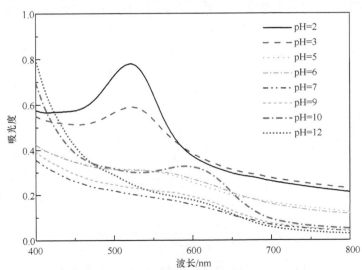

图 6-119　不同 pH 的 EGS 溶液的紫外扫描曲线

色变化。在酸性条件下，黄锌盐离子结构中的三个苯环间连接的共轭双键使电子从基态跃迁到激发态需要较低的能量(π-π)，利于吸收波长较长的中子。但是随着pH的增大(<6)，碱的加入破坏了第二个苯环与第三个苯环之间的共轭结构(醌基)，导致电子从基态跃迁到激发态需要较高的能量(σ-π)，造成最大吸收波长不在可见光区。随着 pH 的继续增大，醌基阳离子的增加导致电子跃迁需要的能量变小(n-π)，利于吸收波长更长的中子，因此最大吸收波长从 528 nm 移动到618 nm。

6.3.4.2　EGS 添加量对复合膜的结构影响

EGS 的 FTIR 图如图 6-120(a)所示。EGS 在波长 3353 cm^{-1}(O—H 伸缩振动)、2936 cm^{-1}(C—H 伸缩振动)、1732 cm^{-1}(C=O 伸缩振动)和 1634 cm^{-1}(苯环中的C=C 伸缩振动)处有明显的吸收峰。EGS-0 的 FTIR 图即图 6-110 介绍的 TG-N6膜材料的 FTIR 图。添加 EGS 后，膜材料在 1732 cm^{-1} 和 1630 cm^{-1} 处的吸收峰强

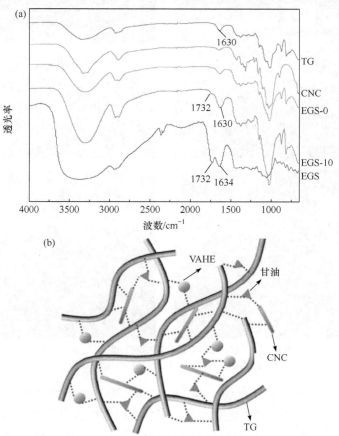

图 6-120　EGS 及添加 EGS 复合膜材料的 FTIR 图(a)与氢键作用示意图(b)

度明显增强，且强度随着 EGS 含量的增加而增强。说明 EGS 成功引入到
TG/CNC 基体中。此外，在 2936～2890 cm⁻¹ 和 3500～3300 cm⁻¹ 范围内的吸收峰
逐渐变宽，说明 EGS 的加入破坏了分子间的氢键作用。此外，EGS-10 的吸收峰
位置与 EGS-0 相比，没有明显的峰移动，说明 EGS 与 TG/CNC 基体除了氢键作
用并无特殊化学作用，如图 6-120(b)所示。

添加 EGS 的 TG/CNC 复合膜材料的断面扫描电镜图如图 6-121 所示。从图
中可以看出，EGS-0 的断面比较致密，可以看到 CNC(白点)贯穿在断面结构中；
添加 5% EGS(EGS-5)的断面结构与 EGS-0 相比更加致密。但是随着 EGS 含量的
继续增加，膜材料的断面开始出现裂纹与褶皱，说明过量的 EGS 破坏了 TG 与
CNC 之间的氢键作用。此结果与 FTIR 结果相同。而裂纹和褶皱的存在对复合膜
的阻隔性能及拉伸强度有一定的影响。

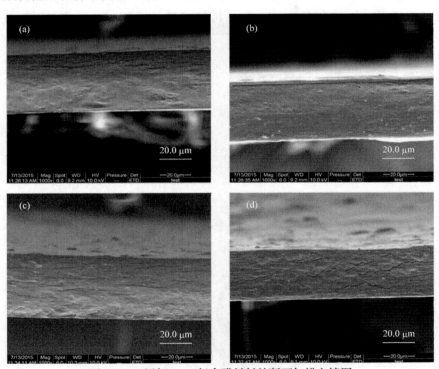

图 6-121　添加 EGS 复合膜材料的断面扫描电镜图
(a) EGS-0；(b) EGS-5；(c) EGS-10；(d) EGS-15

实验制备的 EGS 复合膜照片如图 6-122(a)所示。从图中可以看出，随着 EGS
含量的增加，膜材料的颜色逐渐加深。膜材料的色度数据如表 6-36 所示。从图
中可以看出，添加 EGS 后对膜材料的色度值 L、a、b 影响显著($P < 0.05$)。相比

于 EGS-0 膜材料，加入 EGS 的膜材料的 a 值、b 值明显增加，说明红度和黄度增加，这与 EGS 在中性条件下的颜色有直接关系。同时，L 值明显降低，说明膜材料的白度降低。L、a、b 值的变化直接导致 ΔE 显著增加。颜色的加深对膜材料的透光性能有一定影响，具体如图 6-122(b)所示。未添加 EGS 膜材料(EGS-0)在紫外及可见光区有良好的透光性，在 660 nm 处的透光率为 65.11%。添加 EGS 的膜材料的透光率明显下降，且随着 EGS 含量的增加，透光率明显下降至 37.71%(EGS-15)。尽管复合膜的透光率下降，但是透光率低的膜材料可以阻隔光照作用进而防止食品氧化变质。另一方面，膜颜色的加深同时会影响消费者对食品感官及其质量的观察。因此，从包装角度看来，EGS-5 和 EGS-10 复合膜材料较好，仍具有一定的透光性，不会影响消费者对被包装食品的观察。

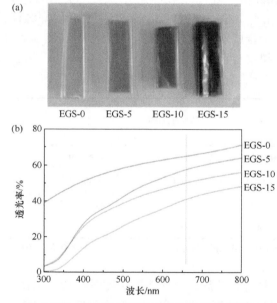

图 6-122　膜材料的照片(a)及紫外透光分析(b)

表 6-36　膜材料的色度参数

样品	色度参数			
	L	a	b	ΔE
EGS-0	96.91±0.02[a]	−0.21±0.03[a]	3.04±0.06[a]	17.24±0.03[a]
EGS-5	84.95±0.02[b]	1.50±0.14[b]	3.89±0.00[b]	19.60±0.02[b]
EGS-10	80.26±0.02[c]	3.42±0.01[c]	14.43±0.01[c]	31.16±0.00[c]
EGS-15	73.89±0.13[d]	5.36±0.01[d]	19.33±0.04[d]	38.60±0.03[d]

注：表中的数值均表示为平均值±标准偏差；不同字母代表有显著性差异($P<0.05$)。

6.3.4.3　EGS 添加量对智能膜的性能影响

EGS 的添加对复合膜材料力学性能及透氧性能影响如表 6-37 所示。从表中可以看出，EGS 的添加对复合膜的厚度影响较小($P>0.05$)，厚度基本在 0.043～0.048 mm 范围内。但是，EGS 的添加降低了膜材料的拉伸强度。当 EGS 的添加量为 15%时，拉伸强度从 65.50 MPa 降低至 44.32 MPa。相反，膜材料的断裂伸长率从 3.30%显著增加至 54.80%。拉伸强度的下降和断裂伸长率的增加可能是由于 EGS 的添加破坏了 TG 分子与 CNC 之间的氢键作用，软化了分子间的刚性结构，进而增加了膜材料的柔性，降低了膜材料的拉伸强度。TG 分子和 CNC 分子间氢键作用的降低也导致透氧性能的下降。从表中数据可以看出，未添加 EGS 的复合膜的透氧值是 0.70 cm^3 · mm/(m^2 · d · atm)，添加 EGS 之后，透氧值逐渐增加至 0.76 cm^3 · mm/(m^2 · d · atm)(EGS-5)、1.32 cm^3 · mm/(m^2 · d · atm)(EGS-10) 和 6.80 cm^3 · mm/(m^2 · d · atm)(EGS-15)。当添加量为 15%时，透氧值显著增大($P<0.05$)，但仍小于合成塑料高密度聚乙烯的透氧值(表 6-31 中数据)。这可能与膜材料断面结构的裂纹有直接关系。

表 6-37　膜材料的物理性能

样品	厚度/mm	拉伸强度/MPa	断裂伸长率/%	透氧值 /[cm^3 · mm/(m^2 · d · atm)]
EGS-0	0.043±0.001[a]	65.50±0.70[a]	3.30±0.50[a]	0.70±0.021[a]
EGS-5	0.046±0.005[a]	56.76±1.89[ab]	30.10±4.21[b]	0.76±0.014[a]
EGS-10	0.048±0.001[a]	53.13±2.23[ab]	54.33±4.43[c]	1.32±0.042[b]
EGS-15	0.048±0.004[a]	44.32±3.02[b]	54.80±2.20[c]	6.80±0.059[c]

注：表中的数值均表示为平均值±标准偏差；不同字母代表有显著性差异($P<0.05$)。

EGS 的添加对复合膜的热力学性能影响如图 6-123 所示。从图中可以看出，添加 EGS 和未添加 EGS 的复合膜材料均有三个降解阶段。第一阶段在 50～100℃ 范围内，主要为水分子的蒸发；第二阶段在 150～250℃ 范围内，主要为 Gly 等小分子的降解，可以发现在该阶段 EGS-10 的失重量(约 30%)大于 EGS-0(约 20%)，这是由于该阶段还存在 EGS 分子中的花色素等其他小分子的降解；第三阶段在 230～350℃ 范围内，主要是多糖分子链的断裂与降解。从 DTG 曲线可以看出，添加 EGS 的复合膜材料在该阶段的最大分解温度小于未添加膜材料的分解温度，说明 EGS 的添加降低了复合膜材料的稳定性。

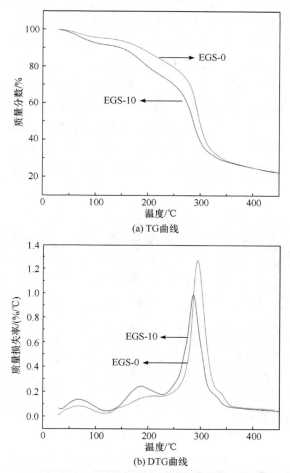

(a) TG曲线

(b) DTG曲线

图 6-123　EGS 添加对复合膜热力学性能的影响

6.3.4.4　TG/CNC/EGS 复合膜对 pH 溶液的响应性研究

通过对膜材料的力学性能、透氧性能和热力学等性能综合分析得出，EGS-10 复合膜具有良好的性能。因此，选择 EGS-10 作为样本，研究其对不同 pH 溶液的响应情况，具体如图 6-124 所示。膜材料的色度值变化如表 6-38 所示。膜材料在 pH=1 的溶液中，颜色为红色，其 a 值为 12.74。随着酸性的降低，a 值逐渐降低至 6.97(pH=3)，6.59(pH=5)。a 值的降低说明复合膜的红色基调变浅。当 pH=7 时，复合膜的颜色为黄绿色。随着碱性的继续增强，复合膜的 a 值显著下降($P<0.05$)，当 pH=11 时，a 值为 0.29，此时的 ΔE 为 13.62。当 ΔE 的值大于 5 时，人眼可以观察到颜色的变化；当 ΔE 的值大于 12 时，人眼可以观察到明显的

颜色变化，此时即使是未经过颜色培训的人也可以观察到明显的颜色变化[123]。根据表中 ΔE 数据可以看出，膜材料能对 pH 环境的变化做出明显的感应。与已报道的文献在不同 pH 条件下的变色情况相比(表 6-39)，相比于紫甘蓝提取物、玫瑰提取物和黑李子提取物的颜色变化，葡萄皮色素的变化梯度较小，主要原因是花色苷的种类和含量不同。因此，在未来工作中需要进一步提纯不同种类的花色苷，为花色苷颜色梯度变化的深入研究提供更多的理论基础。由于葡萄皮色素视觉上的颜色变化较小，因此拟调节成膜溶液的 pH，制备不同颜色的复合膜，根据其自身的颜色差异，将其应用在不同的环境中，使其能够对环境响应做出更明显的变化。

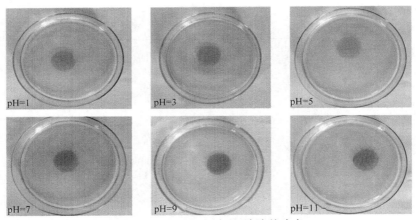

图 6-124　EGS-10 对 pH 溶液的响应

表 6-38　智能膜 EGS-10 在不同 pH 溶液中的色度值

pH	色度值			
	L	a	b	ΔE
1	62.53±0.05[d]	12.74±0.01[a]	15.77±0.04[e]	14.02±0.03[a]
3	65.52±0.01[b]	6.97±0.04[b]	16.27±0.04[d]	9.06±0.07[e]
5	71.02±0.04[a]	6.59±0.01[c]	11.21±0.10[f]	8.74±0.08[f]
7	62.74±0.04[c]	5.22±0.03[d]	19.11±0.01[b]	11.16±0.04[d]
9	61.00±0.01[e]	1.43±0.02[e]	19.35±0.19[a]	13.47±0.01[c]
11	61.56±0.06[f]	0.29±0.04[f]	16.60±0.02[c]	13.62±0.07[b]

注：表中的数值均表示为平均值±标准偏差；不同字母代表有显著性差异($P<0.05$)。

表 6-39　不同来源花色苷提取物智能膜在不同 pH 条件下的变色

花色苷种类	pH 范围						
	2.0	4.0	5.0	6.0	7.0	8.0	10.0
紫甘蓝提取物[123]							
黑枸杞提取物[124]							
jambolan 提取物[125]							
玫瑰提取物[126]							
黑李子提取物[127]							
黑李子提取物 + TiO$_2$[127]							

6.3.4.5　溶液 pH 对膜材料结构的影响

对于溶液的 pH 对膜材料性能的影响，由于山葡萄皮提取物的颜色变化更丰富，因此，本小节采用的是山葡萄皮提取物(VAHE)。不同 pH 的 VAHE 溶液的颜色变化如图 6-125(b)所示。VAHE 溶液在酸性条件下显示红色，在碱性条件下显示绿色。该溶液颜色变化与 EGS 溶液变化相似，但是不同 pH 条件下颜色变化更明显。VAHE 溶液在酸性条件下的最大吸收波长为 525 nm，如图 6-125(a)所示，碱性条件下的最大吸收波长为 590 nm。尽管其最大吸收波长与 EGS 不同，但是酸性条件下主要化学结构均为锌盐，碱性条件下为醌基阳离子。此外，当溶液的 pH 为 10 时，VAHE 主要为绿色，随着 pH 的增大，VAHE 颜色逐渐变为黄色。这是由于碱性条件下 VAHE 不稳定[91]。因此，考虑到酸性条件下 VAHE 比较稳定，通过调节成膜溶液的 pH，制备了 pH 分别为 3、4、5、6、7 的智能膜材料(编号分别为 P3、P4、P5、P6、P7)，如图 6-125(c)所示。P4、P5 和 P6 膜的透光性较高，这与膜的颜色有直接关系(表 6-40)。从表中可以看出，a 值随着 pH 的增大显著下降，相反，b 值随着 pH 的增大显著增加，即随着成膜溶液 pH 的增大，膜材料的红色基调变浅，黄色基调加深。尽管成膜溶液的 pH 变化引起膜材料的颜色变化，但是膜材料仍具有良好的透光性，如图 6-125(d)所示，膜材料覆盖的文字依然能用肉眼看清楚，说明其透光性能并未受到严重影响。

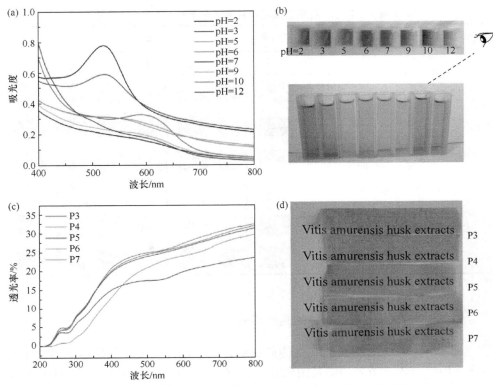

图 6-125 　(a) VAHE 溶液的紫外透光曲线；(b) VAHE 在不同 pH 条件下的颜色变化；VAHE 复合膜材料的紫外透光曲线(c)及透光照片(d)

表 6-40 　成膜溶液的 pH 对智能膜材料色度值的影响

样品	L	a	b	ΔE	样品照片
P3	74.84±0.16[a]	11.77±0.10[e]	−9.16±0.20[a]	16.82±0.18[c]	
P4	78.18±0.40[c]	4.81±0.11[d]	−8.62±0.19[a]	11.16±0.45[a]	
P5	76.78±0.58[b]	2.87±0.13[c]	−5.88±0.26[b]	13.37±0.63[b]	
P6	76.12±0.16[b]	1.84±0.07[b]	−5.53±0.24[b]	14.10±0.23[b]	
P7	76.13±0.75[b]	0.22±0.50[a]	4.63±1.41[c]	21.31±1.29[d]	

注：表中的数值均表示为平均值±标准偏差；不同字母代表有显著性差异($P < 0.05$)。

膜材料的平面和断面结构的扫描电镜图如图 6-126 所示。从图中可以看出，

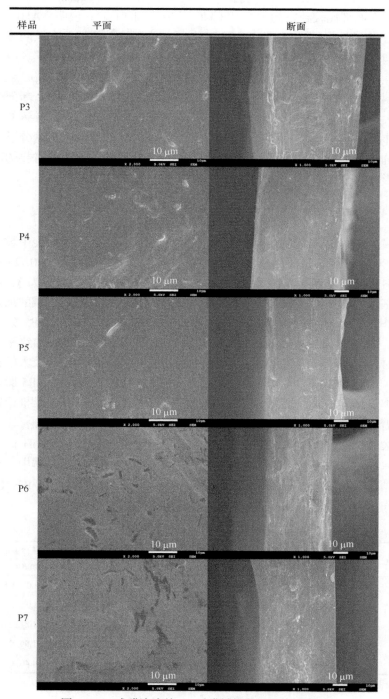

图 6-126 成膜溶液的 pH 对膜材料微观形貌的影响

膜材料的表面都比较致密均匀，且 CNC 分散均匀(白点)，说明 VAHE 与 TG 和 CNC 分子相容性良好。但是，P6 和 P7 分子的表面比较粗糙，有缺陷位点，而且断面结构存在大量的褶皱。这是由于调节 pH 过程中加入了碱分子。由于 VAHE 是在酸性条件下提取的，当 VAHE 加入成膜溶液时，溶液的初始 pH 约等于 5，因此当制备 P6 和 P7 膜材料时，需要加入 NaOH 调节溶液的 pH。断面结构中的褶皱和大量白点是酸碱中和形成的 NaCl 在干燥过程中逐渐析出导致的。但是，P3 膜材料的断面也存在褶皱，原因是在调节 pH 时，酸导致了多糖分子的水解，从而使分子链变短，膜的脆性增加。因此，成膜溶液的 pH 对膜材料的微观形貌有明显影响。

6.3.4.6　溶液 pH 对智能膜材料性能的影响

成膜溶液的 pH 对膜材料的物理性能影响如表 6-41 所示。从表中数据可以看出，pH 对膜材料的厚度有一定的影响。P7 膜材料的厚度最大为 0.118 mm。pH 对膜材料拉伸强度的影响显著($P<0.05$)。P5 膜的拉伸强度最大，为 37.46 MPa。以此为基点，增加或者降低 pH 均降低了拉伸强度。说明酸或者碱的加入破坏了分子间作用力，导致拉伸强度下降。根据 SEM 结果也可以看出 P5 分子间作用力较好，因为 P5 膜材料的表面和断面结构相比于其他膜材料更加致密。一般说来，膜材料具有较好的拉伸强度，断裂伸长率会相对较小。因为较大的拉伸强度说明分子的刚性较大，柔韧性较小。但是 P5 膜材料的结果相反。P5 膜材料的断裂伸长率仍然大于其他复合膜材料的断裂伸长率。Mostafavi 等[128]推论基体分子间存在着不同类型和强度的作用力会导致这样的结果。根据其推论，P5 膜材料具有最大的拉伸强度和断裂伸长率的原因可能是在调节膜溶液的 pH 时，酸或者碱的加入导致 TG 和 CNC 分子间作用力的变化。同时，成膜基体中存在的酸会导致多糖的酸水解，碱的加入会导致基体中 NaCl 分子的生成。酸和 NaCl 的存在及氢键作用力的降低共同导致了 P5 膜材料特殊的力学性能。

表 6-41　成膜溶液的 pH 对膜物理性能的影响

样品	厚度/mm	拉伸强度/MPa	断裂伸长率/%	透氧值 /[cm³ · mm/(mm² · d · atm)]
P3	0.106±0.003[ab]	27.52±1.16[a]	4.86±0.64[a]	3.03±1.11[ab]
P4	0.100±0.004[a]	28.58±1.53[a]	4.73±1.72[a]	2.92±1.24[ab]
P5	0.106±0.005[ab]	37.46±0.40[b]	8.80±2.10[b]	1.81±0.61[a]
P6	0.109±0.006[b]	37.36±5.24[b]	3.73±1.15[a]	1.99±0.43[a]
P7	0.118±0.002[c]	24.58±4.13[a]	5.20±1.41[a]	4.40±0.31[b]

注：表中的数值均表示为平均值±标准偏差；不同字母代表有显著性差异($P<0.05$)。

　　成膜溶液的 pH 对膜材料的透氧性能影响数据如表 6-41 所示。随着 pH 从 3 逐渐增加到 7，膜材料的透氧值依次为 3.03 cm³ · mm/(mm² · d · atm)、2.92 cm³ · mm/(mm² · d · atm)、1.81 cm³ · mm/(mm² · d · atm)、1.99 cm³ · mm/(mm² · d · atm) 和 4.40 cm³ · mm/(mm² · d · atm)。理论上，加入的 HCl 分子破坏了 pH 为 3 和 4 时的膜材料中分子间的氢键，且酸的加入导致多糖分子的酸水解，二者均会导致分子中自由氢键羟基数量的增加，进而导致分子的极性增加，透氧量从而减小。但是测试结果与理论相反。HCl 的加入破坏了分子间的致密性，导致氧气透过通道增加，透氧量增加。在碱性条件下，透氧量的增加与 SEM 结果显示的膜材料断面结构的裂纹与褶皱有直接关系。

　　由图 6-127 可知，膜的等温吸湿曲线呈 S 形，与淀粉[93]、蛋白质[94]等的等温吸湿曲线类似。当水分活度小于 0.57 时，吸湿较慢；当水分活度大于 0.57 时，水分含量呈指数增加。GAB 模型的拟合结果如表 6-42 所示。从拟合结果的相关系数（R^2）可以看出，GAB 模型能较好地拟合实验结果。W_0 是单层吸附的最大吸附量，其数值大小代表吸附位点的多少。P5、P4 和 P3 的 W_0 分别是 0.0592 g 水/g 干基、0.0635 g 水/g 干基和 0.1058 g 水/g 干基，说明 P5 表面具有较少的水分吸附位点，P4 和 P3 表面更加亲水。这说明 HCl 的加入使分子表面的亲水性羟基数量增多，容易吸收更多的水分子。P6 和 P7 的 W_0 分别是 0.0852 g 水/g 干基和 0.0755 g 水/g 干基，说明 P6 分子表面有更多的水分吸附位点。从表 6-42 中还可以看出 C、k 值作为常数，其变化没有显著性规律。另外，根据文献[129]可知，当 C 和 k 均在 $5.7 \leqslant C < \infty$，$0.24 < k \leqslant 1$ 范围内时，说明 GAB 模型能够很好地模拟该膜材料的吸湿过程。

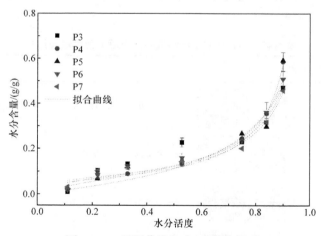

图 6-127　吸湿曲线和 GAB 拟合模型

表 6-42　GAB 模型拟合结果

样品	GAB 模型			R^2
	W_0/(g 水/g 干基)	k	C	
P3	0.1058	0.8533	9.628	0.8895
P4	0.0635	0.9959	18.94	0.9864
P5	0.0592	0.9971	27.44	0.9440
P6	0.0852	0.9358	10.85	0.9715
P7	0.0755	0.9240	30.79	0.9487

6.3.4.7　智能膜对 pH 溶液的响应性研究

通过将 P3、P4、P5、P6 复合膜浸泡在不同 pH 溶液中，来评价其对环境的响应情况。膜材料变色之后的照片及色度值如表 6-43 所示。从表中数据可以看出，随着 pH 的变化，色度值 a、b 变化明显。随着 pH 增加至 12，P3 膜材料的 a 值从 13.13 下降至 −2.01，说明膜材料的颜色逐渐从红色(+a)变成绿色(−a)。与 a 值的变化趋势相反，b 值随着 pH 的增加逐渐增大，且随着 pH 升高到 10，b 值从 −8.08 升高至 3.40，说明 P3 膜材料在变色过程中黄色基调逐渐加深。在颜色变化过程中，亮度 L 值没有明显变化。P4、P5、P6 的变化趋势与 P3 相同。但是在 pH 为 1~2 条件下，P5 和 P6 的颜色变化更加明显。在 pH 为 3~4 条件下，P3 和 P4 的颜色变化更加明显。该颜色变化与 VAHE 在酸性条件下的结构有直接关系。此外，表中 ΔE 是根据变色前膜材料的 L、a、b 值为基准计算。ΔE 的大小直接说明变色前后颜色变化的程度。因此，调节 pH 之后的膜材料相比于未调节的膜材料颜色变化更丰富。

表 6-43　智能膜在 pH 溶液中变色后的色度值及照片

样品	溶液 pH	照片	L	a	b	ΔE
P3	1		77.65±0.02	13.13±0.01	−8.08±0.04	3.31±0.01
	2		65.60±0.24	5.38±0.05	−6.63±0.03	11.52±0.21
	4		66.70±0.01	3.05±0.01	−6.24±0.01	12.28±0.01
	6		60.59±0.02	3.39±0.03	−8.87±0.04	16.53±0.00

续表

样品	溶液 pH	照片	L	a	b	ΔE
	8		65.63±0.01	2.84±0.02	−6.58±0.03	12.26±0.02
P3	10		64.83±0.02	0.88±0.01	3.40±0.02	19.41±0.01
	12		61.46±0.02	−2.01±0.03	1.58±0.03	22.00±0.02
	1		71.86±0.02	17.83±0.01	−8.05±0.02	14.48±0.01
	2		73.49±0.01	4.29±0.02	−5.60±0.01	5.60±0.01
	4		68.19±0.01	2.14±0.02	−6.71±0.02	10.51±0.01
P4	6		64.60±0.01	3.22±0.01	−6.54±0.02	13.83±0.01
	8		66.37±0.31	1.48±0.59	−7.83±1.18	12.30±0.02
	10		71.61±0.06	−2.70±0.02	−1.95±0.03	12.06±0.04
	12		57.99±0.02	−4.03±0.03	0.97±0.01	24.03±0.01
	1		76.69±0.01	6.63±0.14	−6.29±0.01	3.78±0.13
P5	2		78.81±0.01	2.38±0.02	−6.92±0.02	2.33±0.02
	4		64.28±0.03	1.74±0.01	−7.41±0.01	12.64±0.03
	6		78.98±0.01	2.29±0.03	−5.07±0.03	2.41±0.01

续表

样品	溶液 pH	照片	L	a	b	ΔE
	8		64.80±0.01	2.24±0.01	−7.02±0.01	12.06±0.01
P5	10		71.97±0.01	−3.78±0.02	−0.28±0.01	9.94±0.01
	12		60.55±0.05	−4.19±0.02	−1.02±0.02	18.36±0.04
	1		71.45±0.04	5.18±0.01	−5.20±0.03	5.75±0.02
	2		76.74±0.01	4.65±0.07	−6.33±0.04	2.98±0.07
	4		65.51±0.07	1.66±0.02	−8.71±0.01	11.08±0.06
P6	6		66.55±0.31	1.11±0.58	−7.13±1.18	9.73±0.50
	8		64.85±0.09	1.19±0.10	−6.82±0.05	11.37±0.09
	10		70.84±0.04	−4.60±0.01	0.91±0.05	10.53±0.01
	12		62.79±0.02	−5.49±0.02	0.67±0.02	16.43±0.01

注：表中的数值均表示为平均值±标准偏差；ΔE 的计算是以变色之前的膜为基准。

此外，除了通过调节溶液的 pH 改善膜材料的色彩变化丰度之外，有文献报道加入二氧化钛(TiO_2)也可以达到相同的效果(表 6-39)：壳聚糖(CS)膜材料加入二氧化钛之后其颜色变黄，加入黑李子提取物(BPPE)后，膜材料的色彩变化梯度更为明显。

从表中数据还可以看出，膜材料在碱性条件下的 ΔE 数值较大，表明在碱性条件下的颜色变化更明显，说明该智能膜材料更适合应用于碱性条件下。考虑到海鲜类产品及肉类腐败过程中常常伴有挥发性氨基物质，包括氨、二甲胺、三甲胺，这类物质统称为挥发性盐基总氮。

6.3.4.8 TG/CNC/VAHE 膜材料在鱼肉中的应用

实验制备的膜材料作为智能标签在鱼肉变质过程中的颜色变化如图 6-128 所示。从图中可以看出随着时间的变化，膜材料的颜色发生了明显的变化，从淡粉色变为明显的绿色。膜材料的色度值变化如表 6-44 所示。随着时间的增长，膜材料的 a 值呈变小趋势，b 值呈变大趋势，且 ΔE 逐渐增大。在 60 h 时，P3、P4、P5 和 P6 的色度差达 7.69、5.01、3.76 和 7.01。说明此时的色度变化(P3、P4 和 P6)已经能被肉眼观察到。与已报到的文献相比，本书研究制备的智能膜材料颜色变化梯度更为明显，如图 6-129 所示。

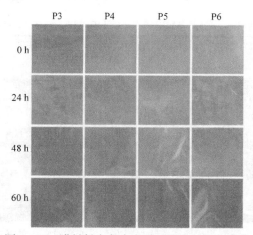

图 6-128 膜材料在鱼肉变质过程中的颜色变化

表 6-44 智能膜在监控鱼肉变质过程中的色度值

样品	时间/h	L	a	b	ΔE
P3	0	77.43±0.28	8.75±0.07	−5.24±0.10	0.22±0.14
	24	77.95±0.01	8.13±0.01	−4.61±0.02	1.02±0.01
	48	79.42±0.30	7.21±0.20	−4.83±0.19	2.55±0.32
	60	79.81±1.44	1.87±0.16	−3.54±1.18	7.69±0.26
P4	0	80.61±0.15	4.00±0.03	−5.79±0.21	0.20±0.08
	24	80.51±0.01	3.71±0.02	−5.03±0.01	0.82±0.01
	48	79.70±0.11	3.78±0.07	−5.34±0.34	1.08±0.10
	60	83.54±0.09	1.60±0.02	−2.53±0.24	5.01±0.22
P5	0	81.53±0.08	2.35±0.03	−4.72±0.01	0.06±0.03

续表

样品	时间/h	L	a	b	ΔE
P5	24	81.36±0.01	2.19±0.01	−3.89±0.02	0.85±0.02
	48	80.78±0.05	2.37±0.02	−4.58±0.01	0.86±0.05
	60	79.83±0.37	−0.20±0.10	−2.56±0.13	3.76±0.30
P6	0	81.00±0.26	1.59±0.01	−4.35±0.20	0.25±0.13
	24	81.14±0.02	1.50±0.01	−3.93±0.01	0.45±0.01
	48	78.00±0.27	−1.22±0.17	−0.49±0.15	6.36±0.25
	60	75.37±0.24	−1.92±0.13	−2.09±0.15	7.01±0.28

注：表中的数值均表示为平均值±标准偏差；ΔE 的计算是以 0 h 的膜为基准。

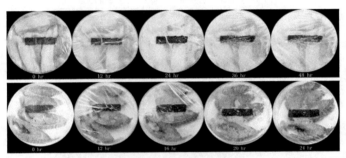

图 6-129　紫荆花活性智能膜材料在鱼肉变质过程中的颜色变化[130]

此外，P3、P4、P5 智能标签在 60 h 时有明显的颜色变化；P6 智能标签在 48 h 时有明显的颜色变化，说明 P6 的灵敏性更高。P6 灵敏度高于其他复合膜材料的原因可能是其表面吸附的水分更多(根据等温吸湿曲线的结果可知)。表面吸附的水分有利于与鱼肉变质过程中产生的挥发性盐基总氮反应，水解产生的季铵盐直接黏附在膜材料表面，导致颜色变化迅速，如图 6-130 所示。此外，根据等温吸湿曲线可知，P3 分子表面同样吸附着较多的水分子，但是其颜色变化相比于 P6 的颜色变化缓慢。这是由于 P3 分子表面除了水分子还存在 HCl 分子，酸碱中和反应消耗掉一部分挥发性盐基总氮，导致其需要较长的时间、较高的挥发性氨基浓度发生明显的颜色变化。当颜色发生变化时，测定了此时挥发性盐基总氮的含量，约为 42.77 mg/100 g。根据国家标准(GB 2733—2015)，海鲜类挥发性盐基总氮含量应低于 30 mg/100 g，因此此时鱼肉已经变质。而且当储存 24 h 时，鱼肉已经变质散发出一股腥臭味儿。虽然智能标签的颜色变化与鱼肉的变质不同步，但是该实验说明智能标签能感应一定体积的挥发性盐基总氮气体。因此，可以增加存储的鱼肉的质量以达到感应需要的挥发性盐基总氮气体的最低体积，即单位质量内的单位感应浓度。

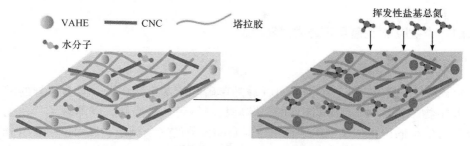

图 6-130   智能膜在鱼肉变质过程中的响应示意图

6.3.5   小结

本小节首先研究了 TG 成膜溶液的浓度[0.75%～1%(*W/W*，水)]。通过测定 TG 水溶液的稳态流变学性质，发现 TG 水溶液是一种非牛顿流体，随着剪切速率的变化其溶液黏度逐渐下降，表现为"剪切变稀"现象，为假塑性流体。由于单独的 TG 膜成膜易碎，因此考虑加入柔韧剂(Gly)。加入 Gly 后，成膜溶液的流变性能并未发生变化，TG/Gly 可食膜的阻隔性能优异，但是疏水性能和机械性能有待提高。因此，通过机械乳化作用加入 OA 提高可食膜材料的疏水性能，研究发现 TG/OA 共混可食膜的阻水性能明显提高。引入机械乳化油脂的方法，为制备疏水膜提供了一定的思路。

由于 CNC 优异的机械性能，在前期研究基础上，加入 CNC 提高膜材料的机械性能和阻隔性能。结果表明，CNC 含量对膜材料的断裂伸长率及热稳定性能影响较小，但是对氧气阻隔性能影响较大。随着 CNC 含量的增加，氧气阻隔性能明显增加，且强于市面上应用的聚乙烯类包装膜材料。通过酸/醇浸提法制备了 EGS 和 VAHE 浸提物，并将其作为智能活性物质添加到 TG/CNC 基体中，制备了两种智能膜材料。实验表明 EGS 的添加尽管使膜材料氧气阻隔性能下降，但是仍高于市面上应用的聚乙烯类膜材料。并且，TG/CNC/EGS 智能膜材料对pH 环境有酸碱响应性。通过调节成膜溶液的 pH 制备了不同颜色的智能膜材料。尽管酸或碱的加入降低了膜材料的拉伸强度，但是提高了膜材料的响应性。成膜溶液 pH 的差异导致膜材料具有不同的颜色，造成其在应用上的差异，相比于监测牛奶变质，在监测鱼肉变质时变色更为明显，因此，在肉制品中的应用具有较大潜力。尽管制备的膜材料能够对食品变质做出响应，但是响应的及时性仍有待提高。本小节对于 TG 可食膜的研究，为明确 TG 成膜溶液性质及以 TG 为基质的可食膜材料提供了一定的理论支持。

6.4　卡拉胶基活性膜

6.4.1　卡拉胶/羟丙基甲基纤维素复合膜

6.4.1.1　概述

κ型卡拉胶(κC)是一种提取自红藻的单硫酸酯基天然多糖,具有优异的成膜性及生物相容性[131]。用其制备的包装膜材料绿色、可降解,既消减了"白色污染"对生态的侵害,又消除了消费者对食品包装的安全顾虑。然而,单一组分卡拉胶膜材料具有脆性高、延展性差等应用限制[132],故常与其他生物质聚合物共混或加入增塑剂来提高膜材料的机械强度及柔韧性[133]。羟丙基甲基纤维素(HM)是一种天然纤维素醚衍生物,具有出色的增稠性、混溶性及成膜性[134]。甘油、山梨醇、PEG 400 等常见的多元醇类增塑剂可与多糖分子形成良好的氢键作用,但由于结构组成的不同而对膜材料性能影响存在差异[23]。为改善κC 基膜材料的综合性能,本节根据预实验,以κC 和 HM 为成膜基质,按一定比例共混,探究增塑剂种类及含量对κC/HM 膜材料性能的影响,最终选定最适宜的增塑剂及含量。

6.4.1.2　κC 膜材料的制备

初步实验结果表明,单一组分的κC 基膜材料质脆易碎且无法形成完整膜;当κC 与 HM 质量比为 80∶20 时,κC/HM 复合膜机械强度最佳,测试结果如表 6-45所示。此外,选用甘油(G)、山梨醇(S)及 PEG 400(P)为增塑剂增强κC/HM 膜材料的性能。实验过程中发现,当甘油的含量高于60%(W/W,κC/HM 基)时,κC/HM膜的黏性较大且难以完整剥离;PEG 400 含量高于 60%时,κC/HM 膜在储存期间会发生析出现象。因此,三种增塑剂的添加量定为 40%、50%和 60%(W/W,κC/HM 基)。

表 6-45　κC 与 HM 不同质量比的复合膜的力学性能

质量比	厚度/μm	拉伸强度/MPa	断裂伸长率/%
90∶10	95.2 ± 0.4^a	31.66 ± 0.85^d	2.92 ± 0.70^a
80∶20	95.4 ± 0.5^a	30.50 ± 0.34^c	4.22 ± 0.96^b
70∶30	96.6 ± 0.7^{ab}	25.60 ± 0.78^b	5.14 ± 0.56^c
60∶40	97.2 ± 0.6^b	21.82 ± 0.16^a	5.56 ± 0.40^d

精确称取 6.4 g κC 与 1.6 g HM 溶于 400 mL 蒸馏水中,并以 600 r/min 的搅

拌速度在 85℃水浴条件下搅拌 1 h；再分别加入 40%、50%和 60%(*W/W*，κC/HM
基)的三种增塑剂于成膜溶液中；继续搅拌 30 min 后，将成膜溶液超声处理 5 min
以去除溶液中的气泡；最终，将除泡后的成膜溶液缓慢倒入烘箱中的聚四氟乙烯
槽具(26 cm×26 cm×4 cm)中，静置 30 min 后，在 40℃条件下烘干 48 h。所制备
的膜材料根据增塑剂的种类及含量，分别标记为 κC/HM、κC/HM-*x*G、κC/HM-
*x*S 和 κC/HM-*x*P(*x* 为 40、50 和 60)。

6.4.1.3　结果与分析

1) 增塑剂对膜材料结构的影响

(1) FTIR。

如图 6-131 所示，在 κC/HM 膜中：3321 cm⁻¹ 处为—OH 特征峰；2892 cm⁻¹
处为—CH 特征峰；1684 cm⁻¹ 处为 C=O 特征峰；1120～1000 cm⁻¹ 处为 C—O 特
征峰；1228 cm⁻¹、1036 cm⁻¹ 处分别对应 κC 中的硫酸酯基、糖苷键，925 cm⁻¹ 及
832 cm⁻¹ 处对应多糖中的吡喃糖环[133]。上述特征峰在 κC/HM-*x*G、κC/HM-*x*S 及
κC/HM-*x*P 膜材料的谱图中均可对应。

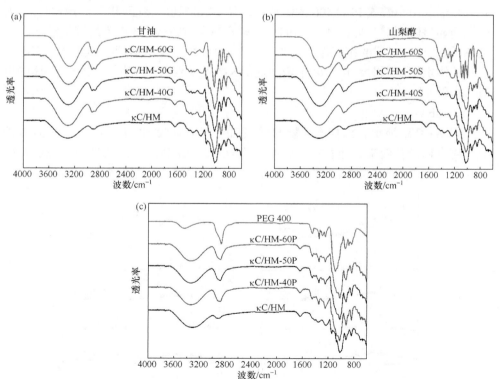

图 6-131　不同添加量的甘油(a)、山梨醇(b)及 PEG 400(c)增塑的 κC/HM 膜的红外光谱图

甘油及κC/HM-xG 膜的红外光谱如图 6-131(a)所示。3321 cm^{-1} 和 1012 cm^{-1} 处的特征峰，强度增加且略有红移，表明膜材料中羟基发生变化。κC/HM-xG 膜中可能存在四种类型的羟基：κC 与 HM 间、甘油小分子间、κC 或 HM 与甘油小分子间形成的羟基。甘油含量较低时，由于甘油的溶剂效应[135]，κC 与 HM 间的羟基作用将被与甘油小分子的羟基相互作用取代。甘油含量较高时，游离的甘油小分子渗入κC 与 HM 分子链纠缠构成的空间结构中，有效地削弱了结构的致密性。此外，κC/HM-xS 或κC/HM-xP 膜与κC/HM-xG 膜具有相似的红外光谱图，没有在图 6-131(b)和(c)中观察到新谱带的产生。κC/HM-xP 膜与κC/HM-xG 及κC/HM-xS 膜相比，2800 cm^{-1} 处特征峰强度更高，这是因为 PEG 400 的分子量相对较高、分子链较长。

(2) XRD。

如图 6-132 所示，27.68°处为 KCl 的特征峰[136]，该峰出现在κC 膜的 XRD 谱图中，表明市售的κ型卡拉胶含有少量 KCl。19.66°、28.92°和 30.44°处为 HM 的特征峰。在κC/HM 膜中，27.68°处的特征峰强度明显减弱，且 HM 的特征峰几乎消失，表明κC 与 HM 间的相容性好，二者共混破坏了结构中的有序排列。此外，甘油、山梨醇或 PEG 400 的添加，均使 27.68°处的特征峰随着增塑剂含量的增加而显著降低。这归因于增塑剂小分子穿透了κC/HM 增塑膜的网络结构，并破坏了κC 与 HM 间的相互作用，进而κC 或 HM 分子与增塑剂间形成新的氢键，空间结构重组。同时，也归因于增塑剂对 KCl 晶胞结构的破坏，削弱了晶体的折射与衍射。

(3) SEM。

如图 6-133 所示，添加不同量的增塑剂的κC/HM 膜的断面形貌是均一且致密的，略有粗糙及褶皱。随着甘油添加量的增加，κC/HM-xG 膜的断面形貌依旧紧

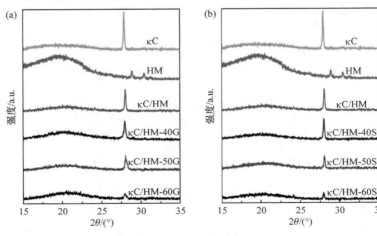

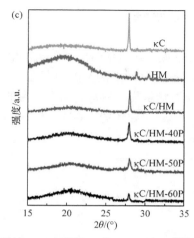

图 6-132　不同添加量的甘油(a)、山梨醇(b)或 PEG 400(c)增塑的κC/HM 膜的 XRD 谱图

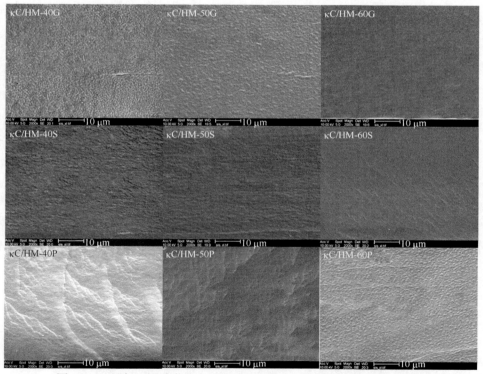

图 6-133　添加不同种类及含量的增塑剂的κC/HM 膜的断面扫描电镜图

密，且趋于平滑。这表明甘油与κC 及 HM 间形成的氢键作用使其与κC/HM 膜的成膜基质间具有良好的相容性。κC/HM-xS 膜的断面形貌呈现相同的趋势，而κC/HM-xP 膜的断面形貌随 PEG 400 添加量增加而无显著变化。

2) 增塑剂对膜材料性能的影响

(1) 热稳定性。

κC/HM 膜、κC/HM-xG 膜、κC/HM-xS 膜及κC/HM-xP 膜的 TG 和 DTG 曲线如图 6-134 所示。κC/HM 在 25～600℃的范围内存在三个质量损失峰。在 89.63～97.73℃处的第一个质量损失峰是膜材料水分蒸发导致的；在 224.57～273.71℃处的第二个质量损失峰是κC 热分解导致的；在 310.53～398.64℃处的第三个质量损失峰是 HM 热分解导致的。

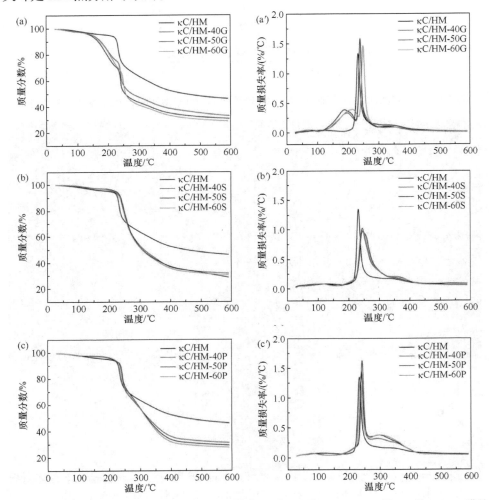

图 6-134 添加不同量的甘油[(a)及(a′)]、山梨醇[(b)及(b′)]及 PEG 400[(c)及(c′)]的κC/HM 膜的 TG 及 DTG 曲线

如图 6-134(a)和(a′)所示，κC/HM-xG 膜具有四个质量损失峰。与κC/HM 膜相

比较，在 118.65~224.57℃处新增的质量损失峰是甘油热分解导致的；随着甘油添加量的增加，第三个质量损失峰的损失温度略有提高，表明甘油与κC 形成的分子间作用增强了κC 的热稳定性。

如图 6-134(b)和(b′)所示，κC/HM-xS 膜具有三个质量损失峰。由山梨醇与κC 热分解温度重合叠加构成的第二个质量损失峰的损失温度相较于κC/HM 膜显著提高，表明κC 的热稳定性显著增强，且与山梨醇产生明显的氢键作用。

如图 6-134(c)和(c′)所示，PEG 400 的加入对κC 的热稳定性影响不大，但使得在310.53~398.64℃处 HM 的热分解峰向低温方向转移，表明 PEG 400 破坏了HM 分子链纠缠的稳定结构，从而降低了 HM 的热稳定性。综上所述，κC/HM 增塑膜的热稳定性如下：山梨醇＞甘油＞PEG 400。然而，增塑膜在低于 100℃的温度下均保持热稳定，表明适用于绝大多数的食品包装。

(2) 力学性能。

不同增塑剂种类及含量对κC/HM 膜的厚度及力学性能的影响如表 6-46 所示。膜的厚度随着增塑剂含量的上升而增加。一方面是受到增塑剂含量的影响，另一方面是由于增塑剂的渗入使得κC/HM 膜的空间结构变得疏松，进而增加了膜厚度。

表 6-46 不同增塑剂种类及含量对κC/HM 膜厚度和力学性能的影响

试样膜	厚度/μm	拉伸强度/MPa	断裂伸长率/%
κC/HM	95.4 ± 0.6^a	30.50 ± 0.34^a	4.22 ± 0.96^a
κC/HM-40G	98.2 ± 0.8^b	24.22 ± 0.59^b	28.88 ± 2.20^b
κC/HM-50G	102.4 ± 1.2^c	18.23 ± 0.91^c	40.56 ± 1.21^c
κC/HM-60G	115.8 ± 1.3^d	12.80 ± 1.59^d	49.22 ± 1.78^d
κC/HM-40S	101.0 ± 1.3^b	24.99 ± 0.62^b	11.68 ± 0.48^b
κC/HM-50S	104.8 ± 1.6^c	20.71 ± 1.32^c	16.92 ± 1.48^c
κC/HM-60S	116.4 ± 0.8^d	19.92 ± 1.24^{cd}	26.56 ± 1.93^d
κC/HM-40P	97.6 ± 0.8^b	26.35 ± 1.01^b	8.00 ± 0.50^b
κC/HM-50P	103.2 ± 1.0^c	22.23 ± 2.16^c	14.20 ± 1.84^c
κC/HM-60P	115.0 ± 0.6^d	17.96 ± 0.81^d	25.12 ± 0.54^d

如表 6-46 所示，甘油的添加显著影响κC/HM-xG 膜的力学性能。随着甘油添加量增加至 60%(W/W，κC/HM 基)，拉伸强度从 30.50 MPa 显著降低至12.80 MPa，而断裂伸长率从 4.22%显著增加至 49.22%。这是由于甘油的加入使得κC/HM-xG 膜的—OH 数量大大增加，通过削弱κC 与 HM 分子内及分子间的作用力，打破旧氢键连接并与κC 及 HM 形成了新的氢键。同时，甘油的渗入使得

成膜基质间形成的致密空间结构变得疏松，分子链自由移动距离增加。故膜的柔韧性显著增强，刚性被削弱。κC/HM-xS 和κC/HM-xP 膜的力学性能随增塑剂添加量的变化趋势与κC/HM-xG 膜相似。增塑剂分子的大小、结构差异对膜的结构性能有影响[137]。κC/HM-xS 和κC/HM-xP 膜与κC/HM-xG 膜相比断裂伸长率较低，κC/HM-40G 膜的断裂伸长率分别比κC/HM-60S 膜和κC/HM-60P 膜高 8.73%和 14.97%。一方面，由于增塑剂的分子量不同；另一方面，甘油相较于山梨醇及 PEG 400 持水性更好，膜的持水量也影响着膜的机械强度。所以，κC/HM-xG 膜的柔韧性较好，而拉伸强度较差。

(3) 阻隔性能。

良好阻隔性可以一定程度延长食品的货架期并减少商业损失[138]。透氧值(OP)、水蒸气透过系数(WVP)及透光率是判断薄膜阻隔性能的关键参数。氧气和水蒸气可穿透包装膜使得密封包装内的食品氧化或滋生微生物，从而降低食品品质、缩短食品保质期。此外，适宜的透光率既可使消费者直观感受食品品质，又可使食品避免受到强烈光照而加速氧化。

由表 6-47 可知，κC/HM 增塑膜的 OP 值与 WVP 值随着增塑剂添加量的增加而上升，膜材料的阻隔性能有所下降。增塑剂小分子的渗入削弱了κC 与 HM 纠缠分子链的紧密空间及分子间作用力，扩充膜内部的空间体积，进而氧气和水蒸气更易穿透膜材料。当甘油添加量达 60%(W/W，κC/HM 基)时，κC/HM-60G 膜的 OP 与 WVP 分别为 47.49×10^{-12} cm³/(mm² · d · Pa)与 27.91×10^{-12} g/(m · s · Pa)。但由于κC 与 HM 均为极性分子，且结构中存在大量的—OH，对非极性分子 O_2 阻隔性能优异。因而，κC/HM-xG 膜材料的阻氧性能仍远高于市售低密度聚乙烯 $[187 \times 10^{-12}$ cm³/(mm² · d · Pa)] 及线型低密度聚乙烯 $[165 \times 10^{-12}$ cm³/(mm² · d · Pa)] 膜材料。κC/HM-xS 膜及κC/HM-xP 膜与κC/HM-xG 膜相较，OP 值与 WVP 值呈现相同趋势但数值更低，表现出优良的阻隔性能。

表 6-47　κC/HM 增塑膜的透氧值及水蒸气透过系数

试样膜	透氧值/[×10⁻¹² cm³/(mm² · d · Pa)]	水蒸气透过系数/[×10⁻¹² g/(m · s · Pa)]
κC/HM	1.23 ± 0.06^a	1.46 ± 0.03^a
κC/HM-40G	10.72 ± 0.49^b	16.32 ± 0.13^b
κC/HM-50G	23.92 ± 0.84^c	24.58 ± 0.05^c
κC/HM-60G	47.49 ± 0.87^d	27.91 ± 0.08^d
κC/HM-40S	2.16 ± 0.16^b	2.57 ± 0.02^b
κC/HM-50S	2.58 ± 0.26^c	3.04 ± 0.08^c
κC/HM-60S	2.94 ± 0.21^d	4.27 ± 0.11^d

试样膜	透氧值/[×10⁻¹² cm³/(mm² · d · Pa)]	水蒸气透过系数/[×10⁻¹² g/(m · s · Pa)]
κC/HM-40P	1.29 ± 0.07^{ab}	2.86 ± 0.04^{b}
κC/HM-50P	1.77 ± 0.08^{b}	3.71 ± 0.07^{c}
κC/HM-60P	1.93 ± 0.06^{c}	6.82 ± 0.08^{d}

(4) 透光性能。

膜材料良好的透光率可确保消费者在购买前能更好地看清产品外观，影响着消费者对包装食品的接受度。由图 6-135 不同增塑剂种类及含量的κC/HM 增塑膜透光率可知，κC/HM 增塑膜的透光率随着增塑剂含量的增加而下降，且κC/HM-xG 膜的透光率较κC/HM-xS 膜及κC/HM-xP 膜更低。当增塑剂含量从 40%上升至60%(W/W，κC/HM 基)时，κC/HM-xG 膜、κC/HM-xS 膜和κC/HM-xP 膜在 600 nm 处的透光率分别从63.92%、71.54%和71.99%降低至57.07%、63.20%和61.47%。

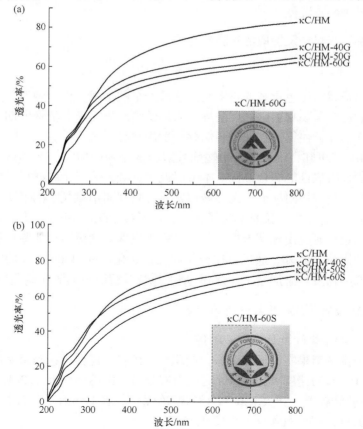

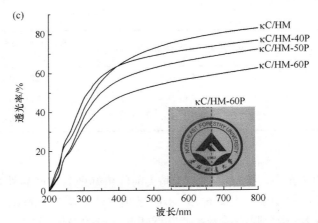

图 6-135 不同增塑剂种类及含量对κC/HM 膜透光性能的影响

一方面是受增塑剂的光阻效应影响[137]；另一方面，增塑剂的渗入使得膜致密且有序的空间结构变得疏松、无序，因而光束穿过膜内部更易发生散射或折射，从而膜的透光率略有降低。

6.4.2 山桃稠李果汁及提取物对膜的影响

6.4.2.1 概述

随着消费者对绿色包装的要求及对食品安全的重视，仅能做到避免食品受到外界侵害的传统包装材料已经无法满足人们的高品质需求。消费者期望包装膜材料具有多样功能，使得其在选购、储存、食用食品时更安心。

由 6.4.1 节可知，山梨醇为增塑剂且添加量为 40%(W/W，κC/HM 基)时，膜的力学性能、阻隔性能综合最优。本节以此为基础，为赋予膜材料智能性，同时提高林木产品高利用附加值，选用城市常见的景观树山桃稠李的果实为天然指示剂提取原料，制备κ型卡拉胶基智能膜材料。通过 FTIR、SEM、力学性能和阻隔性能等的测定，研究山桃稠李果汁与山桃稠李提取液含量对智能膜材料的微观结构及性能的影响。此外，通过对比智能膜在抗氧化、pH 响应方面的应用优劣，确定适宜添加物及其添加量，并评判κ型卡拉胶基智能膜的潜在应用价值。

6.4.2.2 κ型卡拉胶基智能膜的制备

1) 山桃稠李果汁及其提取液制备

清洗山桃稠李果实，低温干燥，使用 BL25B31 搅拌机粉碎果实后，将混合物以 3000 r/min 的速度离心 5 min 完成固液分离。山桃稠李果汁(PM)避光保存在 5℃的无菌玻璃瓶中，剩余果渣于–18℃冷冻保存。取 10 mL 的果汁在 100℃条件下干燥至恒重，测得固含量为 0.1835 g/mL。

将冷冻保存的果渣冷冻干燥，使用万能粉碎机粉碎成粉末。将 20 g 粉末倒入 400 mL 的 80%(*V*/*V*)乙醇溶液中，并滴加 4 mL 的浓盐酸。混合均匀后，放入冰箱中避光浸提 12 h。在 40℃条件下旋转蒸发得到浓缩液，转移至定容瓶中定容。将山桃稠李提取液(EPM)于 5℃避光保存，并测得固含量为 0.1674 g/mL。

2) κ型卡拉胶基智能膜的制备

由 6.4.1 节中可知，以 40%(*W*/*W*，κC/HM 基)的山梨醇为增塑剂制备的κC/HM 膜材料综合性能最适宜。由初步实验可知，当 PM 的添加量超过 8%(*W*/*W*，κC/HM 基)时，所制备的κ型卡拉胶基智能膜的颜色过深、透光性能差、对 pH 响应的直观反馈差。因而，本节选取 PM 的添加量为 0%、2%、4%和 8%，所制备的κ型卡拉胶基膜材料根据 PM 添加量分别标记为κCH、κCH/PM*x*(*x* 分别为 2、4 和 8)。为横向对比膜材料的性能优劣，选取 EPM 的添加量也为 2%、4%和 8%，所制备的κ型卡拉胶基膜材料对应标记为κCH/EPM*x*(*x* 分别为 2、4 和 8)。

精确称取 6.4 g κC 与 1.6 g HM 溶于 400 mL 蒸馏水中，并以 600 r/min 的搅拌速度在 85℃水浴条件下搅拌 1 h，同时向成膜溶液中加入 40%(*W*/*W*，κC/HM 基)的山梨醇，持续搅拌并降温至 50℃；分别加入 2%、4%和 8%(*W*/*W*，κC/HM 基)的 PM 或 EPM，继续搅拌 30 min；随后将成膜溶液超声处理 10 min 以去除溶液中的气泡；最后，将除泡后的成膜溶液缓慢倒入烘箱中的聚四氟乙烯槽具(26 cm × 26 cm × 4 cm)中静置 30 min，再于 40℃条件下烘干 48 h。

6.4.2.3　结果与分析

1) 山桃稠李花色素的结构分析

不同 pH 的 EPM 溶液的颜色变化和相对应的紫外吸收曲线如图 6-136 所示。EPM 溶液在酸性条件下呈红色；中性条件下呈无色；碱性条件下呈黄色。最大吸收峰出现在 527 nm 处，并且随着溶液 pH 从 1.0 升高到 5.0 而减弱；当溶液 pH 从 6.0 升高到 9.0 时，最大吸收峰从 527 nm 移至 595 nm 处，并逐渐增强；当溶液 pH 大于 10.0 时，最大吸收峰强度逐渐减弱。相应的溶液颜色变化、最大吸收峰位移及强度增减是花色素共轭结构变化所致[139]。

花色素存在四种互变体(图 6-25)[60]，即黄锌盐离子、甲醇假碱、醌基和查耳酮，它们存在结构变化的平衡。强酸条件下，花色素仅以黄锌盐离子形式存在，呈现红色；当溶液的 pH 逐渐升高，趋于弱酸性时，黄锌盐离子失去质子并逐渐水化成无色的甲醇假碱及少量的醌基结构，溶液颜色逐渐变淡，趋于无色；当溶液趋于弱碱性时，溶液中仅存在醌基结构及少量甲醇假碱，且甲醇假碱逐渐转化为醌基结构，溶液呈蓝色；随着溶液碱性增强，醌基结构一部分转变为黄色查耳酮，另一部分分解为醛类及酚类化合物[140]。在图 6-136 中没有观察到显著的蓝

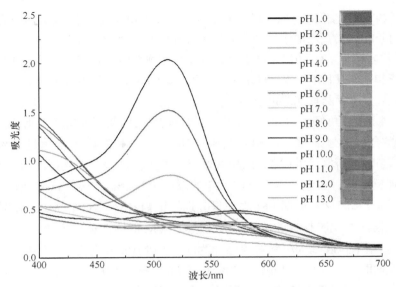

图 6-136　不同 pH 的 EPM 溶液的颜色变化和紫外吸收曲线

色，可能是因为提取自山桃稠李中的花色素在碱性条件下稳定性差，醌基结构迅速转化为查耳酮并分解。

2) PM 及 EPM 对智能膜结构的影响

(1) FTIR。

由图 6-137 可知，κCH 膜中 3321 cm^{-1} 处为—OH 特征峰；2892 cm^{-1} 处为—CH 特征峰；1684 cm^{-1} 处为 C=O 特征峰；1120~1000 cm^{-1} 处为 C—O 特征峰；1228 cm^{-1}、1036 cm^{-1}、925 cm^{-1} 及 832 cm^{-1} 处分别对应着κC 中的硫酸酯基、糖苷键及多糖中的吡喃糖环。EPM 的 FTIR 图表明，3321 cm^{-1} 处为—OH 特征峰；1654 cm^{-1} 处为 C=O 特征峰；1028 cm^{-1} 处为花色素中的脱水葡萄糖环中的 C—O 特征峰。当 PM 或 EPM 加入后，3321 cm^{-1} 处的—OH 特征峰强度增高并略有红

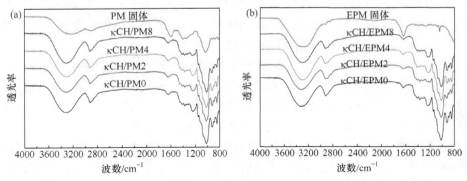

图 6-137　PM、EPM、κCH/PMx 智能膜及κCH/EPMx 智能膜的红外光谱图

移，表明 PM 或 EPM 成功引入κCH 膜中，并破坏了成膜基质间的氢键作用，产生新氢键。

(2) SEM。

κCH/PMx 智能膜及κCH/EPMx 智能膜的断面形貌如图 6-138 所示。κCH 膜的断面是均一且致密的，略有粗糙。添加 PM 或 EPM 后，膜材料的断面形貌略加平滑，但无显著变化。这是因为 PM 或 EPM 加入后，与成膜基质间形成氢键作用使得结构致密，进而对复合膜的阻隔性能有一定的提高。

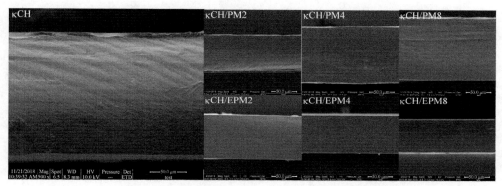

图 6-138　κCH/PMx 智能膜及κCH/EPMx 智能膜的断面形貌

3) PM 及 EPM 对智能膜性能的影响

(1) 热稳定性。

由图 6-139 可知，κCH 膜在 25～600℃的范围内存在三个质量损失峰。在 78.26℃处的第一个质量损失峰是膜材料水分蒸发导致的；在 246.32℃处的第二个质量损失峰是κC 及山梨醇热分解导致的；在 361.78℃处的第三个质量损失峰是 HM 热分解导致的。

由κCH/PMx 智能膜及κCH/EPMx 智能膜的 TG 及 DTG 曲线可知，PM 的加入对膜材料的三个质量损失峰无明显影响，即 PM 的加入未降低膜材料的热稳定性。当 EPM 添加量低于 4%时，EPM 的加入未降低膜材料的热稳定性；当 EPM

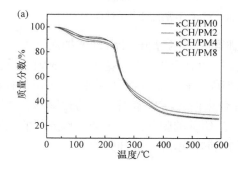

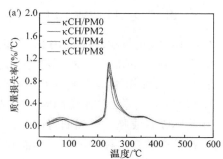

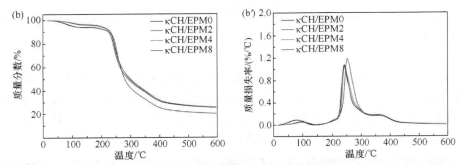

图 6-139　κCH/PMx 智能膜及κCH/EPMx 智能膜的 TG 及 DTG 曲线

添加量为 8%时，膜材料的第二个质量损失峰显著右移，即提高了κC 热耐受性、延缓κC 热分解。上述结果表明，κCH 基智能膜在低于 100℃的温度下均保持热稳定，表明其适用于绝大多数的食品包装应用。

(2) 力学性能。

不同 PM 添加量对κCH/PMx 智能膜力学性能的影响如图 6-140(a)所示。近似固含量的 PM 相较于 EPM 含有大量的果胶。果胶是一种线型柔性高分子，其线型结构能赋予膜柔而坚韧的特点[141]。当 PM 添加量较低时，果胶对膜材料的力学性能影响是主要因素。因此，当 PM 添加量低于 4%时，κCH/PMx 智能膜的拉伸强度与断裂伸长率均随 PM 添加量的增加而上升。当 PM 添加量高于 4%时，κCH/PMx 智能膜的拉伸强度持续下降，而断裂伸长率持续上升。

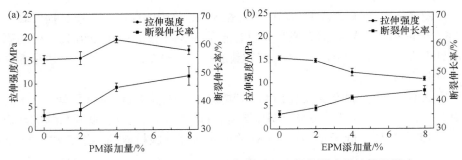

图 6-140　不同 PM(a)或 EPM(b)添加量对κCH 智能膜力学性能的影响

如图 6-140(b)所示，κCH/EPMx 智能膜断裂伸长率随 EPM 的增加而增加，其拉伸强度与κCH/PMx 呈现相同趋势。此时，PM 及 EPM 中花色素与成膜基质分子间良好的氢键作用是影响κCH 基智能膜力学性能的主要因素，产生增塑效果。如图 6-141 所示，PM 或 EPM 中的花色素渗入κCH 基增塑膜的致密网状结构中，并破坏原有成膜基质间旧氢键的存在。纠缠的膜基质分子链间形成新的氢键作用，并扩充其自由移动体积，因而膜的柔韧性增加、拉伸强度下降。

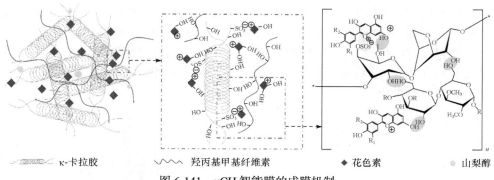

图 6-141 κCH 智能膜的成膜机制

(3) 阻隔性能。

膜厚度是影响膜材料阻隔性能的重要因素之一[142]。由表 6-48 可知，κCH 基智能膜的厚度随着 PM 或 EPM 添加量的上升而增加，一方面是受到 PM 或 EPM 添加量的影响，另一方面是由于 PM 或 EPM 渗入破坏κCH 基智能膜的致密空间结构，进而增加膜厚度。κCH/PMx 智能膜及 κCH/EPMx 智能膜的 OP 值略有降低，表现出良好的阻氧性能。这是因为 PM 或 EPM 渗入κCH 基智能膜的空间结构中，减少膜材料中氧气可穿透的孔隙数量，增强膜的致密性，因而膜材料的 WVP 值也略有降低；同时，也归因于 PM 或 EPM 中的极性组分阻碍了κCH 基智能膜对非极性物质的溶解，从而增强膜材料的阻氧性能及阻湿性能。此外，κCH 基智能膜由于卡拉胶的凝胶特性，会吸附空气中的水蒸气后略微溶胀，膜材料的间隙被挤压变小，从而阻碍了水分子的穿透，阻湿性能增强。

表 6-48　不同 PM 或 EPM 添加量对κCH 基智能膜阻隔性能的影响

试样膜	厚度/μm	透氧值/$[\times 10^{-12}\ cm^3/(mm^2 \cdot d \cdot Pa)]$	水蒸气透过系数/$[\times 10^{-12}\ g/(m \cdot s \cdot Pa)]$
κCH	110.40 ± 1.53[a]	2.54 ± 0.12 [a]	2.57 ± 0.04[a]
κCH/PM2	114.48 ± 0.37[b]	2.41 ± 0.08[b]	2.31 ± 0.08[b]
κCH/PM4	124.64 ± 0.34[c]	2.28 ± 0.05[c]	2.10 ± 0.06[c]
κCH/PM8	126.80 ± 0.56[d]	2.02 ± 0.09[d]	1.87 ± 0.11[d]
κCH/EPM2	111.56 ± 0.54[b]	2.53 ± 0.06[ab]	2.32 ± 0.03[b]
κCH/EPM4	115.60 ± 0.52[c]	2.35 ± 0.10[b]	2.17 ± 0.09[c]
κCH/EPM8	120.68 ± 0.68[d]	2.23 ± 0.05[c]	2.07 ± 0.05[d]

(4) 透光性能。

食品包装膜的高可见光透光性有助于消费者直观地观察包装食品的外观和质量。如图 6-142 所示，κCH 膜材料无色；随着 PM 或 EPM 的添加，κCH 基智能膜颜色加深，透光性下降。当添加量达到 8%时，κCH/PM8 在 570 nm 处的透光率明显下降到 15.11%，κCH/EPM8 在 570 nm 处的透光率明显下降到 65.11%。然而，透过 κCH 智能膜材料，依旧可较为清楚地观察到图片图案。此外，κCH 智能膜材料在 200～283 nm 处的透光率均低于 20%，表明其可有效地屏蔽紫外光，进而延缓食品氧化。

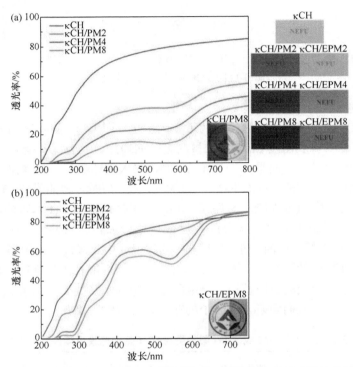

图 6-142　不同 PM(a)或 EPM(b)添加量对 κCH 智能膜的透光性能的影响

6.4.2.4　κCH 基智能膜在猪油包装中的应用

猪油含有促进人类生长发育及维持健康水平所必需的营养成分，深受中国民众的喜爱[143]。猪油变质后，不仅丧失了原有的营养成分，食用后还会出现头晕、呕吐、腹泻等严重症状，甚至会造成肝脏肿大，引发肝癌[144]。因此，猪油能够长期储存并保持新鲜品质成为当下消费者的热切需求。故针对延缓猪油氧化劣化的功能性包装膜材料的研究具有探索的现实意义。

1) DPPH 自由基清除率

DPPH 自由基清除率可反映出 κCH 基智能膜的抗氧化活性[145]，如图 6-143(a) 所示。花色素中含有大量酚羟基，可形成苯氧基以消除自由基[146]。因此 PM 或 EPM 的添加赋予 κCH 基膜材料抗氧化活性，使得 κCH/PMx 智能膜及

κCH/EPMx 智能膜可用于密封猪油避免氧化劣化。此外，膜的抗氧化活性受活性成分的释放、活性成分与聚合物的相互作用及膜的微观结构的影响[125]。由表 6-48 可知，κCH/ PMx 智能膜的阻隔性能略高于 κCH/EPMx 智能膜，故 κCH/PMx 智能膜的结构相较于 κCH/EPMx 智能膜略加致密，因而 κCH/PMx 智能膜中含有的花色素更难以释放。此外，可能受 PM 及 EPM 中花色素含量的影响，κCH/PMx 智能膜的 DPPH 自由基清除率相较于 κCH/EPMx 智能膜略低。无天然指示剂添加的 κCH 膜具有微弱的 DPPH 自由基清除效果，可能是受成膜基质中游离羟基影响。

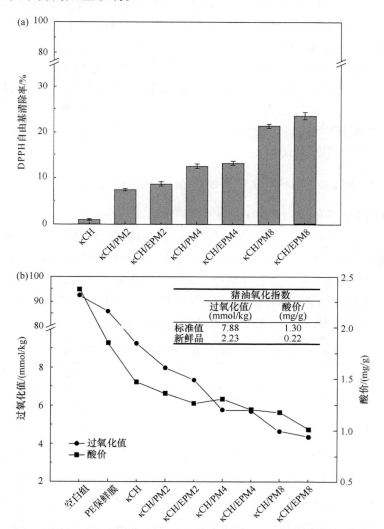

图 6-143　不同 PM 或 EPM 添加量的 κCH 基智能膜的抗氧化能力及其在猪油包装的应用

2) 延缓猪油氧化

空白组和实验组的猪油在第 20 天时的过氧化值和酸价如图 6-143(b)所示。过氧化值和酸价是衡量油酸败及劣化的重要指标，二者数值越低表明猪油的新鲜度越高[147]。根据《食品安全国家标准 食品酸度的测定》(GB 5009.239—2016)[148]和《食品安全国家标准 食品中过氧化值的测定》(GB 5009.227—2016)[149]，过氧化值和酸价的标准上限分别为 7.88 mmol/kg 和 1.30 mg/g。第 20 天时，κCH 膜及 κCH 基智能膜的过氧化值及酸价均显著低于空白组及 PE 保鲜膜($P<0.05$)，且 κC 基智能膜所包裹的猪油的过氧化值及酸价均未超过国家标准，表明 κC 基智能膜相较于商用 PE 膜在防止猪油氧化劣化方面更有效。这可归因于 κC 基智能膜的致密结构和极高的阻氧性能，可有效地阻止包装中猪油与氧气的接触。同时，κC 基智能膜中的花色素具有一定的抗氧化作用，有效减缓猪油的酸败进程。此外，在 PM 与 EPM 添加量相同的条件下，κCH/EPMx 智能膜所包裹的猪油的过氧化值及酸价相较 κCH/PMx 智能膜更低，这是因为相较更疏松的结构使得膜材料中的花色素得以释放，表明花色素的抗氧化活性产生的影响大于膜的阻氧性能。

6.4.2.5　PM 及 EPM 对 κCH 智能膜的 pH 响应性影响

1) κCH/PM 智能膜对不同 pH 缓冲溶液的响应

表 6-49 为 κCH/PMx 智能膜在不同 pH 缓冲溶液中的色度参数及照片。由表可知，随着 PM 添加量的增加，同 pH 条件下，κCH/PMx 智能膜的 L 值呈下降趋势，表明颜色加深；a 值呈上升趋势，表明膜材料随 PM 添加量的增加向红色方向变化；b 值变化不显著。因此，a 值为 κCH/PMx 智能膜的主要色度影响参数。随着 PM 添加量的增加，κCH/PMx 智能膜向红色色度转变。

表 6-49　κCH/PMx 智能膜在不同 pH 下的色度参数及照片

样品	pH	L	a	b	ΔE	变色前	变色后
κCH/ PM2	2.0	58.92 ± 0.23^b	32.37 ± 0.58^a	-7.34 ± 0.07^a	11.35 ± 0.67^c		
	3.0	57.53 ± 0.62^c	29.10 ± 0.37^b	-8.55 ± 0.82^b	7.87 ± 0.51^d		
	6.0	56.98 ± 0.42^d	20.58 ± 0.21^c	-8.62 ± 0.29^{bc}	3.16 ± 0.49^e		
	7.0	60.06 ± 0.17^a	19.54 ± 0.13^d	-9.88 ± 0.04^c	0.24 ± 0.19^f		
	10.0	44.95 ± 0.41^f	-3.77 ± 0.03^e	-21.61 ± 0.21^d	26.87 ± 0.12^b		
	11.0	49.46 ± 0.41^e	-0.97 ± 0.15^f	-23.29 ± 0.22^e	28.42 ± 0.31^a		

续表

样品	pH	L	a	b	ΔE	变色前	变色后
κCH/PM4	2.0	46.76 ± 0.46[c]	41.49 ± 0.64[a]	−7.19 ± 0.35[a]	13.82 ± 0.45[c]		
	3.0	45.89 ± 0.78[d]	38.18 ± 0.62[b]	−8.38 ± 0.44[b]	9.13 ± 0.63[d]		
	6.0	49.45 ± 0.56[ab]	29.42 ± 0.35[c]	−8.99 ± 0.13[c]	0.79 ± 0.59[f]		
	7.0	48.60 ± 0.49[b]	22.82 ± 0.43[d]	−9.02 ± 0.12[cd]	1.67 ± 0.44[e]		
	10.0	44.65 ± 0.89[e]	11.94 ± 0.44[e]	−23.90 ± 0.06[d]	43.04 ± 0.81[a]		
	11.0	49.56 ± 0.82[a]	−0.70 ± 0.30[f]	−25.24 ± 0.35[e]	42.47 ± 0.60[b]		
κCH/PM8	2.0	42.31 ± 0.82[b]	48.12 ± 0.72[a]	−4.34 ± 0.27[a]	22.49 ± 0.81[c]		
	3.0	43.50 ± 0.35[a]	45.75 ± 0.85[b]	−5.24 ± 0.81[b]	15.23 ± 0.92[d]		
	6.0	39.82 ± 0.79[d]	30.68 ± 0.43[d]	−6.78 ± 0.16[c]	6.40 ± 0.07[e]		
	7.0	41.74 ± 0.96[c]	37.07 ± 0.57[c]	−8.61 ± 0.11[d]	0.34 ± 0.21[f]		
	10.0	36.11 ± 0.54[ef]	5.93 ± 0.61[e]	−23.48 ± 0.09[e]	38.41 ± 0.13[b]		
	11.0	36.86 ± 0.33[e]	1.91 ± 0.37[f]	−26.48 ± 0.77[f]	42.04 ± 0.45[a]		

同时，由表6-49可知，智能膜在pH为3.0～6.0、7.0～10.0及10.0～11.0的颜色分别呈红色、淡粉色及蓝色。当pH从3.0增到10.0时，κCH/PMx智能膜的颜色由红色向淡粉色变化，这是由于黄锌盐离子结构的花色素失去质子并逐渐水化成无色的甲醇假碱结构，膜材料颜色逐渐变淡，趋于无色。当pH从10.0增加至11.0时，a值和b值显著降低，智能膜变为蓝色，这是花色素由甲醇假碱结构变为醌式碱离子结构而引起的。上述结果表明，κCH/PMx智能膜具有pH响应特性。

此外，ΔE的大小直接说明变色前后颜色差异的程度[140]。当ΔE>5时，人眼可以观察到颜色的变化；当ΔE>12时，人眼可以观察到显著的颜色变化[146]。由表6-49中ΔE数值可知，κCH/PMx智能膜的pH响应特性较显著。因此，可将该智能膜作为智能标签监测猪肉新鲜度情况，建立κCH/PMx智能膜颜色变化与猪肉新鲜度的联系。

2) κCH/EPM智能膜对不同pH缓冲溶液的响应

表6-50为κCH/EPMx智能膜在不同pH缓冲溶液中的色度参数及照片。由表可知，随着EPM添加量的增加，在相同pH条件下，κCH/EPMx智能膜的L值呈下降趋势，表明颜色加深；a值呈上升趋势，表明膜材料随EPM添加量的增加向红色方向变化；b值变化不显著。因此，a值为κCH/EPMx智能膜的主要色度

影响参数。随着 EPM 添加量的增加，κCH/EPMx 智能膜向红色色度变化。

表 6-50　κCH/EPMx 智能膜在不同 pH 下的色度参数及照片

样品	pH	L	a	b	ΔE	变色前	变色后
κCH/ EPM2	2.0	78.14 ± 0.26[b]	18.49 ± 0.57[a]	−11.31 ± 0.25[e]	4.47 ± 0.32[e]		
	3.0	77.39 ± 0.35[c]	16.52 ± 0.83[b]	−10.62 ± 0.36[d]	2.22 ± 0.57[f]		
	6.0	78.62 ± 0.08[ab]	5.83 ± 0.03[c]	−9.01 ± 0.94[c]	12.10 ± 0.06[d]		
	7.0	78.81 ± 0.21[a]	1.89 ± 0.05[ad]	−8.65 ± 0.18[b]	17.37 ± 0.08[c]		
	10.0	70.94 ± 0.27[d]	−2.77 ± 0.13[e]	−7.82 ± 0.09[a]	19.67 ± 0.03[b]		
	11.0	66.63 ± 0.55[e]	−6.78 ± 0.16[f]	−8.14 ± 0.21[ab]	22.26 ± 0.48[a]		
κCH/ EPM4	2.0	67.25 ± 0.48[d]	29.82 ± 0.45[a]	−17.75 ± 0.35[c]	2.37 ± 0.68[e]		
	3.0	68.54 ± 0.53[c]	27.10 ± 0.62[b]	−17.04 ± 0.45[d]	0.39 ± 0.72[b]		
	6.0	69.50 ± 0.16[b]	13.19 ± 0.17[c]	−19.92 ± 0.13[a]	8.97 ± 0.22[d]		
	7.0	70.80 ± 0.10[a]	11.42 ± 0.21[d]	−18.22 ± 0.12[bc]	14.32 ± 0.26[c]		
	10.0	62.33 ± 0.31[f]	−7.34 ± 0.20[e]	−18.71 ± 0.87[ab]	19.69 ± 0.48[b]		
	11.0	64.71 ± 0.47[e]	−10.01 ± 0.88[f]	−18.37 ± 0.74[b]	21.34 ± 0.69[a]		
κCH/ EPM8	2.0	68.61 ± 0.35[a]	39.26 ± 0.38[a]	−17.35 ± 0.21[bc]	33.74 ± 0.36[c]		
	3.0	64.62 ± 0.26[c]	38.75 ± 0.29[b]	−16.64 ± 0.38[ab]	30.22 ± 0.18[d]		
	6.0	67.89 ± 0.67[b]	10.59 ± 0.61[c]	−17.49 ± 0.38[c]	9.03 ± 0.81[e]		
	7.0	61.49 ± 0.03[d]	4.57 ± 0.57[d]	−17.04 ± 0.05[b]	8.67 ± 0.11[f]		
	10.0	58.77 ± 0.55[f]	−3.71 ± 0.46[e]	−16.29 ± 0.81[a]	35.65 ± 0.64[b]		
	11.0	59.85 ± 0.24[e]	−7.42 ± 0.10[f]	−19.63 ± 0.36[d]	38.52 ± 0.42[a]		

同时，与表 6-49 中 κCH/PMx 智能膜在不同 pH 下的色度参数及照片对比发现，相同 pH 条件下，相同添加量的 κCH/EPMx 智能膜比 κCH/PMx 智能膜的 L 数值更高，表明膜材料颜色更加亮丽；ΔE 数值越高，表明人眼可以观察到颜色的变化更显著[140]。从表 6-50 可看出，κCH/EPMx 智能膜材料的 ΔE 数值较大，且当 EPM 添加量为 8%时，不同 pH 条件下的 κCH/EPMx 智能膜的 ΔE 数值相差较大。因此，选择将该智能膜作为智能标签监测猪肉新鲜度情况，建立

κCH/EPM 智能膜颜色变化与猪肉新鲜度的联系。

6.4.2.6　κCH 智能膜在猪肉新鲜度实时指示中的应用

图 6-144 为猪肉的 TVB-N 值随储存时间的变化及 κCH 基智能膜材料在猪肉变质过程中的颜色变化。由图可知，猪肉的 TVB-N 值随着储存时间的延长而增大。20 h 时，猪肉的 TVB-N 值达到 13.52 mg/100 g，根据《食品安全国家标准 鲜(冻)畜、禽产品》(GB 2707—2016)[65]的规定(新鲜肉≤15 mg/100 g)，此时的猪肉为新鲜状态。30 h 时，猪肉的 TVB-N 值继续增大至 17.54 mg/100 g，此时猪肉已经腐败。上述结果是由于猪肉中的蛋白质及氨基酸等物质被微生物分解为氨等挥发性胺类物质引起的[137]。同时，也可从图 6-144 中看出，κCH 基智能膜随着储存时间的延长，颜色由红色转变为灰紫色。这是由于猪肉腐败所产生的挥发性氮类物质与智能膜接触后，与智能膜表面的水分反应形成季铵盐，从而与花色素

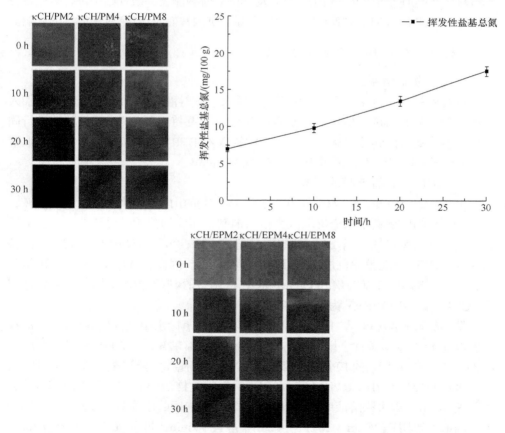

图 6-144　κCH 基智能膜材料在猪肉变质过程中的颜色变化及对应时间猪肉的挥发性盐基总氮

发生反应，使智能膜发生颜色变化[150]。尽管 κCH 基智能膜的颜色变化与猪肉的变质不同步，但是该实验表明 κCH 基智能膜能感应一定体积的挥发性胺类气体，具有用于猪肉新鲜度检测的潜力。

6.4.3 卡拉胶基抗菌活性膜

6.4.3.1 概述

由 6.4.2 节的研究结果发现，当天然指示剂为 EPM 且质量分数为 8%(*W/W*, κC/HM 基)时，κCH 基智能膜的各项性能综合最优，且具有 pH 响应性。然而，以天然染料花色素为 pH 响应物质的多糖基智能标签存在易被细菌侵染，致使食品污染或指示功能失灵的问题[151]，严重影响 κCH 基智能膜的指示功能。为了改善此缺陷，本节以黄柏提取液(BER)为添加剂制备具有抗菌性的高灵敏度的智能膜材料。实验通过 FTIR、XRD、TG 及 SEM 对智能膜的微观结构进行表征及分析，考察 BER 的添加量对膜材料的力学性能、抗菌性能及 pH 响应性能等的影响。

6.4.3.2 κCHE/BER 智能膜的制备

1) BER 提取液制备

将黄柏粉碎，过 80 目筛，得到黄柏粉末；按料液比 1∶20 将黄柏粉末加入到体积分数为 95%的乙醇中，用水浴加热至 70℃并持续回流 2 h 后，抽滤进行固液分离，将滤液旋转蒸发浓缩，得到黄柏提取液(BER)；取 10 mL 的黄柏提取液在 100℃下干燥至恒重，测得固含量为 0.0317 g/mL。

2) κCHE/BER 智能膜的制备

由 6.4.2 节可知，以 40%(*W/W*, κC/HM 基)的山梨醇为增塑剂，8%(*W/W*, κC/HM 基)的山桃稠李果渣提取液为指示剂制备而成的智能膜材料综合性能最适宜。且由预实验可知，当 BER 的添加量超过 12%(*W/W*, κC/HM 基)时，所制备的 κCHE/BER 智能膜颜色过深，且无法完整剥离。因而，选用 BER 的添加量为 0%、4%、8%和 12%(*W/W*, κC/HM 基)，所制备的κ型卡拉胶基智能膜分别标记为 κCHE、κCHE/BER*x*(*x* 为 4、8 和 12)。

精确称取 6.4 g κC 与 1.6 g HM 溶于 400 mL 蒸馏水中，并以 600 r/min 的搅拌速度在 85℃水浴条件下搅拌 1 h，同时加入 40%(*W/W*, κC/HM 基)的山梨醇与 8%(*W/W*, κC/HM 基)的 EPM 于成膜溶液中，持续搅拌并降温至 50℃；分别加入 4%、8%和 12%(*W/W*, κC/HM 基)的 BER，继续搅拌 30 min；随后将成膜溶液超声处理 10 min 以去除溶液中的气泡；最后，将除泡后的成膜溶液缓慢倒入烘箱中的聚四氟乙烯槽具(26 cm × 26 cm × 4 cm)中静置 30 min，再于 40℃下烘干 48 h。

6.4.3.3　结果与分析

1) BER 对 κCHE/BER 智能膜结构的影响

(1) FTIR。

图 6-145 为不同 BER 添加量的 κCHE/BERx 智能膜的 FTIR 图。κCHE 膜中 3321 cm^{-1} 处为—OH 特征峰；2892 cm^{-1} 处为—CH 特征峰；1684 cm^{-1} 处为 C═O 特征峰；1120~1000 cm^{-1} 处为 C—O 特征峰；1228 cm^{-1}、1036 cm^{-1}、925 cm^{-1} 及 832 cm^{-1} 处分别对应κC 中的硫酸酯基、糖苷键及多糖中的吡喃糖环。当 BER 加入后，3321 cm^{-1} 处的—OH 特征峰强度减弱，表明 BER 的添加破坏了基质间的氢键作用。

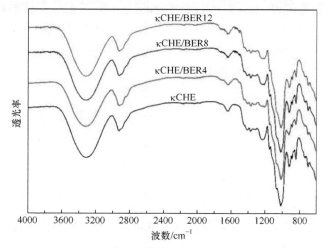

图 6-145　不同 BER 添加量的 κCHE/BERx 智能膜的红外光谱图

(2) SEM。

由图 6-146 可见，所有膜材料的表面及断面是均一且致密的。但随着 BER 添加量的增加，κCHE/BERx 智能膜的表面变得更加粗糙，断面褶皱增多。这是由于 BER 破坏了成膜基质间的氢键作用，膜材料致密结构变得疏松，影响了膜的均一性。

2) BER 对 κCHE/BER 智能膜性能的影响

(1) 热稳定性。

由图 6-147 可知，κCHE 智能膜在 25~600℃范围内存在三个质量损失峰。在 98.14℃处的第一个质量损失峰是膜材料中水分蒸发导致的；在 251.32℃处的第二个质量损失峰是κC 及山梨醇热分解导致的；在 361.78℃处的第三个质量损失峰是 HM 热分解导致的。

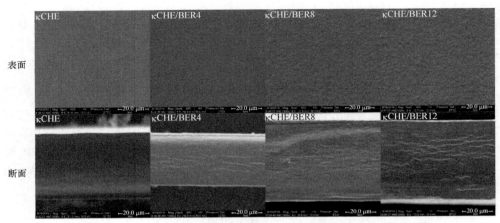

图 6-146　不同 BER 添加量的 κCHE/BERx 智能膜的表面及断面形貌

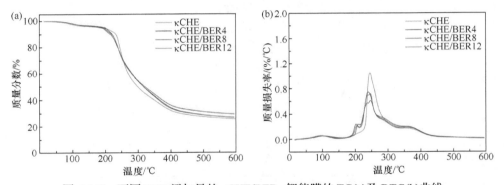

图 6-147　不同 BER 添加量的 κCHE/BERx 智能膜的 TG(a)及 DTG(b)曲线

由 κCHE/BERx 智能膜的 TG 及 DTG 曲线可知：κCHE/BERx 智能膜在 25～ 600℃的范围内存在五个质量损失峰。在 98.14℃处的第一个质量损失峰是膜材料中水分蒸发导致的；在 201.38℃处的第二个质量损失峰是 BER 热分解导致的；在 247.16℃处的第三个质量损失峰是花色素热分解导致的；在 251.32℃处的第四个质量损失峰是κC 及山梨醇热分解导致的；在 361.78℃处的第五个质量损失峰是 HM 热分解导致的。这是由于 BER 的加入破坏了成膜基质间的分子间作用力及与花色素间的氢键作用，进而κCHE/BERx 智能膜的热稳定性略有下降。但 κCHE/BERx 智能膜在低于 100℃的温度下依旧能保持热稳定，适用于绝大多数食品的实际包装应用。

(2) 力学性能。

如表 6-51 所示，随着 BER 添加量的增加，κCHE/BERx 智能膜的拉伸强度呈下降趋势，断裂伸长率显著上升。这是由于 BER 中含有小檗碱[152]，结构式如图 6-148 所示。小檗碱通过电荷斥力阻碍了花色素与κC 间的静电引力及氢键作用，被锁定的花色素得以释放。游离的花色素与小檗碱庞大的芳香环结构阻碍了成膜基质间的分子作用力，膜材料致密的网状结构变得疏松，从而极大地增加了膜基质分子链的自由移动体积，故膜的刚性下降、柔韧性增加、厚度增加。此外，膜的厚度也受到 BER 添加量的影响，因而κCHE/BERx 智能膜的厚度随 BER 添加量的增加而上升。

表 6-51　不同 BER 添加量对 κCHE/BERx 智能膜力学性能的影响

试样膜	厚度/μm	拉伸强度/MPa	断裂伸长率/%
κCHE	128.48 ± 0.66^a	10.67 ± 0.49^b	43.86 ± 1.61^a
κCHE/BER4	135.12 ± 0.63^b	12.74 ± 1.02^d	48.90 ± 0.64^b
κCHE/BER8	138.96 ± 1.02^c	11.99 ± 0.34^c	57.03 ± 0.93^c
κCHE/BER12	144.12 ± 0.87^d	9.37 ± 0.12^a	63.89 ± 1.28^d

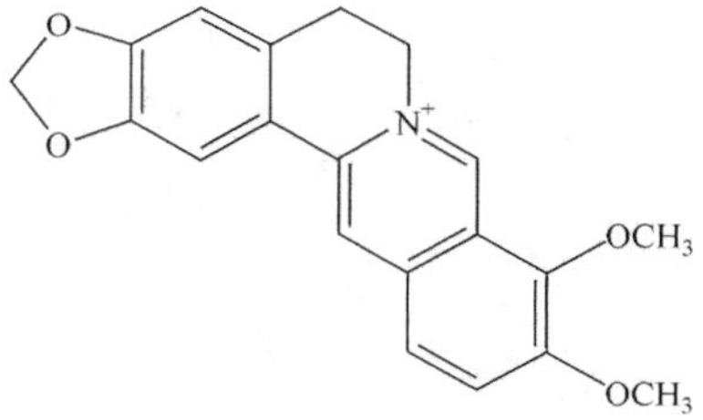

图 6-148　小檗碱结构式

(3) 阻隔性能。

由表 6-52 可知，随着 BER 添加量的增加，κCHE/BERx 智能膜的透氧值及水蒸气透过系数有所上升，这是由于 BER 破坏了智能膜成膜基质间形成的致密的网状结构，从而扩大了内部分子自由体积并促进了分子链的运动，进而氧气和水蒸气更易穿透膜材料。但所制备的 κCHE/BERx 智能膜仍表现出优异的阻氧性能及阻湿性能，OP 值远低于市售低密度聚乙烯[187×10^{-12} cm^3/(mm$^2 \cdot$ d $\cdot$ Pa)]及线型低密度聚乙烯[165×10^{-12} cm^3/(mm$^2 \cdot$ d $\cdot$ Pa)]，故κCHE/BERx 智能膜材料可用于食品包装领域。

表 6-52　不同 BER 添加量对 κCHE/BERx 智能膜阻隔性能的影响

试样膜	透氧值/[$\times 10^{-12}$ cm^3/(mm$^2 \cdot$ d $\cdot$ Pa)]	水蒸气透过系数/[$\times 10^{-12}$ g/(m $\cdot$ s $\cdot$ Pa)]
κCHE	2.26 ± 0.08^a	2.03 ± 0.05^a
κCHE/BER4	4.95 ± 0.06^b	3.42 ± 0.03^b
κCHE/BER8	9.37 ± 0.06^c	4.56 ± 0.08^c
κCHE/BER12	14.46 ± 0.12^d	5.95 ± 0.05^d

（4）透光性能。

由图 6-149 可知，κCHE/BERx 智能膜的透光率随着 BER 添加量的增加而降低。当 BER 添加量达到 12%时，κCHE/BER12 智能膜在 570 nm 处的透光率明显下降到 13.42%，然而，透过 κCHE/BER12 智能膜材料，依旧可较为清楚地观察到图片图案。此外，当 BER 添加量超过 4%时，智能膜在紫外光区域透光率为零，表明 κCHE/BERx 智能膜可有效地屏蔽紫外光，进而阻止食品腐败氧化。

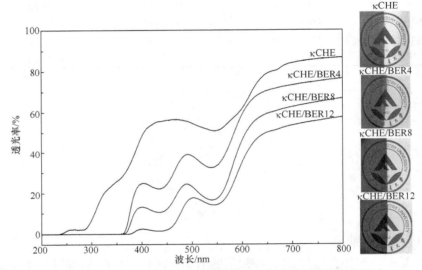

图 6-149　不同 BER 添加量对 κCHE/BERx 智能膜透光性能的影响

（5）抗菌性能。

κCHE/BERx 智能膜材料对大肠杆菌和金黄色葡萄球菌的抗菌性能如图 6-150 所示，通过实测抑菌圈的直径大小评价抗菌性能。由图可知，κCHE 智能膜对大肠杆菌及金黄色葡萄球菌无抗菌性，表面有菌落痕迹。κCHE/BERx 智能膜对大肠杆菌及金黄色葡萄球菌均有明显的抗菌性能。随着 BER 添加量的增加，大肠杆菌抑菌圈的直径从 1.50 cm 增加至 3.60 cm，金黄色葡萄球菌抑菌圈的直径从 2.90 cm 增加至 3.95 cm。这是因为黄柏提取液中的小檗碱具有广谱抑菌性[152]。通过结构中氮阳离子吸附在带负电荷的细菌表面，干扰细菌酶活性，使得细菌代谢紊乱而被杀灭[153]。因而 BER 的添加可以有效地避免 κCHE/BERx 智能膜被食源性病菌的侵染，消除消费者对食物污染的忧虑。

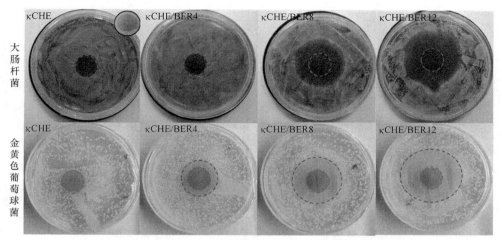

图 6-150　不同 BER 添加量的 κCHE/BERx 智能膜的抗菌性能

6.4.3.4　κCHE/BER 智能膜在猪油包装中的应用

1) DPPH 自由基清除率

DPPH 自由基清除率反映出 κCHE/BERx 智能膜的抗氧化活性。如图 6-151(a) 所示，随着 BER 添加量的增加，κCHE/BERx 智能膜对 DPPH 自由基的清除率可达 58.86%。这是因为 BER 的添加疏松了成膜基质间形成的致密网络结构，并破坏了花色素与 κC 间的电荷作用及氢键作用，锁定的花色素得以释放。其次，BER 中含有具有高抗氧化活性的总黄酮类化合物，对 DPPH 自由基清除效果显著。因而，κCHE/BERx 智能膜具有良好的抗氧化活性，可用于保护密封食物避免氧化。

2) 延缓猪油氧化

猪油在第 20 天时的过氧化值和酸价如图 6-151(b) 所示。过氧化值和酸价是衡量油酸败及劣化的重要指标，数值越低表明猪油的新鲜度越高。根据《食品安全国家标准　食品酸度的测定》(GB 5009.239—2016)[148]和《食品安全国家标准　食品中过氧化值的测定》(GB 5009.227—2016)[149]规定，过氧化值和酸价的标准上限分别为 7.88 mmol/kg 和 1.30 mg/g。在第 20 天，κCHE/BERx 智能膜所包裹的猪油的过氧化值与酸价均未超过国家标准，且随着 BER 添加量的增加而降低。这归因于 κCHE/BERx 智能膜极高的阻氧性能；BER 及 κCHE/BERx 智能膜中的花色素具有优异的抗氧化活性，有效地减缓了猪油的酸败进程。

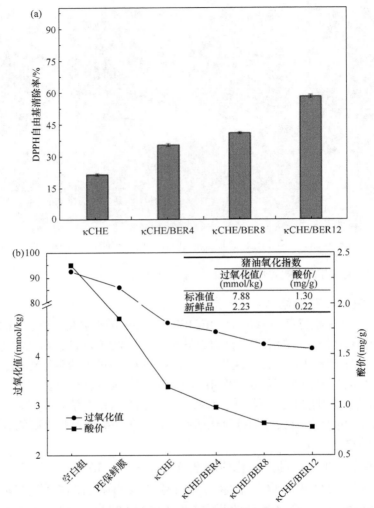

图 6-151　不同 BER 添加量的 κCHE/BERx 智能膜的抗氧化能力及其在猪油包装中的应用

6.4.3.5　κCHE/BER 智能膜的 pH 响应性

表 6-53 为 κCHE/BERx 智能膜在不同 pH 下的色度参数及照片。由表可知，随着 BER 添加量的增加，κCHE/BERx 智能膜的 L 值与 b 值变化不显著，a 值呈下降趋势，表明智能膜材料随 BER 添加量的增加向绿色方向变化。因此，a 值为 κCH/BERx 智能膜的主要色度影响参数。κCHE/BERx 智能膜呈现出随着 BER 添加量增加而由紫色向橙红色转变的现象，这是由 κCHE 膜与 BER 溶液颜色的色调叠加引起的。

表 6-53 κCHE/BERx 智能膜在不同 pH 下的色度参数及照片

样品	pH	L	a	b	ΔE	变色前	变色后
κCHE	2.0	68.79 ± 0.32^f	43.06 ± 0.47^a	-13.82 ± 0.23^d	39.46 ± 0.55^a		
	3.0	64.62 ± 0.26^d	38.75 ± 0.29^b	-16.64 ± 0.38^b	30.22 ± 0.18^b		
	6.0	67.89 ± 0.67^e	10.59 ± 0.61^c	-7.49 ± 0.38^e	9.03 ± 0.81^e		
	7.0	61.49 ± 0.03^c	4.57 ± 0.57^d	-7.04 ± 0.05^f	8.67 ± 0.11^f		
	10.0	58.77 ± 0.55^a	-3.71 ± 0.46^e	-16.29 ± 0.81^c	25.65 ± 0.64^d		
	11.0	59.85 ± 0.24^b	-7.42 ± 0.10^f	-19.63 ± 0.36^a	28.52 ± 0.42^c		
κCHE/BER4	2.0	65.18 ± 0.35^{de}	38.93 ± 0.34^a	36.28 ± 0.62^e	12.36 ± 0.72^d		
	3.0	57.80 ± 0.20^e	35.18 ± 0.59^b	31.85 ± 0.29^f	5.82 ± 0.41^f		
	6.0	66.97 ± 0.29^c	-1.53 ± 0.47^c	49.27 ± 0.08^a	10.79 ± 0.56^e		
	7.0	70.09 ± 0.08^b	-3.25 ± 0.15^d	47.01 ± 0.06^b	14.36 ± 0.14^c		
	10.0	71.51 ± 0.43^a	-14.06 ± 0.18^e	39.75 ± 0.30^d	36.18 ± 0.30^a		
	11.0	65.73 ± 0.31^d	-16.82 ± 0.69^f	43.91 ± 0.54^c	35.12 ± 0.45^b		
κCHE/BER8	2.0	58.74 ± 0.20^{cd}	36.36 ± 0.41^a	53.18 ± 0.27^{bc}	11.26 ± 0.33^b		
	3.0	45.99 ± 0.30^e	37.93 ± 0.53^b	50.08 ± 0.34^a	5.19 ± 0.55^a		
	6.0	64.21 ± 0.43^a	0.40 ± 0.51^c	60.08 ± 0.30^e	16.39 ± 0.16^c		
	7.0	62.21 ± 0.09^b	-3.45 ± 0.73^d	57.54 ± 0.42^d	17.09 ± 0.85^d		
	10.0	47.90 ± 0.24^d	-18.76 ± 0.10^e	53.25 ± 0.87^b	39.03 ± 0.23^f		
	11.0	58.83 ± 0.07^c	-25.53 ± 0.18^f	54.57 ± 0.65^c	33.20 ± 0.13^e		
κCHE/BER12	2.0	65.71 ± 0.37^c	32.52 ± 0.32^a	38.01 ± 0.86^e	8.39 ± 0.42^b		
	3.0	55.51 ± 0.20^e	26.87 ± 0.49^b	65.38 ± 0.14^{de}	6.80 ± 0.54^a		
	6.0	68.38 ± 0.55^a	-3.44 ± 0.45^c	74.78 ± 0.53^a	13.47 ± 0.25^c		
	7.0	67.37 ± 0.84^b	-8.61 ± 0.23^d	73.81 ± 0.23^b	17.76 ± 0.74^d		
	10.0	54.17 ± 0.03^f	-21.34 ± 0.19^e	65.96 ± 0.07^d	36.48 ± 0.05^e		
	11.0	62.91 ± 0.11^d	-23.48 ± 0.23^f	69.46 ± 0.32^c	38.18 ± 0.24^f		

同时，由表可知，κCHE 智能膜在 pH 为 3.0～6.0、7.0～9.0 及 10.0～11.0 的颜色分别呈紫色、淡粉色及绿色。κCHE/BERx 智能膜在 pH 为 3.0～6.0、7.0～9.0 及 10.0～11.0 的颜色分别呈橙红色、黄色及绿色，颜色变化显著。黄柏提取液的添加改变了智能膜颜色的变化，可能是由于花色素颜色转变时与 BER 本身黄色色调叠加引起的。由表可知，κCHE/BERx 智能膜的 ΔE 数值依旧较大，说明 κCHE/BERx 智能膜的 pH 响应特性依旧显著，未受到 BER 添加影响而削弱。

6.4.3.6　κCHE/BER 智能膜在猪肉新鲜度实时指示中的应用

本节制备的智能膜材料相比于 6.4.2 节制备的 κCHE/PMx 和 κCHE/EPMx 膜材料，具备了优良的抗菌性能，且抗氧化性能提高。为了验证添加 BER 对智能膜材料在猪肉新鲜度实时指示中应用的影响，测定膜材料对挥发性盐基总氮的响应及颜色变化。由图 6-152(a)可知，猪肉的 TVB-N 值随着储存时间的增长而增大。20 h 时，猪肉的 TVB-N 值达到 12.86 mg/100g，根据《食品安全国家标准 鲜(冻)畜、禽产品》(GB 2707—2016)[65]的规定(新鲜肉≤15 mg/100 g)，此时的猪肉为新鲜状态。30 h 时，猪肉的 TVB-N 值继续增大至 18.44 mg/100g，此时猪肉已经腐败。上述结果是由猪肉中的蛋白质及氨基酸等物质被微生物分解为氨等挥发性胺类物质引起的。

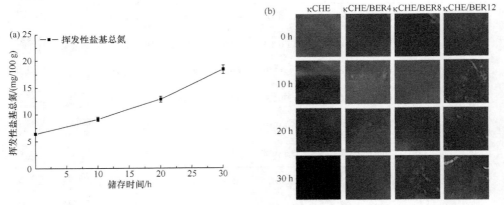

图 6-152　猪肉的挥发性盐基总氮随储存时间的变化(a)及 κCHE/BERx 智能膜在猪肉变质过程中的颜色变化(b)

智能膜在监控猪肉腐败过程中的色度值变化如表 6-54 所示。随着时间的增长，κCHE/BERx 膜材料的 a 值逐渐变小，b 值逐渐变大，且 ΔE 逐渐增大。在 20 h 时，κCHE/BERx 智能膜的色度差随着 BER 添加量的增加，可达 12.32、16.22 和 11.51。说明此时的色度变化已经能被肉眼显著观察到，也可从图 6-152(b)中看出，随着储存时间延长，κCHE/BERx 智能膜的颜色由红色转变为绿色。颜色的差异是由于花色素颜色变化与 BER 本身黄色的色调叠加导致的。该实验说明 κCHE/BERx 智能膜仍具有检测猪肉新鲜度的潜力。

表 6-54　κCHE/BERx 智能膜在监控猪肉腐败过程中的色度值变化

样品	时间/h	L	a	b	ΔE
κCHE/BER4	0	57.80 ± 0.20^d	35.18 ± 0.59^d	31.85 ± 0.29^d	0.21 ± 0.14^d
	10	59.42 ± 0.32^c	19.63 ± 0.42^c	36.24 ± 0.25^c	6.24 ± 0.36^c
	20	67.53 ± 0.18^b	8.24 ± 0.32^b	46.82 ± 0.34^b	12.32 ± 0.25^b
	30	66.28 ± 0.49^a	-2.36 ± 0.28^a	50.34 ± 0.21^a	12.69 ± 0.87^a
κCHE/BER8	0	45.99 ± 0.30^d	37.93 ± 0.53^d	50.08 ± 0.34^d	0.16 ± 0.13^d
	10	49.26 ± 0.14^c	24.85 ± 0.36^c	51.63 ± 0.24^c	8.57 ± 0.53^c
	20	54.52 ± 0.24^b	3.28 ± 0.20^b	56.29 ± 0.49^b	16.22 ± 0.27^b
	30	56.37 ± 0.53^a	-5.73 ± 0.91^a	58.48 ± 0.58^d	15.66 ± 0.14^a
κCHE/BER12	0	55.51 ± 0.20^d	26.87 ± 0.49^c	65.38 ± 0.14^d	0.34 ± 0.08^d
	10	57.17 ± 0.29^c	20.35 ± 0.37^b	68.82 ± 0.36^b	7.56 ± 0.62^c
	20	58.29 ± 0.84^b	6.74 ± 0.51^d	72.42 ± 0.53^c	11.51 ± 0.29^b
	30	60.34 ± 0.17^a	-4.28 ± 0.22^a	74.75 ± 0.45^d	12.88 ± 0.35^a

6.4.4　小结

以 κ 型卡拉胶与羟丙基甲基纤维素为成膜基质，对其成膜性能进行了探讨；通过花色苷的加入赋予κ型卡拉胶基膜材料功能多样化；通过添加黄柏提取液赋予智能膜材料抗菌性，避免食源性病菌的侵染。通过对所制备的膜材料的微观结构、各项性能及 pH 响应性能进行表征及分析，从而解析成膜基质间的相互作用。同时，将智能膜应用于猪油密封包装及猪肉实时新鲜度监测，极大延缓猪油劣化时间并将智能膜的颜色变化与猪肉的新鲜程度建立联系，进而验证所制智能膜的实际应用价值。具体结论如下：

(1) 甘油、山梨醇及 PEG 400 的加入，削弱了κC 与 HM 的分子间及分子内作用力，形成了新的氢键作用，κC/HM 膜有序的空间结构被重构，趋于无序排列。甘油或山梨醇相较于 PEG 400，与κC 及 HM 相容性更高。添加 PEG 400 对膜的热稳定性无显著影响，但甘油或山梨醇的加入有效地提高膜的热稳定性。随着增塑剂添加量的增加，膜的柔韧性及断裂伸长率显著上升，拉伸强度逐渐下降；虽然膜的透氧率与透湿率呈上升趋势，但阻隔性能依旧优异；透光率略有下降。综合膜的性能评判，选取山梨醇为增塑剂，适宜添加量为 40%(W/W，κC/HM 基)。

(2) 通过机械压榨及酸/醇浸提法成功制备 PM 和 EPM。结果表明 PM 和 EPM

在不同 pH 条件下的颜色变化与花色素结构变化有直接关系。将 PM 或 EPM 添加到 κC/HM 膜材料中，成功制得 κCH/PM 及 κCH/EPM 智能膜。结果表明，PM 或 EPM 的加入，疏松膜基材分子链的紧密纠缠结构，并形成新的氢键作用，从而智能膜的柔韧性得到增强。但 PM 或 EPM 的添加减少膜材料中可穿透的孔隙数量，因而膜材料的阻隔性能得到增强，且对紫外光具有一定的屏蔽作用。另外，PM 或 EPM 的添加赋予了膜材料抗氧化活性与 pH 响应性。κCH/PM 及 κCH/EPM 智能膜以密封包形式包裹猪油，可有效抑制猪油的氧化，延长储存期；以指示标签形式指示猪肉新鲜度，颜色的显著变化表明具有检测猪肉新鲜度的潜力。综合膜的性能评判，选择天然指示剂为 EPM 且质量分数为 8%(*W*/*W*, κC/HM 基)时，智能膜的各项性能综合最优。

(3) 通过酸/醇浸提法成功制得 BER。将 BER 添加到 κC/HM 膜材料中，成功制得 κCHE/BER 智能膜。结果表明，BER 破坏成膜基质间致密网络结构，从而智能膜的柔韧性得到增强，拉伸强度及阻隔性能下降，但对紫外光表现出优异的屏蔽作用。另外，BER 的添加赋予了膜材料抗菌性，增强了抗氧化活性，改善了以天然染料花色素为 pH 响应组件的多糖基智能标签易被细菌侵染，进而包覆食品被污染及标签指示功能灵敏度低、准确性差的缺陷，pH 响应性大大提高。κCHE/BER 智能膜以密封包形式包裹猪油，可有效抑制猪油的氧化，延长储存期；以指示标签形式指示猪肉新鲜度，颜色变化依旧明显，表明具有用于猪肉新鲜度检测的潜力。

通过研究，制备了一种可监测猪肉新鲜度的免受食源性病菌侵染的 κ 型卡拉胶基智能膜材料。EPM 的加入赋予了 κ 型卡拉胶基膜材料抗氧化活性及 pH 响应性，在猪肉新鲜度检测中表现出显著的颜色变化；BER 的加入改善了以天然染料花色素为 pH 响应组件的多糖基智能标签易被细菌侵染导致指示功能失灵的缺陷，可有效杀除食源性病菌，消除消费者顾虑。该研究不仅为 κ 型卡拉胶的进一步开发提供了一定理论依据，也为未来的食品安全性监控的普及提供了有力的技术支撑。

参 考 文 献

[1] 于凡, 孙乐, 许利嘉, 等. 决明子现代应用的研究进展. 中国现代中药, 2018, 20(5): 626-630.

[2] Cong Q F, Shang M S, Dong Q, et al. Structure and activities of a novel heteroxylan from *Cassia obtusifolia* seeds and its sulfated derivative. Carbohydrate Research, 2014, 393: 43-50.

[3] 郝延军, 桑青黎, 赵余庆. 决明子的研究进展. 中草药, 2001, 32(9): 858-959.

[4] Huang Y L, Chow C J, Tsai Y H. Composition, characteristics, and *in-vitro* physiological effects of the water-soluble polysaccharides from *Cassia* seed. Food Chemistry, 2012, 134(4): 1967-1972.

[5] Zhang W D, Wang Y, Wang Q, et al. Quality evaluation of Semen Cassiae (*Cassia obtusifolia* L.) by using ultra-high performance liquid chromatography coupled with mass spectrometry. Journal

of Separation Science, 2012, 35(16): 2054-2062.

[6] Tang L Y, Wu H W, Su H J, et al. Four new glycosides from the seeds of *Cassia obtusifolia*. Phytochemistry Letters, 2015, 13: 81-84.

[7] Subramonian W, Wu T Y, Chai S P. A comprehensive study on coagulant performance and floc characterization of natural *Cassia obtusifolia* seed gum in treatment of raw pulp and paper mill effluent. Industrial Crops and Products, 2014, 61: 317-324.

[8] Subramonian W, Wu T Y, Chai S P. An application of response surface methodology for optimizing coagulation process of raw industrial effluent using *Cassia obtusifolia* seed gum together with alum. Industrial Crops and Products, 2015, 70: 107-115.

[9] Kumar V. Experimental validation of antidiabetic and antioxidant potential of *Cassia tora* (L.): An indigenous medicinal plant. Indian Journal of Clinical Biochemistry, 2017, 32(3): 323-328.

[10] 曹长青, 武宗文, 周培文, 等. 羧甲基决明子胶在活性印花中的应用. 印染, 2017, 43(15): 27-29.

[11] Silva-Weiss A, Bifani V, Ihl M, et al. Structural properties of films and rheology of film-forming solutions based on chitosan and chitosan-starch blend enriched with murta leaf extract. Food Hydrocolloids, 2013, 31(2): 458-466.

[12] Medina-Torres L, Brito-De La Fuente E, Torrestiana-Sanchez B, et al. Rheological properties of the mucilage gum (*Opuntia ficus indica*). Food Hydrocolloids, 2000, 14(5): 417-424.

[13] Lin H Y, Tsai J C, Lai L S. Effect of salts on the rheology of hydrocolloids from mulberry (*Morus alba* L.) leaves in concentrated domain. Food Hydrocolloids, 2009, 23(8): 2331-2338.

[14] Ma Q Y, Du L, Yang Y, et al. Rheology of film-forming solutions and physical properties of tara gum film reinforced with polyvinyl alcohol (PVA). Food Hydrocolloids, 2017, 63: 677-684.

[15] Peressini D, Bravin B, Lapasin R, et al. Starch-methylcellulose based edible films: Rheological properties of film-forming dispersions. Journal of Food Engineering, 2003, 59(1): 25-32.

[16] Clark A H, Ross-Murphy S B. Structural and mechanical properties of biopolymer gels. Advances in Polymer Science, 1987, 83: 157-192.

[17] Niu H J, Liu A G, Liu L Z, et al. Texture and rheological properties of compourd system of tara gum and xanthan gum. Food and Machinery, 2019.

[18] Mekonnen T, Mussone P, Khalil H, et al. Progress in bio-based plastics and plasticizing modifications. Journal of Materials Chemistry A, 2013, 1(43): 13379.

[19] Antoniou J, Liu F, Majeed H, et al. Characterization of tara gum edible films incorporated with bulk chitosan and chitosan nanoparticles: A comparative study. Food Hydrocolloids, 2015, 44: 309-319.

[20] Silva B D, Ulhoa C J, Batista K A, et al. Biodegradable and bioactive CGP/PVA film for fungal growth inhibition. Carbohydrate Polymers, 2012, 89(3): 964-970.

[21] Haq M A, Hasnain A, Azam M. Characterization of edible gum cordia film: Effects of plasticizers. LWT - Food Science and Technology, 2014, 55(1): 163-169.

[22] Ghasemlou M, Khodaiyan F, Oromiehie A. Physical, mechanical, barrier, and thermal properties of polyol-plasticized biodegradable edible film made from kefiran. Carbohydrate Polymers, 2011, 84(1): 477-483.

[23] 马倩云. 塔拉胶基 pH 响应复合膜的制备及性能研究. 哈尔滨: 东北林业大学, 2018.

[24] 高丹丹. 普鲁兰多糖-明胶可食性膜的制备、成膜机理及应用研究. 哈尔滨: 东北农业大学, 2012.

[25] Martins J T, Cerqueira M A, Vicente A A. Influence of α-tocopherol on physicochemical properties of chitosan-based films. Food Hydrocolloids, 2012, 27(1): 220-227.

[26] 颜田田, 戚勃, 杨贤庆, 等. 增塑剂对卡拉胶可食用膜性能的影响. 食品与发酵工业, 2019, 395(23): 101-106.

[27] Farhan A, Hani N M. Characterization of edible packaging films based on semi-refined kappa-carrageenan plasticized with glycerol and sorbitol. Food Hydrocolloids, 2017, 64: 48-58.

[28] Chick J, Ustunol Z. Mechanical and barrier properties of lactic acid and rennet precipitated casein-based edible films. Journal of Food Science, 2006, 63(6): 1024-1027.

[29] Jost V, Kobsik K, Schmid M, et al. Influence of plasticiser on the barrier, mechanical and grease resistance properties of alginate cast films. Carbohydrate Polymers, 2014, 110: 309-319.

[30] Seyedi S, Koocheki A, Mohebbi M, et al. Lepidium perfoliatum seed gum: A new source of carbohydrate to make a biodegradable film. Carbohydrate Polymers, 2014, 101: 349-358.

[31] Sobral P J A, Menegalli F C, Hubinger M D, et al. Mechanical, water vapor barrier and thermal properties of gelatin based edible films. Food Hydrocolloids, 2001, 15(4-6): 423-432.

[32] Yan Q Q, Hou H X, Guo P, et al. Effects of extrusion and glycerol content on properties of oxidized and acetylated corn starch-based films. Carbohydrate Polymers, 2012, 87(1): 707-712.

[33] Rodsamran P, Sothornvit R. Rice stubble as a new biopolymer source to produce carboxymethyl cellulose-blended films. Carbohydrate Polymers, 2017, 171: 94-101.

[34] Jongjareonrak A, Benjakul S, Visessanguan W, et al. Effects of plasticizers on the properties of edible films from skin gelatin of bigeye snapper and brownstripe red snapper. European Food Research and Technology, 2006, 222(3-4): 229-235.

[35] Xu X, Li B, Kennedy J F, et al. Characterization of konjac glucomannan-gellan gum blend films and their suitability for release of nisin incorporated therein. Carbohydrate Polymers, 2007, 70(2): 192-197.

[36] Razavi S M A, Mohammad Amini A, Zahedi Y. Characterisation of a new biodegradable edible film based on sage seed gum: Influence of plasticiser type and concentration. Food Hydrocolloids, 2015, 43: 290-298.

[37] 梁铁强. 具有可视智能性的沙蒿胶基膜材料的制备与性能研究. 哈尔滨: 东北林业大学, 2019.

[38] Yang L, Paulson A T. Effects of lipids on mechanical and moisture barrier properties of edible gellan film. Food Research International, 2000, 33(7): 571-578.

[39] 李凤红, 吴全才, 赵文凯, 等. 高淀粉含量玉米淀粉膜的制备及结构性能研究. 现代化工, 2009, 29(12): 43-45, 47.

[40] Talja R A, Helén H, Roos Y H, et al. Effect of various polyols and polyol contents on physical and mechanical properties of potato starch-based films. Carbohydrate Polymers, 2007, 67(3): 288-295.

[41] 谌小立, 赵国华. 增塑剂对甘薯淀粉膜机械及渗透性能的影响. 食品工业科技, 2009, 30(9): 255-258.

[42] Ahmadi R, Kalbasi-Ashtari A, Oromiehie A, et al. Development and characterization of a novel

biodegradable edible film obtained from psyllium seed (*Plantago ovata* Forsk). Journal of Food Engineering, 2012, 109(4): 745-751.

[43] 程萌, 张荣飞, 逯文倩, 等. 香芹酚/海藻酸钠生物复合膜的制备及性能. 精细化工, 2019, 36(9): 1896-1902, 1955.

[44] Ma Q Y, Hu D Y, Wang H X, et al. Tara gum edible film incorporated with oleic acid. Food Hydrocolloids, 2016, 56: 127-133.

[45] Cerqueira M A, Souza B W S, Teixeira J A, et al. Effect of glycerol and corn oil on physicochemical properties of polysaccharide films—A comparative study. Food Hydrocolloids, 2012, 27(1): 175-184.

[46] Wu C H, Sun J S, Chen M Y, et al. Effect of oxidized chitin nanocrystals and curcumin into chitosan films for seafood freshness monitoring. Food Hydrocolloids, 2019, 95: 308-317.

[47] Sirviö J A, Kolehmainen A, Liimatainen H, et al. Biocomposite cellulose-alginate films: Promising packaging materials. Food Chemistry, 2014, 151: 343-351.

[48] Ferrer A, Pal L, Hubbe M. Nanocellulose in packaging: Advances in barrier layer technologies. Industrial Crops and Products, 2017, 95: 574-582.

[49] Follain N, Belbekhouche S, Bras J, et al. Water transport properties of bio-nanocomposites reinforced by Luffa cylindrica cellulose nanocrystals. Journal of Membrane Science, 2013, 427: 218-229.

[50] 李梅, 姚小玲, 刘丹青, 等. 不同无机填料及其含量对 LDPE 薄膜性能的影响. 包装工程, 2016(19): 64-68.

[51] Kanatt S R, Rao M S, Chawla S P, et al. Active chitosan-polyvinyl alcohol films with natural extracts. Food Hydrocolloids, 2012, 29(2): 290-297.

[52] George J, Siddaramaiah. High performance edible nanocomposite films containing bacterial cellulose nanocrystals. Carbohydrate Polymers, 2012, 87(3): 2031-2037.

[53] Peng B, Zhang H Y, Zhang Y P. Investigation of the relationship between functional groups evolution and combustion kinetics of microcrystalline cellulose using *in situ* DRIFTS. Fuel, 2019, 248: 56-64.

[54] Ciannamea E M, Castillo L A, Barbosa S E, et al. Barrier properties and mechanical strength of bio-renewable, heat-sealable films based on gelatin, glycerol and soybean oil for sustainable food packaging. Reactive and functional Polymers, 2018, 125: 29-36.

[55] Abdorreza M N, Cheng L H, Karim A A. Effects of plasticizers on thermal properties and heat sealability of sago starch films. Food Hydrocolloids, 2011, 25(1): 56-60.

[56] Kim S J, Ustunol Z. Thermal properties, heat sealability and seal attributes of whey protein isolate/lipid emulsion edible films. Journal of Food Science, 2001, 66(7): 985-990.

[57] Março P H, Scarminio I S. Q-mode curve resolution of UV-vis spectra for structural transformation studies of anthocyanins in acidic solutions. Analytica Chimica Acta, 2007, 583(1): 138-146.

[58] 童馨苇, 韩辉, 王丽, 等. 花青素类物质对 pH 响应的紫外光谱学和理论研究. 化学研究与应用, 2017, 29(3): 401-406.

[59] 李冠臻. pH 和温度对紫苏花青素稳定性的影响. 辽宁农业科学, 2018(1): 84-85.

[60] Carvalho V V L, Gonçalves J O, Silva A, et al. Separation of anthocyanins extracted from red

cabbage by adsorption onto chitosan films. International Journal of Biological Macromolecules, 2019, 131: 905-911.

[61] Pereira V A, De Arruda I N Q, Stefani R. Active chitosan/PVA films with anthocyanins from *Brassica oleraceae* (Red Cabbage) as time-temperature indicators for application in intelligent food packaging. Food Hydrocolloids, 2015, 43: 180-188.

[62] Pourjavaher S, Almasi H, Meshkini S, et al. Development of a colorimetric pH indicator based on bacterial cellulose nanofibers and Red Cabbage (*Brassica oleraceae*) extract. Carbohydrate Polymers, 2017, 156: 193-201.

[63] Tan Y M, Lim S H, Tay B Y, et al. Functional chitosan-based grapefruit seed extract composite films for applications in food packaging technology. Materials Research Bulletin, 2015, 69: 142-146.

[64] 中华人民共和国国家卫生和计划生育委员会. 食品安全国家标准 食品 pH 值的测定: GB 5009. 237—2016. 北京: 中国标准出版社, 2016.

[65] 中华人民共和国国家卫生和计划生育委员会. 国际食品药品监督管理总局. 食品安全国家标准鲜(冻)畜、禽产品: GB 2707—2016. 北京: 中国标准出版社, 2016.

[66] Liu J R, Wang H L, Wang P F, et al. Films based on κ-carrageenan incorporated with curcumin for freshness monitoring. Food Hydrocolloids, 2018, 83: 134-142.

[67] 中华人民共和国国家卫生和计划生育委员会. 食品安全国家标准 鲜、冻动物性水产品: GB 2733—2015. 北京: 中国标准出版社, 2015.

[68] Guerrero P, Arana P, O'Grady M N, et al. Valorization of industrial by-products: Development of active coatings to reduce food losses. Journal of Cleaner Production, 2015, 100: 179-184.

[69] 微波. 简述活性包装的分类及应用(一). 上海包装, 2019(2): 26-29.

[70] Kerry J P, O'Grady M N, Hogan S A. Past, current and potential utilisation of active and intelligent packaging systems for meat and muscle-based products: A review. Meat Science, 2006, 74(1): 113-130.

[71] Pereira de Abreu D A, Cruz J M, Paseiro Losada P. Active and intelligent packaging for the food industry. Food Reviews International, 2012, 28(2): 146-187.

[72] Elias R J, Kellerby S S, Decker E A. Antioxidant activity of proteins and peptides. Critical Reviews in Food Science and Nutrition, 2008, 48(5): 430-441.

[73] Shao Y, Tang C H. Characteristics and oxidative stability of soy protein-stabilized oil-in-water emulsions: Influence of ionic strength and heat pretreatment. Food Hydrocolloids, 2014, 37: 149-158.

[74] López-de-Dicastillo C, Gómez-Estaca J, Catalá R, et al. Active antioxidant packaging films: Development and effect on lipid stability of brined sardines. Food Chemistry, 2012, 131(4): 1376-1384.

[75] He T, Wang H, Chen Z J, et al. Natural quercetin AIEgen composite film with antibacterial and antioxidant properties for *in situ* sensing of Al^{3+} residues in food, detecting food spoilage, and extending food storage times. ACS Applied BioMaterials, 2018, 1(3): 636-642.

[76] Souza M P, Vaz A F M, Silva H D, et al. Development and characterization of an active chitosan-based film containing quercetin. Food and Bioprocess Technology, 2015, 8(11): 2183-2191.

[77] Gao Y, Bai T C. Heat capacity for the binary system of quercetin + poly(ethylene glycol) 6000. Journal of Chemical & Engineering Data, 2013, 58(5): 1122-1132.

[78] Chebil L, Humeau C, Anthoni J, et al. Solubility of flavonoids in organic solvents. Journal of

Chemical & Engineering Data, 2007, 52(5): 1552-1556.

[79] Chin S F, Pang S C, Tay S H. Size controlled synthesis of starch nanoparticles by a simple nanoprecipitation method. Carbohydrate Polymers, 2011, 86(4): 1817-1819.

[80] Patel A R, Heussen P C M, Hazekamp J, et al. Quercetin loaded biopolymeric colloidal particles prepared by simultaneous precipitation of quercetin with hydrophobic protein in aqueous medium. Food Chemistry, 2012, 133(2): 423-429.

[81] Rubilar J F, Cruz R M S, Silva H D, et al. Physico-mechanical properties of chitosan films with carvacrol and grape seed extract. Journal of Food Engineering, 2013, 115(4): 466-474.

[82] Giteru S G, Oey I, Ali M A, et al. Effect of kafirin-based films incorporating citral and quercetin on storage of fresh chicken fillets. Food Control, 2017, 80: 37-44.

[83] Bai R, Zhang X, Yong H, et al. Development and characterization of antioxidant active packaging and intelligent Al^{3+}-sensing films based on carboxymethyl chitosan and quercetin. International Journal of Biological Macromolecules, 2019, 126: 1074-1084.

[84] Chen X, Lee D S, Zhu X, et al. Release kinetics of tocopherol and quercetin from binary antioxidant controlled-release packaging films. Journal of Agriucultural and Food Chemistry, 2012, 60(13): 3492-3497.

[85] Ghiya V P, Dave V, Gross R A, et al. Biodegradability of cellulose acetate plasticized with citrate esters. Journal of Macromolecular Science, Part A, 1996, 33(5): 627-638.

[86] Wu Y, Ding W, Jia L, et al. The rheological properties of tara gum (*Caesalpinia spinosa*). Food Chemistry, 2015,168: 366-371.

[87] Kamnev A A, Colina M, Rodriguez J, et al. Comparative spectroscopic characterization of different pectins and their sources. Food Hydrocolloids, 1998,12(3): 263-271.

[88] Zhang Y C, Han J H. Plasticization of pea starch films with monosaccharides and polyols. Journal of Food Science, 2006,71(6): E253-E261.

[89] Jost V, Langowski H C. Effect of different plasticisers on the mechanical and barrier properties of extruded cast PHBV films. European Polymer Journal, 2015, 68: 302-312.

[90] Antoniou J, Liu F, Majeed H, et al. Physicochemical and thermomechanical characterization of tara gum edible films: Effect of polyols as plasticizers. Carbohydrate Polymers, 2014,111: 359-365.

[91] Cao L L, Liu W B, Wang L J. Developing a green and edible film from *Cassia* gum: The effects of glycerol and sorbitol. Journal of Cleaner Production, 2018,175: 276-282.

[92] Zhang P P, Zhao Y, Shi Q L. Characterization of a novel edible film based on gum ghatti: Effect of plasticizer type and concentration. Carbohydrate Polymers, 2016,153: 345-355.

[93] Saberi B, Vuong Q V, Chockchaisawasdee S, et al. Physical, barrier, and antioxidant properties of pea starch-guar gum biocomposite edible films by incorporation of natural plant extracts. Food and Bioprocess Technology, 2017,10(12): 2240-2250.

[94] Zhai X D, Shi J Y, Zou X B, et al. Novel colorimetric films based on starch/polyvinyl alcohol incorporated with roselle anthocyanins for fish freshness monitoring. Food Hydrocolloids, 2017, 69: 308-317.

[95] Qian J Y, Chen W, Zhang W M, et al. Adulteration identification of some fungal polysaccharides

with SEM, XRD, IR and optical rotation: A primary approach. Carbohydrate Polymers, 2009, 78(3): 620-625.

[96] Savadkoohi S, Farahnaky A. Small deformation viscoelastic and thermal behaviours of pomegranate seed pips CMC gels. Journal of Food Science and Technology, 2015, 52(7): 4186-4195.

[97] Li J J, Hu X Z, Li X P, et al. Effects of acetylation on the emulsifying properties of *Artemisia sphaerocephala* Krasch. polysaccharide. Carbohydrate Polymers, 2016, 144: 531-540.

[98] Khoo H E, Azlan A, Tang S T, et al. Anthocyanidins and anthocyanins: Colored pigments as food, pharmaceutical ingredients, and the potential health benefits. Food & Nutrition Research, 2017, 61(1): 1361779.

[99] Abolghasemi M M, Sobhi M, Piryaei M. Preparation of a novel green optical pH sensor based on immobilization of red grape extract on bioorganic agarose membrane. Sensors and Actuators B: Chemical, 2016, 224: 391-395.

[100] Silva-Pereira M C, Teixeira J A, Pereira-Júnior V A, et al. Chitosan/corn starch blend films with extract from *Brassica oleraceae* (Red Cabbage) as a visual indicator of fish deterioration. LWT-Food Science and Technology, 2015, 61(1): 258-262.

[101] Wu C H, Li Y L, Sun J S, et al. Novel konjac glucomannan films with oxidized chitin nanocrystals immobilized red cabbage anthocyanins for intelligent food packaging. Food Hydrocolloids, 2020, 98: 105245.

[102] Chen C H, Kuo W S, Lai L S. Rheological and physical characterization of film-forming solutions and edible films from tapioca starch/decolorized hsian-tsao leaf gum. Food Hydrocolloids, 2009, 23(8): 2132-2140.

[103] 阳晖. 仙草胶对可食性蛋白膜功能特性的影响及作用机理. 广州: 华南农业大学, 2016.

[104] Kamal M R, Jinnah I A, Utracki L A. Permeability of oxygen and water vapor through polyethylene/polyamide films. Polymer Engineering & Science, 1984, 24(17): 1337-1347.

[105] Pranoto Y, Salokhe V M, Rakshit S K. Physical and antibacte rial properties of alginate-based edible film incorporated with garlic oil. Food Research International, 2005, 38(3): 267-272.

[106] 戴达松. 大麻纳米纤维素的制备、表征及应用研究. 福州: 福建农林大学, 2011.

[107] Li W, Yue J, Liu S. Preparation of nanocrystalline cellulose via ultrasound and its reinforcement capability for poly(vinyl alcohol) composites. Ultrasonics Sonochemistry, 2012, 19(3): 479-485.

[108] Khan A, Khan R A, Salmieri S, et al. Mechanical and barrier properties of nanocrystalline cellulose reinforced chitosan based nanocomposite films. Carbohydrate Polymers, 2012, 90(4): 1601-1608.

[109] Tang R L, Zhang Y. Synthesis and characterization of chitosan based dye containing quaternary ammonium group. Carbohydrate Polymers, 2016, 139: 191-196.

[110] Tang C Y, Liu H Q. Cellulose nanofiber reinforced poly(vinyl alcohol) composite film with high visible light transmittance. Composites Part A: Applied Science and Manufacturing, 2008, 39(10): 1638-1643.

[111] Shimazaki Y, Miyazaki Y, Takezawa Y, et al. Excellent thermal conductivity of transparent cellulose nanofiber/epoxy resin nanocomposites. Biomacromolecules, 2007, 8(9): 2976-2978.

[112] Atef M, Rezaei M, Behrooz R. Preparation and characterization agar-based nanocomposite film

reinforced by nanocrystalline cellulose. International Journal of Biological Macromolecules, 2014, 70: 537-544.

[113] Cao X D, Chen Y, Chang P R, et al. Green composites reinforced with hemp nanocrystals in plasticized starch. Journal of Applied Polymer Science, 2008, 109(6): 3804-3810.

[114] Abdollahi M, Alboofetileh M, Behrooz R, et al. Reducing water sensitivity of alginate bio-nanocomposite film using cellulose nanoparticles. International Journal of Biological Macromolecules, 2013, 54: 166-173.

[115] Huq T, Salmieri S, Khan A, et al. Nanocrystalline cellulose (NCC) reinforced alginate based biodegradable nanocomposite film. Carbohydrate Polymers, 2012, 90(4): 1757-1763.

[116] Savadekar N, Karande V S, Vigneshwaran N, et al. Preparation of nano cellulose fibers and its application in kappa-carrageenan based film. International Journal of Biological Macromolecules, 2012, 51(5): 1008-1013.

[117] 黄志成. 菠萝叶纳米纤维素/壳聚糖复合膜的制备及其性能研究. 湛江: 广东海洋大学, 2014.

[118] Savadekar N, Karande V S, Vigneshwaran N, et al. Preparation of nano cellulose fibers and its application in kappa-carrageenan based film. International Journal of Biological Macromolecules, 2012, 51(5): 1008-1013.

[119] 王克琴. 可得然多糖/纳米纤维素复合膜的制备及性能研究. 南京: 南京农业大学, 2018.

[120] 涂晓丽, 何平, 潘思轶, 等. 柚皮纳米微晶纤维素的制备及其用于改进羧甲基淀粉膜性能的研究. 现代食品科技, 2019, 35(10): 148-154,188.

[121] Liu S B, Fu Y Q, Nian S. Buffering colour fluctuation of purple sweet potato anthocyanins to acidity variation by surfactants. Food Chemistry, 2014, 162: 16-21.

[122] 郭文莉. 葡萄皮色素提取、纯化与抗氧化活性的研究. 乌鲁木齐: 新疆农业大学, 2007.

[123] Prietto L, Mirapalhete T C, Pinto V Z, et al. pH-sensitive films containing anthocyanins extracted from black bean seed coat and red cabbage. LWT-Food Science and Technology, 2017, 80: 492-500.

[124] Liu J, Wang H, Guo M, et al. Extract from *Lycium ruthenicum* Murr. Incorporating κ-carrageenan colorimetric film with a wide pH-sensing range for food freshness monitoring. Food Hydrocolloids, 2019, 94: 1-10.

[125] Merz B, Capello C, Leandro G C, et al. A novel colorimetric indicator film based on chitosan, polyvinyl alcohol and anthocyanins from jambolan (*Syzygium cumini*) fruit for monitoring shrimp freshness. International Journal of Biological Macromolecules, 2020, 153: 625-632.

[126] Kang S L, Wang H L, Xia L, et al. Colorimetric film based on polyvinyl alcohol/okra mucilage polysaccharide incorporated with rose anthocyanins for shrimp freshness monitoring. Carbohydrate Polymers, 2020, 229: 115402.

[127] Zhang X, Liu Y P, Yong H M, et al. Development of multifunctional food packaging films based on chitosan, TiO$_2$ nanoparticles and anthocyanin-rich black plum peel extract. Food Hydrocolloids, 2019, 94: 80-92.

[128] Mostafavi F S, Kadkhodaee R, Emadzadeh B, et al. Preparation and characterization of tragacanth-locust bean gum edible blend films. Carbohydrate Polymers, 2016, 139: 20-27.

[129] Lewicki P P. The applicability of the GAB model to food water sorption isotherms. International Journal of Food Science & Technology, 1997, 32(6): 553-557.

[130] Zhang X H, Lu S S, Chen X. A visual pH sensing film using natural dyes from *Bauhinia blakeana* Dunn. Sensors and Actuators B: Chemical, 2014, 198: 268-273.

[131] Jaiswal L, Shankar S, Rhim J W. Carrageenan-based functional hydrogel film reinforced with sulfur nanoparticles and grapefruit seed extract for wound healing application. Carbohydrate Polymers, 2019, 224: 115191.

[132] 张荣飞, 王相友. 卡拉胶/魔芋胶复合膜保鲜纳米 SiO_2 修饰工艺优化. 中国食品学报, 2019, 19(7): 184-191.

[133] Yu C C, Zhu S P, Xing C T, et al. Fe nanoparticles and CNTs co-decorated porous carbon/graphene foam composite for excellent electromagnetic interference shielding performance. Journal of Alloys and Compounds, 2020, 820: 153108.

[134] 翟晓松, 秦洋, 陆慧玲, 等. 高直链玉米淀粉/羟丙基甲基纤维素可食性膜的制备及性能研究. 中国粮油学报, 2019, 34(7): 33-38.

[135] 颜田田, 戚勃, 杨贤庆, 等. 增塑剂对卡拉胶可食用膜性能的影响. 食品与发酵工业, 2019, 45(23): 97-102.

[136] Sun G H, Liang T Q, Tan W Y, et al. Rheological behaviors and physical properties of plasticized hydrogel films developed from κ-carrageenan incorporating hydroxypropyl methylcellulose. Food Hydrocolloids, 2018, 85: 61-68.

[137] Liang T Q, Sun G H, Cao L L, et al. A pH and NH_3 sensing intelligent film based on *Artemisia sphaerocephala* Krasch. gum and red cabbage anthocyanins anchored by carboxymethyl cellulose sodium added as a host complex. Food Hydrocolloids, 2019, 87: 858-868.

[138] Salama H E, Abdel Aziz M S, Sabaa M W. Development of antibacterial carboxymethyl cellulose/chitosan biguanidine hydrochloride edible films activated with frankincense essential oil. International Journal of Biological Macromolecules, 2019, 139: 1162-1167.

[139] 朱安娜, 方兰兰, 余晶, 等. 提取剂对紫薯花青素提取效果的影响及 pH 响应. 包装学报, 2019, 11(5): 44-49.

[140] Qin Y, Liu Y P, Yong H M, et al. Preparation and characterization of active and intelligent packaging films based on cassava starch and anthocyanins from *Lycium ruthenicum* Murr. International Journal of Biological Macromolecules, 2019, 134: 80-90.

[141] 潘婕, 曹端林, 王建龙, 等. 胶性参数下可食性果胶膜的制备及其性能研究. 食品研究与开发, 2019, 40(18): 58-65.

[142] 郑晔. 芦丁/还原性糖/鱼明胶抗氧化交联膜的制备及性能研究. 北京: 北京化工大学, 2018.

[143] 薛延团, 张晓凤, 姜枚辰, 等. 沙棘甾醇对大豆油和猪油抗氧化作用评价. 中国食品添加剂, 2019, 30(3): 94-99.

[144] 李秀娟, 黄莉, 丁波, 等. 茶多酚对猪油在不同热加工条件的抗氧化作用. 食品研究与开发, 2018, 39(8): 220-224.

[145] 吕艳娜, 王一宁, 谢宜彤. 聚乳酸/茶多酚抗氧化膜的制备及其性能研究. 包装学报, 2018, 10(6): 11-17.

[146] Koosha M, Hamedi S. Intelligent chitosan/PVA nanocomposite films containing black carrot

anthocyanin and bentonite nanoclays with improved mechanical, thermal and antibacterial properties. Progress in Organic Coatings, 2019, 127: 338-347.

[147] 栗俊广, 吴萌萌, 李爽, 等. 仙草胶成分分析及抑制猪油氧化能力的研究. 食品工业, 2018, 39(9): 205-208.

[148] 中华人民共和国国家卫生和计划生育委员会. 食品安全国家标准 食品酸度的测定: GB 5009.239—2016. 北京: 中国标准出版社, 2016.

[149] 中华人民共和国国家卫生和计划生育委员会. 食品安全国家标准 食品中过氧化值的测定: GB 5009.227—2016. 北京: 中国标准出版社, 2016.

[150] Cao L L, Ma Q Y, Liang T Q, et al. A semen *Cassia* gum-based film with visual-olfactory function for indicating the freshness change of animal protein-rich food. International Journal of Biological Macromolecules, 2019, 133: 243-252.

[151] Zhang W L, Jiang W B. Antioxidant and antibacterial chitosan film with tea polyphenols-mediated green synthesis silver nanoparticle via a novel one-pot method. International Journal of Biological Macromolecules, 2020, 155: 1252-1261.

[152] 包怡红, 张俊顺, 符群, 等. 细叶小檗果小檗碱抑菌性能及机理. 食品科学, 2019, 47(17): 29-34.

[153] 林健, 林志立, 魏文珺, 等. 盐酸小檗碱对金黄色葡萄球菌生物被膜的影响. 包头医学院学报, 2019, 35(6): 95-97.